Einführung in die Fertigungstechnik

Von Dr. h. c. mult. Dr.-Ing. Hans-Jürgen Warnecke
o. Professor an der Universität Stuttgart und
Leiter des Fraunhofer-Instituts für Produktionstechnik
und Automatisierung (IPA), Stuttgart

unter Mitarbeit von Dipl.-Ing. Pavel Svejda,
Fraunhofer-Institut für Produktionstechnik und
Automatisierung (IPA), Stuttgart

2., überarbeitete und erweiterte Auflage
mit 166 Bildern und 7 Tabellen

B.G.Teubner Stuttgart 1993

Prof. Dr. h. c. mult. Dr.-Ing. Hans-Jürgen Warnecke

Geboren 1934 in Braunschweig. Von 1954 bis 1959 Studium des Maschinenbaus an der TH Braunschweig, Fachrichtung Werkzeugmaschinen und Fertigungstechnik. Von 1959 bis 1961 Forschungsingenieur am Institut für Werkzeugmaschinen und Fertigungstechnik (Direktor Prof. Dr.-Ing. E. h. Dr.-Ing. G. Pahlitzsch) der TH Braunschweig, ab 1962 Oberingenieur und Leiter des Versuchsfeldes am genannten Institut. 1963 Promotion zum Dr.-Ing. Von 1965 bis 1970 Direktor der Hauptabteilung „Zentrale Fertigungsvorbereitung" der Rollei-Werke, Franke & Heidecke, Braunschweig. Auslandsaufenthalte in Singapore und Denver, USA. Ab 1971 o. Professor und Inhaber des Lehrstuhls für Industrielle Fertigung und Fabrikbetrieb der Universität Stuttgart und Leiter des Fraunhofer-Instituts für Produktionstechnik und Automatisierung (IPA), Stuttgart.
Zahlreiche Preise und Ehrungen, u.a.: F. W. Taylor Medaille der Internationalen Forschungsgemeinschaft für Produktionstechnik (CIRP), 1966. Ehrenring des VDI, 1973, J. F. Engelberger Medaille der SME, USA, 1982. Albert M. Sargent Progress Award der SME, USA, 1983. Verdienstkreuz am Bande des Verdienstordens der Bundesrepublik Deutschland, 1985. CAT-Award der World Computer Graphics Association, 1987. Semiconductor Equipment and Materials International (SEMI) – Honorary Award 1989. Dr. h. c. der Universität Ljubljana, 1989. Dr.-Ing. E. h. der TU „Otto von Guericke" Magdeburg, 1989.
Mitglied in zahlreichen Vorständen, Aufsichtsräten, Beiräten, Stiftungen und Präsidien. Wissenschaftliche Leitung und Mit-Herausgeber verschiedener Fachzeitschriften und Schriftenreihen (z. B. Werkstattstechnik, IPA/IAO Forschung und Praxis, Robotersysteme u. a.)

Die Deutsche Bibliothek – CIP-Einheitsaufnahme

Warnecke, Hans J.:
Einführung in die Fertigungstechnik / von Hans-Jürgen
Warnecke. Unter Mitarb. von Pavel Svejda. – 2. überarb. und
erw. Aufl. – Stuttgart : Teubner, 1993
  (Teubner Studienbücher : Maschinenbau)
  ISBN 978-3-519-16323-7   ISBN 978-3-322-94108-4 (eBook)
  DOI 10.1007/978-3-322-94108-4

Gesamtherstellung: Druckhaus Beltz, Hemsbach/Bergstraße
Einband: P.P.K.S.-Konzepte, T. Koch, Ostfildern/Stuttgart

Vorwort

Aufgabe und Ziel der Fertigungstechnik ist die Herstellung geometrisch bestimmter fester Körper (Werkstücke, Baugruppen, Produkte) mit vorgegebenen Eigenschaften durch Anwendung verschiedener Fertigungsverfahren. Oft besteht die Möglichkeit, das Ziel mit unterschiedlichen Fertigungsverfahren zu erreichen. Die Auswahl des günstigsten Verfahrens erfolgt, bedingt durch den ständig wachsenden internationalen Wettbewerb, aufgrund der Produktivität und der Wirtschaftlichkeit. Die Umweltverträglichkeit und die menschengerechte Arbeitsgestaltung bekommen dabei jedoch eine zunehmende Bedeutung.

Entwicklungstendenzen im Bereich der Fertigungstechnik sind neben der Einführung neuer Technologien gekennzeichnet durch die Erhöhung der Mengenleistung und der Qualität sowie durch die Senkung der Fertigungskosten. Erreicht wird dies mit einer sinnvollen Automatisierung und Verkettung der Fertigungsprozesse. Um dem Trend zur Variantenvielfalt gerecht zu werden, müssen die Fertigungssysteme aber eine immer höhere Flexibilität aufweisen.

Bereits beim Entwurf und der Konstruktion eines Produktes ist auf eine fertigungsgerechte Gestaltung zu achten. Der Konstrukteur bestimmt durch seine gestalterische Arbeit den Aufwand, der in der Teilefertigung und Montage anfällt. Daher kommt der Kenntnis der Fertigungsverfahren im Rahmen der Ingenieurausbildung eine große Bedeutung zu.

Das vorliegende Buch wendet sich deshalb an Studenten aller ingenieurwissenschaftlichen Fachrichtungen an Fachhochschulen und Universitäten, insbesondere an Studierende des Maschinenwesens, der Verfahrens- und der Elektrotechnik sowie der Betriebswirtschaft. Es soll ihnen einen Überblick über das Gebiet der industriellen Fertigungstechnik vermitteln und als Basis für Studium und Beruf dienen.

Mit Ausnahme der Kunststoffverarbeitung, die in einem gesonderten Kapitel zusammengefaßt ist, erfolgt die Gliederung der in Grundlagen und Anwendung behandelten wesentlichen Fertigungsverfahren weitgehend nach *DIN 8580*. Dabei steht eine systematische und leicht verständliche Darstellungsweise, die durch zahlreiche Abbildungen unterstützt wird, im Vordergrund. Der Stoff wird durch Grundlagen der Werkstofftechnik sowie durch Wirtschaftlichkeitsbetrachtungen, die bei der Auswahl von Fertigungsverfahren von Bedeutung sind ergänzt. Aufgrund des eng begrenzten Umfangs mußte auf weniger bedeutende Verfahren und auf tiefergehende Details verzichtet werden. Dies gilt auch für die vorliegende zweite, neubearbeitete Auflage, die zugunsten einer ausführlicheren Darstellung der besonders relevanten Verfahren konzentriert wurde. Der interessierte Leser findet jedoch im angegebenen Schrifttum weiterführende Informationen.

Ein Buch über dieses umfangreiche Fachgebiet wäre ohne Verwendung zahlreicher Literatur nicht denkbar. Die verwendete Literatur ist kapitelweise am Ende des Buches geordnet. Den Autoren sei an dieser Stelle gedankt.

Besonders möchte ich meinem Mitarbeiter, Herrn Dipl.-Ing. Pavel Svejda danken, der dieses Buch, das auf dem Vorlesungsstoff basiert, zusammengestellt hat. Zum Gelingen des Buches haben weiterhin Frau Dipl.-Ing. Sabine Plischki mit zahlreichen Anregungen und der Textdurchsicht sowie Herr Thomas Possehn und Herr Michael Oehring mit der Erstellung vieler Bilder maßgeblich beigetragen. Ihnen möchte ich ebenfalls danken. Dem Verlag sei für die gute Zusammenarbeit gedankt.

Stuttgart, Mai 1993   Prof. Dr. h.c. mult. Dr.-Ing.
Hans-Jürgen Warnecke

Inhaltsverzeichnis

VIII

1 Grundlagen

1.1 Bedeutung und Aufgaben der Fertigungstechnik im Produktionsprozeß

Innerhalb des aus zahlreichen Schritten bestehenden Produktionsprozesses kommt der Fertigung und der Fertigungstechnik, deren Aufgabe es ist, Werkstücke mit definierter geometrischer Gestalt und vorgegebenen Eigenschaften herzustellen, eine zentrale Bedeutung zu.

Der Produktionsprozeß (Bild 1.1) beginnt bereits mit der **Produktentwicklung**. Diese erfolgt nach einer Marktstudie, die die Marktsituation analysiert sowie den Bedarf und die Kundenwünsche erfaßt. Die gleichzeitige Ermittlung des Standes der Wissenschaft und Technik klärt, ob Forschungs- und Entwicklungsarbeiten erforderlich sind. Die Produktdefinition legt die Funktionen, die Anforderungen, die Qualität, den Preis und sonstige Randbedingungen in einem technisch-wirtschaftlichen Pflichtenheft fest.

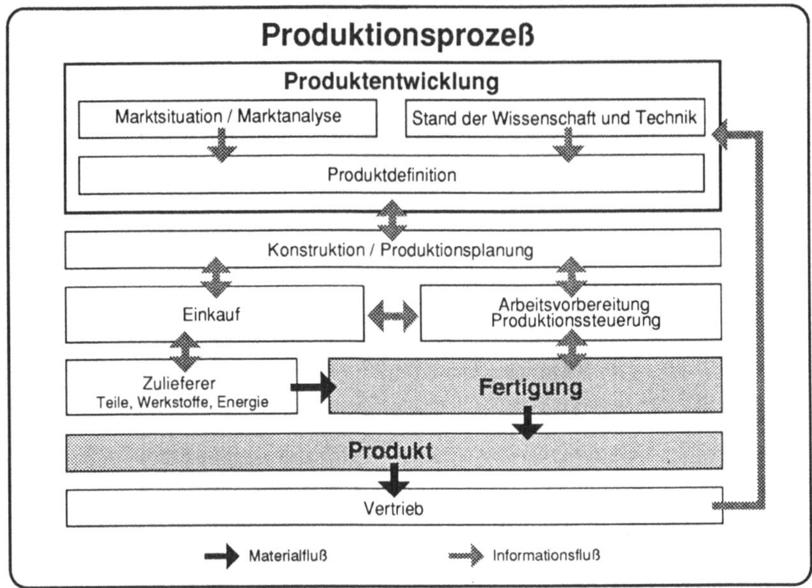

Bild 1.1: Schematische Darstellung des Produktionsprozesses

Die Umsetzung der einzelnen Punkte des Pflichtenheftes zu einer für die Fertigung geeigneten Information (z.B. technische Zeichnung) ist die Aufgabe der Konstruktion. Die **Konstruktion** umfaßt den Entwurf, die Werkstoffauswahl, die funktions- und die fertigungsgerechte Gestaltung der Werkstücke sowie die Auswahl der Fertigungsverfahren und die Erstellung fertigungsgerechter Unterlagen. Die Konstruktion hat einen entscheidenden Einfluß auf die Wirtschaftlichkeit des gesamten Produktionsprozesses.

Die **Produktionsplanung** ist für die rechtzeitige Bereitstellung aller für die Produktion erforderlichen Einrichtungen verantwortlich. Der **Einkauf** sorgt für die Bereitstellung von Zukaufteilen, Werkstoffen, Betriebsmitteln und -stoffen sowie von Energie. Die **Arbeitsvorbereitung** und **Produktionssteuerung** gewährleistet den störungsfreien Informations- und Materialfluß. Die **Fertigung** umfaßt die Herstellung der Einzelteile sowie ihre Montage zum fertigen Produkt. Der **Vertrieb** schließlich übernimmt die Auslieferung der Produkte an die Kunden und den Kundenservice. Durch die Kundennähe liefert der Vertrieb wichtige Informationen für die Produktentwicklung.

Neben der Fertigungstechnik sind für eine industrielle Produktion weitere Techniken, die Verfahrenstechnik und die Energietechnik unerläßlich. Die **Verfahrenstechnik** hat die chemische und physikalische Veränderung von formlosen Stoffen (Fließgütern) zur Aufgabe. Die Stoffänderung kann durch Änderung der Zusammensetzung (z.B. Filtrieren, Destillieren), durch Änderung der Eigenschaften (z.B. Trocknen, Zerkleinern) und durch Änderung der Art mit Hilfe chemischer Reaktionen erfolgen. Für die Fertigungstechnik stellt die Verfahrenstechnik z.B. Werkstoffe und Betriebsstoffe (Öle, Schneidemulsionen) zur Verfügung. Die **Energietechnik** beschäftigt sich mit der Erzeugung und Bereitstellung nutzbarer Energie durch Umwandlung natürlicher Energieformen.

Die Entwicklungstendenzen im Bereich der Fertigungstechnik sind durch folgende Zielrichtungen gekennzeichnet:

- Sicherung der Qualität im Entwicklungs- und Fertigungsprozeß,
- Senkung der Fertigungskosten,
- Verkürzung der Durchlaufzeit,
- Anpassung der Arbeit an den Menschen,
- Umweltverträglichkeit der Verfahren.

Die Ziele werden durch die Entwicklung neuer Fertigungsverfahren und eine gezielte, flexible Automatisierung erreicht.

Damit der Produktionsbetrieb optimal und wettbewerbsfähig funktioniert, sind begleitende organisatorische Maßnahmen erforderlich. Wesentliche Ansatzpunkte dazu liegen in der Produktentwicklung, der Zuliefererkette, dem Fabrikbetrieb und - mit Einschränkungen - dem Kundenservice. Im Bereich der Produktion wird z.B. konsequent darauf hingearbeitet alle Tätigkeiten auf die eigentliche Wertschöpfung zu konzentrieren. Damit ist ein Verzicht auf viele indirekte Funktionen (oder ihre Integration in den Produktionsprozeß) verbunden.

Bisheriges Denken in spezialisierten Bereichen und Abteilungen sowie in hierarchischen Strukturen - auch als Taylorismus bezeichnet - wird heute wegen der schlechten Informationsverarbeitung und Kommunikation in Frage gestellt. Neue Ansätze auf diesem Gebiet sind durch Entwicklungen in Japan (**lean production**: schlanke Produktion) oder hier in Deutschland (**Fraktale Fabrik**) angestoßen [1.13].

1.1.1 Einteilung der Fertigungstechnik

Das Kriterium zur Einteilung der großen Zahl der Fertigungsverfahren ist der Zusammenhalt einzelner benachbarter Materialteilchen (Bild 1.2). Dieser muß erst einmal geschaffen werden (Urformen), er kann beibehalten oder leicht verändert werden (Umformen, Stoffeigenschaftändern); er kann vermindert (Trennen) und vermehrt werden (Fügen, Beschichten). Diese Systematik ermöglicht die Aufnahme von neuen Fertigungsverfahren und dient als Basis für internationale Normung [1.11]. Sie ist in *DIN 8580* enthalten. Danach werden alle Fertigungsverfahren in sechs Hauptgruppen eingeteilt, die in Gruppen und Untergruppen untergliedert werden (Bild 1.3).

Die Wahl des für die Herstellung eines Werkstücks anzuwendenden Fertigungsverfahrens richtet sich nach den verlangten Maßtoleranzen, Oberflächengüten, betrieblichen Gegebenheiten (Fertigungs- und Prüfmittel) und den geforderten Stückzahlen. Je höher die Losgrößen sind, umso weitgehender kann ein Fertigungsverfahren automatisiert werden. Die Grenzen der Automatisierbarkeit werden also nicht durch die technischen Möglichkeiten bestimmt, sondern durch wirtschaftliche Überlegungen.

Schaffen der Form	Ändern der Form				Ändern der Stoffeigenschaften
Zusammenhalt schaffen	Zusammenhalt beibehalten	Zusammenhalt vermindern	Zusammenhalt vermehren		
Hauptgruppe 1 Urformen	Hauptgruppe 2 Umformen	Hauptgruppe 3 Trennen	Hauptgruppe 4 Fügen	Hauptgruppe 5 Beschichten	Hauptgruppe 6 Stoffeigenschaftändern

Bild 1.2: Einteilung der Fertigungsverfahren nach *DIN 8580*

1.1.2 Geschichtliche Entwicklung

Um 1790 verwendete **Prof. Beckmann** in Göttingen erstmals das Wort "Technologie" für eine zusammenfassende Beschreibung des Wissens der Herstellverfahren in den verschiedenen Gewerben, den nützlichen Künsten. In den Jahren zwischen 1750 und 1850 entstanden viele technische Neuerungen, die den Übergang von Handarbeit zur Maschinenproduktion kennzeichnen. Der Durchbruch zur modernen Produktionstechnik erfolgte zuerst in Großbritannien im führenden Zweig der dortigen Wirtschaft, im Textilgewerbe. Im Zuge eines stetiges Wachstums kam es hier zu Engpässen in der Rohstoffverarbeitung, die mit der bestehenden Technik und der Organisationsform der Produktion (Hand- und Hausarbeit) nicht behoben werden konnten. Dies war der Anstoß zur Entwicklung von mechanischen Spinnmaschinen und Maschinenwebstühlen.

Die Massenproduktion von Textilien brachte weitere Veränderungen und Aufschwung in vielen Bereichen der Wirtschaft und Technik mit sich. Es kam zu einer Umwälzung, deren Tempo gemessen an der Menge der bis dahin erfolgten technischen Änderungen explosiv war; es kam zu einer **industriellen Revolution** [1.7]. Kennzeichnend für die industrielle Revolution war die zunehmende Zahl von Maschinen aller Art. Dies führte zu einem gesteigerten Energiebedarf, der durch die Verbesserung der Dampfmaschine durch **James Watt** (doppelt wirkende Dampfmaschine, um 1776) befriedigt werden konnte.

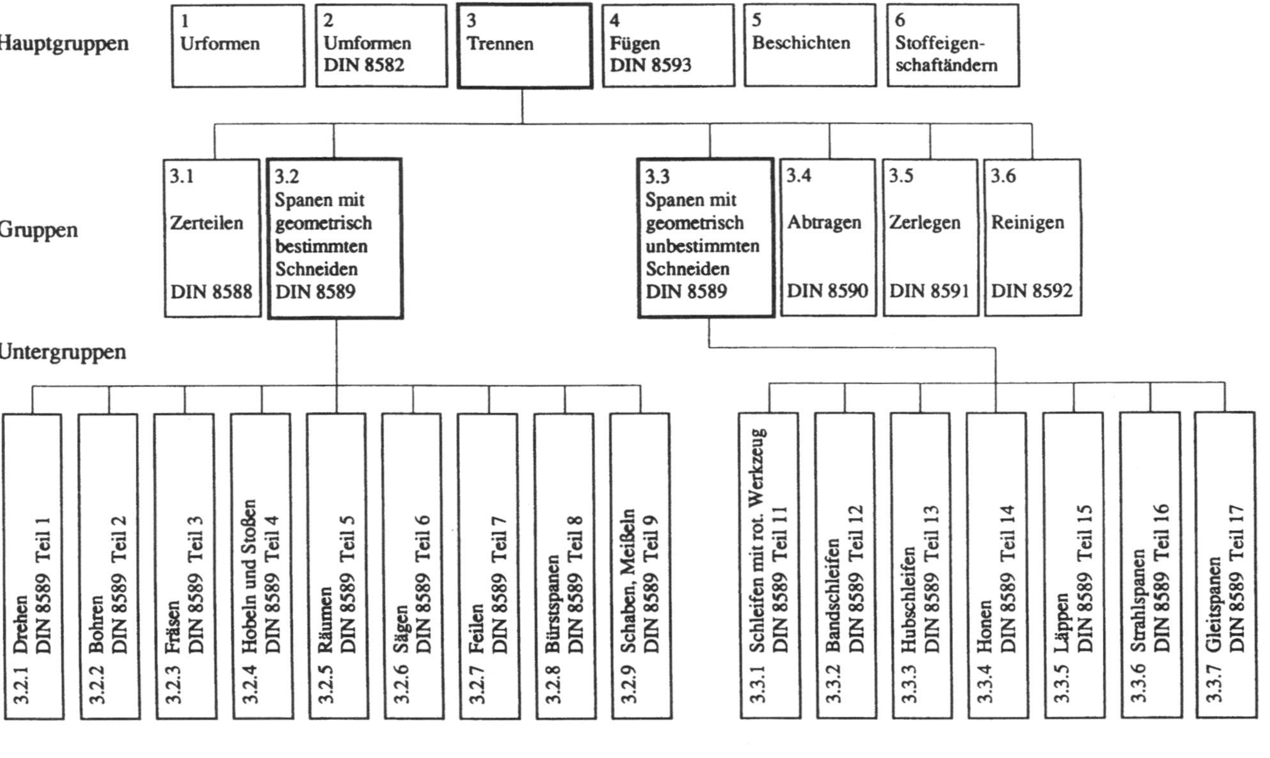

Bild 1.3: Untergliederung der Fertigungsverfahren am Beispiel der spanenden Verfahren

Die Verknappung von Holz als Brenn- und Konstruktionsmaterial führte zum
Einsatz von Steinkohle als Energiequelle und Eisen als Werkstoff. Es mußten
Verfahren, Maschinen und Werkzeuge entwickelt werden, die der Forderung
nach einer wirtschaftlichen Fertigung und einer größtmöglichen Präzision
der Erzeugnisse genügten. In diese Zeit fällt die Entwicklung von Drehbän-
ken, Bohrwerken, Hobel- und Fräsmaschinen mit durch die Maschine geführ-
ten Werkzeugen. Auch die Umformtechnik profitierte von dem allgemeinen
Aufschwung. Es wurden mechanische Schmiedehämmer und Walzwerke für
die Fertigung von Blechen und Profilen (Eisenbahnschienen) eingeführt. Die
Maschinen dieser Zeit hatten allerdings noch keine eigenen Antriebe; sie
wurden von einer zentralen Kraftmaschine, meist einer Dampfmaschine angetrieben.

Für den Transport der Rohstoffe, der Zwischen- und Fertigprodukte mußten
die Transporttechniken verbessert und die Verkehrswege ausgebaut werden.
Dies führte zu einer nachhaltigen Beeinflussung des Bauwesens und des Städ-
tebaus.

Die Anfänge der chemischen Großtechnologie sind ebenfalls auf die Massenproduktion von Textilien zurückzuführen. Es mußten Mittel für Reinigungs-
vorgänge der Fasern, zum Bleichen von Baumwolle und zum Färben von Stoffen in großen Mengen zur Verfügung gestellt werden. Gleichzeitig setzte die
Produktion von Leuchtgas aus Steinkohle ein.

Die meisten Erfindungen dieser Zeit entstanden ohne den direkten Beitrag der
Wissenschaft. Sie beruhen auf der Arbeit von Erfindern und Konstrukteuren,
die sich die notwendigen theoretischen Kenntnisse meist im Selbststudium
erarbeitet haben (wie z.B. Joseph von Fraunhofer vor 200 Jahren auf dem Gebiet der optischen Präzisionsinstrumente). Die akademische Wissenschaft
wandte sich nur zögernd der technischen Entwicklungsarbeit zu; es entstanden die Ingenieurwissenschaften.

Mit den Folgen der neuen Technik für Mensch und Umwelt hat sich niemand
auseinandergesetzt. Kinderarbeit war die Regel. Überlange Arbeitszeiten und
hohe Arbeitsintensität gepaart mit katastrophalen Lebensbedingungen in den
Industriestädten führten zu einer überdurchschnittlichen Sterblichkeit unter
Fabrikarbeitern, wie eine Volkszählung im Jahre 1831 ergab. Diese Bedingungen führten zu Auseinandersetzungen, die in harten Arbeitskämpfen ende-
ten. Die zunächst noch rechtlosen Arbeiter schlossen sich zusammen; es ent-
standen die Gewerkschaften.

Anfang des 20. Jahrhunderts setzte die Massenproduktion von Verbrauchsgütern (Fahrräder und Nähmaschinen) ein. In den USA begründete **Frederic Winslow Taylor** die "wissenschaftliche Betriebsführung". Taylor erkannte, daß eine hohe Produktivität eine Ausbildung der Arbeitskräfte und eine Trennung von geistiger (planender, steuernder) und körperlicher (ausführender) Arbeit verlangt. Darüberhinaus führte er Arbeits- und Zeitstudien ein. Die von Taylor vorgeschlagenen Maßnahmen zur Arbeitsteilung und Arbeitsvereinfachung wurden 1913 von **Henry Ford** in Detroit in Form der Fließbandfertigung umgesetzt. Den negativen Folgen (Monotonie, schnelle Ermüdung, Verkümmerung nichtgebrauchter Fähigkeiten und soziale Isolation) und der daraus folgenden Fluktuation begegnete er durch die Schaffung von Lohnanreizen.

Zunehmend beschäftigten sich mehr und mehr Wissenschaftler mit den Folgen der Fließbandfertigung und es entstanden Konzepte wie "Job Rotation" und "Job Enrichment". Diese Entwicklung ist heute noch nicht abgeschlossen und führt zu neuen Arbeitsstrukturen (Gruppenarbeit, Fertigungszellen).

Weitere entscheidende Schritte in der Produktionstechnik bis zur Gegenwart waren die Dezentralisierung der Antriebe durch die Entwicklung des Elektromotors, die Entwicklungen der Kommunikationstechnik, die Entwicklungen auf dem Gebiet der Steuerungs- und Regelungstechnik sowie die Entwicklung von elektronischen Datenverarbeitungsanlagen. Mit der Entwicklung des Mikroprozessors konnte eine Dezentralisierung der "Intelligenz" erfolgen, die eine weitere Automatisierung von Fertigungsprozessen ermöglicht.

1.2 Toleranzen, Paßsysteme, technische Oberflächen

1.2.1 ISO-Toleranzen und -Passungen

Die in hohen Stückzahlen hergestellten Teile technischer Erzeugnisse werden meistens wahllos gepaart. Damit die Bauteile zweckentsprechend zusammenwirken können, müssen sie zueinander passen. Dazu werden Passungen im voraus festgelegt, die Maße der Teile so bestimmt, daß sich die gewünschten Passungen ergeben und Vorkehrungen getroffen, damit die gefertigten Teile maßgerecht sind.

Zweck der ISO-Toleranzen ist, die Fertigung austauschbarer Teile mit einer Mindestanzahl von Werkzeugen, Vorrichtungen und Lehren zu ermöglichen. Die Kurzzeichen der ISO-Toleranzen bestehen aus Buchstaben und Zahlen.

Die Buchstaben bezeichnen die Lage der Toleranzen zur Nullinie (Nennmaß). Kleinbuchstaben werden bei Außenmaßen (Wellen) verwendet, Großbuchstaben bei Innenmaßen (Bohrungen). Die Zahlen 01, 0, 1 bis 18 bezeichnen die Größe der Toleranzen (ISO-Toleranzreihe, IT). So läßt z.B. H7 erkennen, daß es sich um ein an der Nullinie beginnendes und nach Plus liegendes Toleranzfeld der ISO-Qualität 7 (IT 7) für ein Innenmaß (Bohrung) handelt.

Die Größe der Toleranz nimmt mit der Qualitätszahl zu. Die erforderliche ISO-Qualität ist Ausgangspunkt für die Wahl des Fertigungsverfahrens, der Maschine, des Werkzeuges und des Meßgerätes. Die Fertigung einer Bohrung nach IT 6 verlangt beispielsweise eine genauere Maschine bzw. einen zusätzlichen Arbeitsgang als die Fertigung einer Bohrung nach IT 12. Den Zusammenhang der Herstellkosten und der Toleranzgröße zeigt das Bild 1.4. In diesem Bild kommt die Tatsache zum Ausdruck, daß die Herstellung von

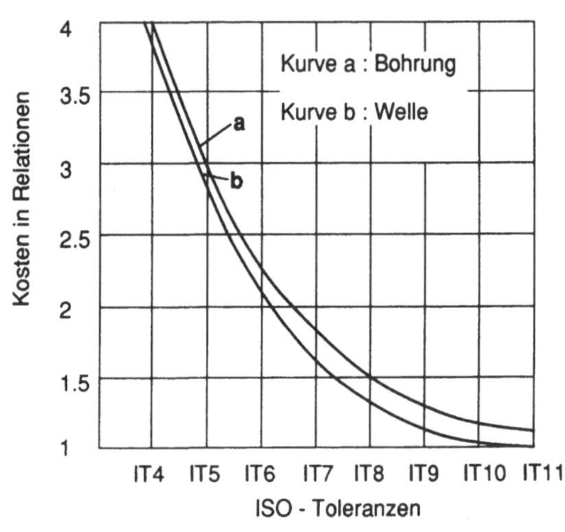

Bild 1.4: Zusammenhang relative Herstellkosten und Toleranzgröße [0.2]

maßgenauen Bohrungen im Vergleich zu Wellen mit höheren Kosten verbunden ist. Während für Bohrungen mit unterschiedlichen Durchmessern verschiedene Werkzeuge benötigt werden, sind Wellen mit unterschiedlichen Durchmessern mit ein und demselben Werkzeug herstellbar. Die ISO-Toleranzfelder von Wellen und Bohrungen können beliebig zu Passungen zusammengesetzt werden. In der Praxis wird vor allem das Paßsystem **Einheitsbohrung** und weniger das Paßsystem **Einheitswelle** angewendet (Bild 1.5).

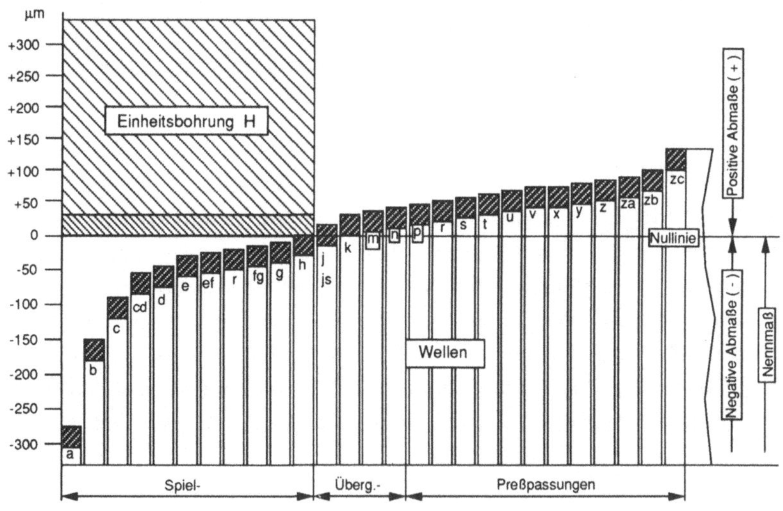

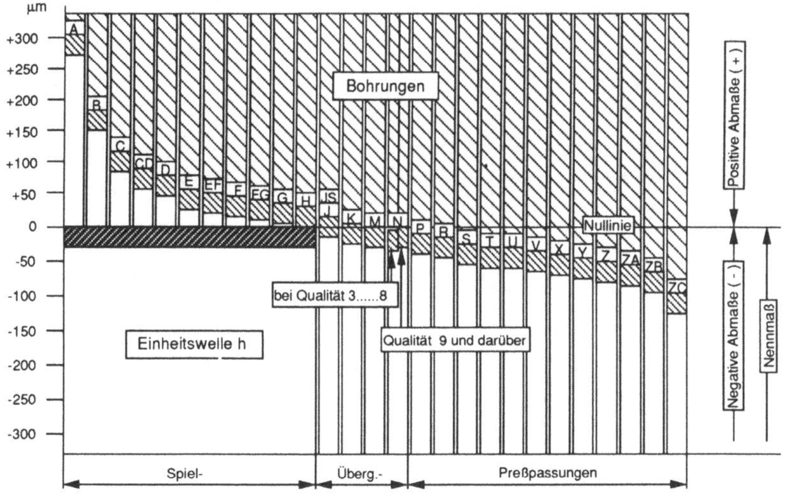

Bild 1.5: Darstellung der Systeme Einheitsbohrung und Einheitswelle mit Lage der Toleranzfelder und den Passungsarten [0.3]

Im System Einheitsbohrung erhält die Bohrung das H-Toleranzfeld (Kleinstmaß = Nennmaß). Die Art der Passung wird durch entsprechende Wahl der Wellentoleranz erreicht. Im System Einheitswelle wird die Welle einheitlich mit dem h-Toleranzfeld (Größtmaß = Nennmaß) gefertigt. Die Art der Passung wird durch die Bohrungstoleranz erzielt.

1.2.2 Technische Oberflächen

Die Ist-Oberfläche eines Werkstücks weicht in ihrer geometrischen Form von der idealen Oberfläche ab. Ursachen dafür sind Maß-, Lage- und Formungenauigkeiten der Fertigungsverfahren. Technische Oberflächen enthalten häufig Gestaltabweichungen 1. bis 4. Ordnung gleichzeitig (Ordnungssystem für Gestaltabweichungen siehe *DIN 4760*). Gestaltabweichungen 3. bis 5. Ordnung (kurzwellige Gestaltabweichungen der Oberfläche) werden als Rauheit bezeichnet. Gebräuchlich sind die Rauheitsmaße R_t, R_p, R_a und R_z (Bild 1.6).

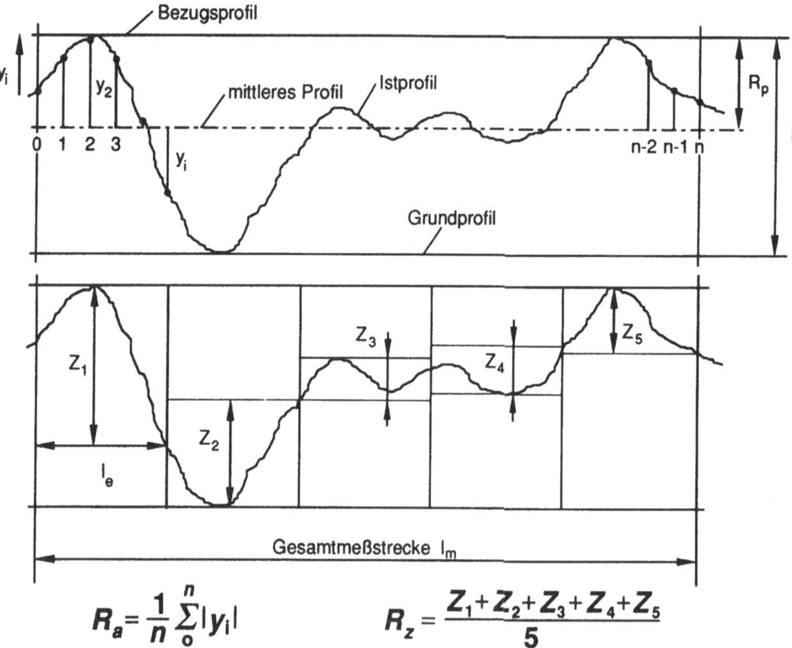

$$R_a = \frac{1}{n} \sum_{0}^{n} |y_i| \qquad\qquad R_z = \frac{Z_1 + Z_2 + Z_3 + Z_4 + Z_5}{5}$$

Bild 1.6: Darstellung der Rauheitsmaße

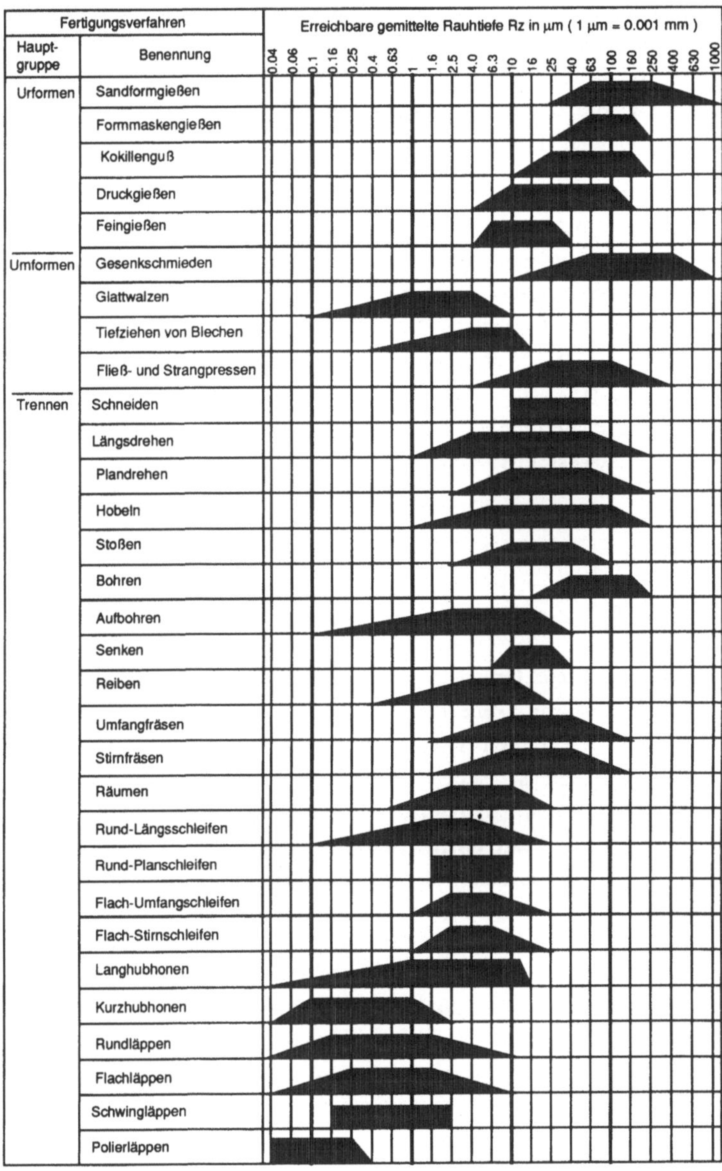

Bild 1.7: Erreichbare gemittelte Rauhtiefen einiger Fertigungsverfahren
(DIN 4766, Teil 1)

Durch das Rauheitsprofil der Werkstückoberfläche wird ein mittleres Profil gelegt sowie äquidistante Profile durch den tiefsten Punkt (**Grundprofil**) und durch den höchsten Punkt (**Bezugsprofil**). Das **mittlere Profil** teilt das Ist-profil so, daß die Summe der werkstofferfüllten Flächen über dem mittleren Profil und der werkstofffreien Flächen darunter gleich ist (DIN 4768 T1).

Die **Rauhtiefe R_t** (bzw. R_{max}) ist der größte Maßunterschied zwischen Be-zugsprofil und Grundprofil. Die **Glättungstiefe R_p** ist der Abstand des mitt-leren Profils vom Bezugsprofil. Der **Mittenrauhwert R_a** ist das arithmetische Mittel der absoluten Beträge der Abstände y des Istprofils vom mittleren Pro-fil. Die **gemittelte Rauhtiefe R_z** ist der arithmetische Mittelwert von fünf Einzelrauhtiefen (R_{t1} ... R_{t5}), die an fünf aneinandergrenzenden Teilstrecken gleicher Länge ($l_{e,1}$ ... $l_{e,5}$) der Bezugsstrecke l_m gemessen werden [1.12]. Die erreichbaren gemittelten Rauhtiefen R_z einiger Fertigungsverfahren sind im Bild 1.7 dargestellt [0.4].

1.3 Werkstoffe

1.3.1 Aufbau und Struktur von Werkstoffen

Materie setzt sich aus Grundstoffen, den Elementen des Periodensystems zu-sammen. Die kleinsten Teile der Elemente sind die **Atome**. Jedes Atom be-steht aus einer bestimmten Anzahl von Elementarteilchen, die bei jedem Ele-ment unterschiedlich ist. Neben den klassischen Elementarteilchen, den **Pro-tonen**, **Neutronen** und **Elektronen** gibt es noch weitere, meist instabile Ele-mentarteilchen wie **Positronen**, **Mesonen** oder **Hyperonen**. Die Elektronen tragen eine negative Ladung, die Protonen eine entsprechend große positive Ladung ($1,6 \cdot 10^{-19}$C). Neutronen verhalten sich elektrisch neutral. Die Masse der Elektronen ist verglichen mit der Masse von Protonen oder Neutronen sehr gering (die Masse eines Elektrons beträgt etwa 1/2000 der ei-nes Protons oder Neutrons). Die Protonen und Neutronen sind in einem dicht gepackten Atomkern mit enormer Dichte konzentriert, während die Elektro-nen den Kern hüllenartig umgeben. Der Atomkern ist um den Faktor 10^{-4} bis 10^{-5} kleiner als das ganze Atom. In einem vollständigen, d.h. elektrisch neutralen Atom ist die Ordnungszahl gleich der Kernladungszahl (gleich der Protonenzahl und der Elektronen-zahl). Verliert ein neutrales Atom ein oder mehrere Elektronen, so wird es zu einem ein- oder mehrfach positiv geladenen Ion (**Kation**), nimmt es Elektro-nen auf, entsteht ein negativ geladenes Ion (**Anion**).

Der Aufbau der Elektronenhülle bestimmt weitgehend die physikalischen und die chemischen Eigenschaften des Elementes. Der Aufbau des Kernes ist dagegen von untergeordneter Bedeutung.

Die Einteilung der Elemente in Metalle und Nichtmetalle resultiert aus dem Bindungsverhalten ihrer Atome. Mit Ausnahme der Edelgase, deren Elektronenstruktur einem sehr stabilen Zustand entspricht, versuchen die Atome der übrigen Elemente durch Wechselwirkungen ihrer Außenelektronen mit gleichen oder fremden Atomen einen stabilen Zustand (energetisch günstigeres Niveau) zu erreichen. Die chemischen Bindungsarten werden unterteilt in **Primärbindungen** und **Sekundärbindungen**. Zu den Primärbindungen gehören die Ionenbindung, die kovalente Bindung (Elektronenpaarbindung, Atombindung) und die Metallbindung. Sekundärbindungen sind zwischenmolekulare Bindungen (van der Waals'sche Bindung) sowie Grenzflächen- und Oberflächenbindungen [1.1, 1.2, 1.3].

Ionenbindung

Metall- und Nichtmetallatome gehen miteinander Ionenbindungen ein. Dabei erreichen die Metallatome den edelgasähnlichen Zustand durch Abgabe ihrer wenigen Außenelektronen und der damit verbundenen Ionisierung. Die Nichtmetallatome nehmen die Elektronen unter Ionenbildung auf und besetzen ihre freien Außenelektronenplätze (Bild 1.8)

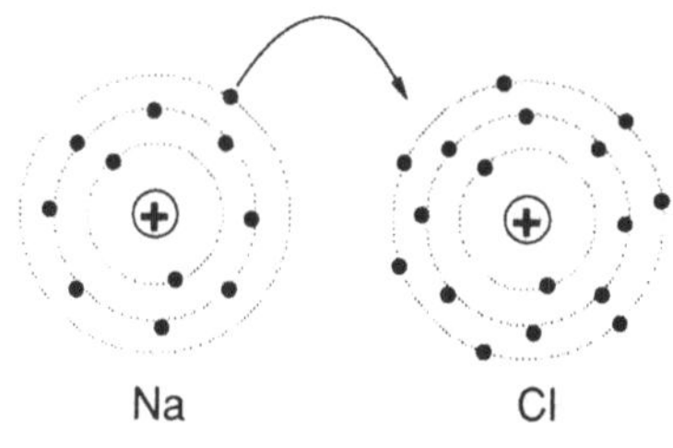

Bild 1.8: Ionenbindung [1.1]

Kovalente Bindung

Nichtmetalle bestehen aus Atomen, deren äußere Elektronenschale fast besetzt ist. Bei ihnen ist im Gegensatz zu Metallen das Bestreben Elektronen aufzunehmen wesentlich stärker ausgeprägt. Zwei solche Elemente können nur dann in einen edelgasähnlichen Zustand gelangen, wenn sie Elektronenpaare bilden, die der Struktur beider Elemente an-

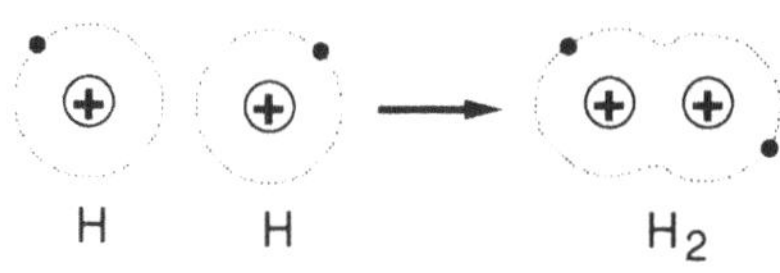

Bild 1.9: Kovalente Bindung [1.1]

gehören (Molekülbildung bei gleichartigen Atomen, Bild 1.9). Die kovalente Bindung ist die häufigste Bindungsart, da das Element Kohlenstoff, von dem die meisten Verbindungen bekannt sind, diese Bindung bevorzugt. Das Bindungsverhalten der Kohlenstoffatome hat für die organische Chemie und damit für die Werkstoffgruppe der Kunststoffe eine große Bedeutung.

Metallische Bindung

Die Atome der Metallelemente besitzen weniger als vier Außenelektronen, die relativ schwach an den Kern gebunden sind. Die Bindung von Metallatomen zu einem Metallverband erfolgt dadurch, daß sich ihre Außenelektronen zu einem frei beweglichen "Elektronengas" verbinden, das den ganzen Metallverband durchzieht. Die metallische Bindung kann somit als ein Sonderfall der kovalenten Bindung betrachtet werden. Mit diesem Bindungsmechanismus lassen sich die Eigenschaften der Metallwerkstoffe wie elektrische und thermische Leitfähigkeit, Verformbarkeit, Undurchsichtigkeit und Glanz, Legierbarkeit sowie Korrosionsempfindlichkeit erklären.

Zwischenmolekulare Bindungen

Die zwischen Molekülen wirksamen Bindungen beruhen auf der gegenseitigen Anziehung ungleicher Ladungen. Verglichen mit einer primären Ionenbindung, bestehen hier jedoch deutlich geringere Ladungsunterschiede und Anziehungskräfte. Bild 1.10 zeigt schematisch zwischenmolekulare Bindungen bei Molekülen mit permanentem Dipol.

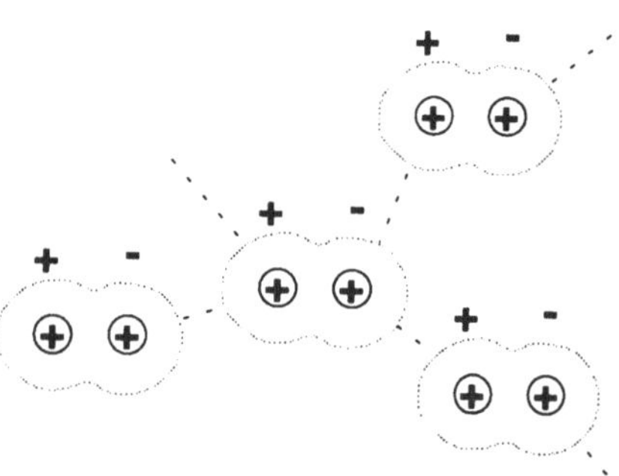

Bild 1.10: Zwischenmolekulare Bindungen bei Molekülen mit permanentem Dipol [1.1]

Grenzflächen- und Oberflächenbindungen

An der Grenzfläche eines atomaren oder ionischen Verbandes befinden sich die Atome bzw. Ionen im Vergleich zu den im Innern angeordneten Atomen in einem unvollständigen und damit weniger stabilen Bindungszustand. Sie verfügen nach außen hin über noch bindungsfähige Elektronenorbitale. Das daraus resultierende Bindungsbestreben verursacht eine Reihe von Grenzflächeneffekten. Bindungsprozesse an einer Grenzfläche **fest/fest** werden **Adhäsion**, an einer Grenzfläche **fest/flüssig Benetzung** und an einer Grenzfläche **fest/gasförmig Adsorption** genannt.

Die Atomanordnung in einem Festkörper (der feste Zustand ist gekennzeichnet durch stabile Primär- oder Sekundärbindungen) kann **amorph** oder **kristallin** sein. Im kristallinen Zustand sind die Atome bzw. Moleküle nach einem bestimmten Muster zu einem regelmäßigen, räumlichen Gitter angeordnet.

Der Aufbau realer Kristalle weicht an vielen Stellen von einer idealen Kristallstruktur ab. Reale Kristalle enthalten eine Vielzahl von Kristallfehlern (z.B. Leerstellen, Fremdatome, Versetzungen), ohne daß der Charakter der Struktur verlorenginge. Die Erstarrung aus der Schmelze, die Kristallisation, geht von Keimen (arteigene oder fremde Atome) aus. Die Kristalle wachsen so lange, bis die Restschmelze aufgezehrt ist. Beim Aufeinandertreffen bilden sich Korngrenzen (auch Korngrenzen sind Kristallfehler), welche die unregelmäßig geformten Kristallite umschließen. Dabei spielt die Geschwindigkeit der Erstarrung eine wichtige Rolle. Bei einer langsamen Erstarrung bildet sich ein grobkörniges Gefüge, bei einer schnellen Erstarrung ist das Gefüge feinkörnig. Amorphe Festkörper weisen nicht die regelmäßige Struktur der Kristalle auf. In ihrer Atomanordnung ähneln die amorphen Substanzen (z.B. Glas) Schmelzzuständen und werden daher oft als unterkühlte, in den festen Zustand eingefrorene Flüssigkeiten bezeichnet.

Zur Lösung kristalliner Strukturen ist wegen der gleichmäßigen Ausbildung der Atombindungen eine bestimmte Temperatur, die Schmelztemperatur erforderlich. Amorphe Festkörper weisen dagegen ein über einen Temperaturbereich ausgedehntes Erweichungsverhalten auf. Die für diesen Bereich charakteristische Temperatur wird **Glasübergangstemperatur** genannt.

1.3.2 Metallische Werkstoffe

Die Einteilung der Elemente in Metalle, Halb- und Nichtmetalle kann nach der elektrischen Leitfähigkeit erfolgen. Metalle besitzen eine verhältnismäßig hohe elektrische Leitfähigkeit, die mit steigender Temperatur abnimmt. Halbmetalle sind halbleitend mit bei steigender Temperatur zunehmender Leitfähigkeit. Nichtmetalle sind elektrische Isolatoren.

Die meisten Metalle erstarren im **kubischen** oder im **hexagonalen** Gitter. Das einfache kubische Gitter kommt bei reinen Metallen jedoch nicht vor, sondern nur das **kubisch-raumzentrierte (krz)** und das **kubisch-flächenzentrierte (kfz)** Gitter (Bild 1.11). Einige Metalle können in verschiedenen Kristallsystemen kristallisieren, wobei ein bestimmtes Kristallgitter jeweils nur in einem bestimmten Temperaturbereich beständig ist. Beim Überschreiten der Temperaturgrenzen wandelt sich das Gitter um. Dabei ändern sich die Eigenschaften wie Dichte, Wärmeausdehnungskoeffizient, elektrische Leitfähigkeit usw. sprunghaft.

Die metallischen Werkstoffe kommen in der Technik meist als Legierungen zur Anwendung, da durch die Legierungsbildung die Eigenschaften der reinen Metalle in eine erwünschte Richtung (z.B. höhere Festigkeit) verändert werden können. Als Legierung wird ein Werkstoff mit überwiegend metallischem Charakter bezeichnet, der aus mindestens zwei Komponenten besteht. Das Legierungselement kann im Metallgitter gelöst sein (einphasige Legierung, Mischkristall) oder bei begrenzter Löslichkeit mit dem Basismetall eine legierungsreichere zweite Phase bilden. Einphasige Legierungen verhalten sich ähnlich wie das Basismetall. Die Eigenschaften zwei- oder mehrphasiger Legierungen weichen dagegen von denen des Basismetalls deutlich ab. Für die dem Verwendungszweck entsprechend richtige Werkstoffwahl ist eine genaue Kenntnis der Eigenschaften unerläßlich. Nachfolgend werden einige den meisten Metallen gemeinsame Eigenschaften behandelt.

Verformungsmechanismen und Bruchverhalten

Formänderungen an metallischen Werkstücken sind die Folge von Vorgängen innerhalb der Kristallstruktur. Formänderungen können reversibel oder irreversibel sein. Bei reversiblen Formänderungen stellt sich die ursprüngliche Form nach der Entlastung wieder ein. Irreversible Formänderungen sind die Folge von Abgleitvorgängen benachbarter Gitterebenen gegeneinander, hervorgerufen durch Versetzungsbewegungen. Sie werden ausgelöst durch Schubspannungen, wenn diese eine bestimmte kritische Größe annehmen. Das Ausmaß der Gleitvorgänge hängt dabei von der Anzahl der vorhandenen Gleitmöglichkeiten ab. Die Gleitmöglichkeiten ergeben sich aus den **Gleitebenen** und den **Gleitrichtungen**. Gleitebenen sind die dichtest besetzten Gitterebenen, Gleitrichtungen sind die dichtest besetzten Gitterrichtungen. Die Kombination einer Gleitebene mit einer Gleitrichtung in dieser Ebene wird als **Gleitsystem** bezeichnet (Bild 1.11). Die Anzahl der Gleitsysteme (Produkt aus Gleitebenen und Gleitrichtungen) wirkt sich auf das Verformungsvermögen des Werkstoffes aus.

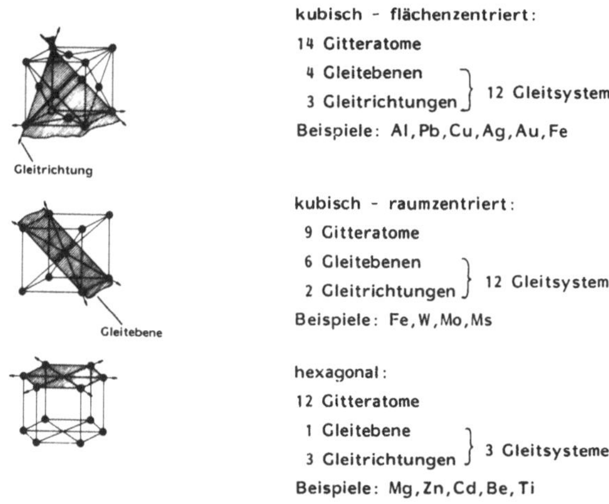

Bild 1.11: Gittertypen und Lage der Gleitebenen

Die physikalischen Vorgänge beim Verformen kommen im Fließdiagramm (Spannungs-Dehnungs-Diagramm) zum Ausdruck (Bild 1.12). Den linearen Anstieg der Zugspannung beschreibt das **Hooke'sche Gesetz:**

$$\sigma = E \cdot \varepsilon$$

wo σ die Zugspannung, E den Elastizitätsmodul (Werkstoffkonstante) und ε die Dehnung bedeuten. Die weitere Steigerung der Belastung mündet in den plastischen Bereich, der durch die abnehmende Spannungszunahme gekennzeichnet ist. Wird ein Werkstoff aus dem plastischen Bereich (Punkt C im Bild 1.12) entlastet, bleibt eine Restdehnung ε_r bestehen. Beim erneuten Belasten wird die Spannung σ_C linear erreicht. Dies bedeutet, daß die **Fließgrenze**, eine wichtige Werkstoffkenngröße, durch die erste Belastung angehoben wurde. Dieser Vorgang beruht auf bewegungshindernden Versetzungen (Zunahme der Versetzungsdichte) im Werkstoff und wird als **Kaltverfestigung** bezeichnet.

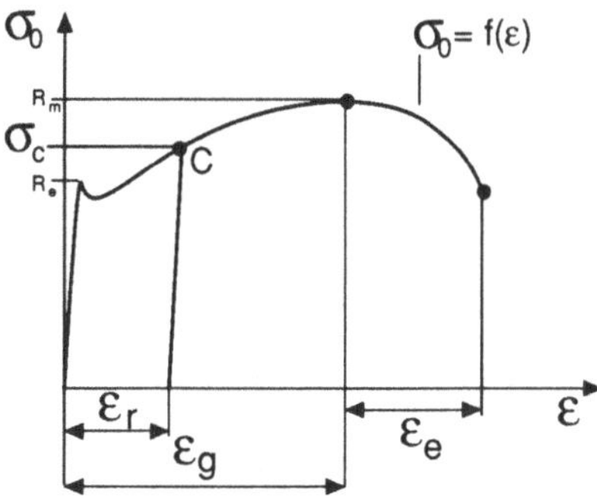

Bild 1.12: Spannungs-Dehnungs-Diagramm

Verglichen mit dem Verformungsverhalten sind die zum Bruch führenden Vorgänge wesentlich komplexer. Viele dieser Vorgänge sind noch nicht vollständig erforscht. Das Bruchverhalten der Werkstoffe ist von der Beanspruchungsart abhängig. Danach können die Bruchformen wie folgt eingeteilt werden [1.1]:

- Duktil- und Sprödbruch (Gewaltbruch) infolge zügig aufgebrachter Überbelastung,

- Dauerbruch (Ermüdungsbruch) infolge schwingender Überbelastung,

- Kriechbruch infolge langzeitiger Überbelastung bei hohen Temperaturen.

Elektrische Eigenschaften

Die **elektrische Leitfähigkeit** der Metalle beruht auf der Beweglichkeit der Bindungselektronen im Metallverband. Diese Leitungselektronen erfahren auf ihrem Weg durch das Gitter einen Bewegungswiderstand, so daß ein Elektronenstrom nur mit Hilfe eines Potentials einer Spannungsquelle fließen kann. **Der elektrische Widerstand** ist auf den Bewegungswiderstand der Leitungselektronen zurückzuführen und setzt sich aus zwei unterschiedlichen Anteilen zusammen, einem temperaturabhängigen thermischen Anteil (thermisch bedingte Vibration des Gitters) und einem durch Gitterdefekte verursachten Anteil.

Der **Magnetismus** der Werkstoffe wird durch die Bewegung der elektrischen Ladungen der Atome im Kern und in der Elektronenhülle verursacht. Für das magnetische Verhalten ist hauptsächlich das aus dem Elektronenspin (Rotation des kugelförmig angenommenen Elektrons um seine Achse, die durch seinen Mittelpunkt geht) resultierende magnetische Moment verantwortlich. Bei **Diamagnetismus** erfolgt eine vollständige Kompensation der magnetischen Momente. Bei **Paramagnetismus** sind die Momente ungeordnet, so daß ein nach außen wirkendes magnetisches Moment nicht erkennbar wird. Dia- bzw. paramagnetische Stoffe gelten allgemein als unmagnetisch. Bei **ferromagnetischen Stoffen** tritt eine Kopplung und gemeinsame Ausrichtung der unkompensierten magnetischen Momente auf. Ferromagnetismus ist also eine Form des Paramagnetismus.

Chemische Eigenschaften (Korrosion)

Korrosionsvorgänge sind stets Phasengrenzreaktionen. Hierzu gehört z.B. das Zundern von Metallen in heißen Gasen oder das bekannte Problem der Korrosion von Metallen an der Phasengrenze mit einem wässrigen Medium, das als **elektrochemische Korrosion** bezeichnet wird. Die relativ instabilen metallischen Bindungen, die den Werkstoffzusammenhalt bewirken, werden dabei zugunsten stabilerer nichtmetallischer Bindungszustände (z.B. Ionenbindung) aufgegeben.

Thermische Eigenschaften

Bei den thermischen Eigenschaften von Metallen stehen **Wärmeleitung** und **Wärmeausdehnung** im Vordergrund. Die Wärmeleitung kann auf die Bewegung sog. **Phononen** im Werkstoffgitter zurückgeführt werden. Phononen sind die gequantelte Energie elastischer Gitterschwingungen, die durch die thermisch bedingten Teilchenbewegungen verursacht werden. Der Transport der thermischen Schwingungsenergie erfolgt über die Gitterbindungen von wärmeren in kältere Gitterbereiche. Ebenso wie die Elektronenbewegung wird auch die Bewegung der Phononen durch Störungen im Gitteraufbau des Werkstoffes behindert. Daher besteht zwischen der elektrischen Leitfähigkeit und der Wärmeleitung ein enger Zusammenhang.
Die Wärmeausdehnung hängt mit der Amplitude der Atomschwingung im Gitter zusammen. Die Atome brauchen mit steigender Temperatur und damit wachsender Amplitude ein größeres Leervolumen. Die Bindungen werden gelockert. Bei starken Bindungen der Atome im Gitter wird die Teilchenbewegung behindert, wodurch der Wärmeausdehnungskoeffizient des Werkstoffes kleiner wird. Entsprechend läßt sich ein Zusammenhang zwischen hohen Schmelztemperaturen und niedrigen Wärmeausdehnungskoeffizienten beobachten.

Optische Eigenschaften

Die optischen Eigenschaften eines Stoffes hängen von den Wechselwirkungen seiner Außenelektronen mit den Photonen der auf ihn auftreffenden elektromagnetischen Strahlung im sichtbaren, ultravioletten und infraroten Bereich ab. Die Wechselwirkung besteht darin, daß die Photonen die Außenelektronen (Bindungselektronen) der Metalle in einen angeregten Zustand überführen und dabei absorbiert werden. Da jedes Metall über freie Elektronenzustände verfügt, in die die Elektronen bei der Anregung überführt werden können, sind Metalle undurchsichtig. Eine bei Metallen stark ausgeprägte optische Eigenschaft ist die **Reflexion**. Dabei wird die auftreffende Lichtstrahlung in den oberflächennahen Atomschichten durch Elektronenanregung zunächst vollständig absorbiert. Beim Rückfall der Elektronen in den Grundzustand wird die aufgenommene Energie als reflektierte Strahlung abgegeben. Die Reflexion an ebenen Flächen wird als Spiegelreflexion bezeichnet; die Reflexion an unebenen Flächen als Streureflexion. Ideale Reflexionseigenschaften weist eine glatte Silberoberfläche auf.

Eisenwerkstoffe

Als Eisenwerkstoffe werden die Metallegierungen bezeichnet, bei denen der mittlere Gewichtsanteil an Eisen höher als der jedes anderen Legierungselementes ist [0.1, 1.1]. Sie werden in die Gruppen der Stähle und Eisengußwerkstoffe unterteilt. Beide Gruppen unterscheiden sich vor allem durch den Kohlenstoffgehalt und weisen zum Teil sehr unterschiedliche Eigenschaften auf. Während sich die Stähle im allgemeinen für die Umformverfahren eignen, erfolgt die Formgebung bei Gußwerkstoffen durch Urformen. Der Kohlenstoffgehalt der Stähle liegt unter 2 %, der Kohlenstoffgehalt der Eisengußwerkstoffe liegt über 2 % (und meistens unter 4,5 %). Die Stähle werden in legierte und unlegierte Stähle eingeteilt. Bei den üblichen Wärmebehandlungen der Stähle liegt der Kohlenstoff in gebundener Form als Eisencarbid Fe_3C (Zementit) vor. Im Bereich des Gußeisens erfolgt eine teilweise Graphitbildung in Form globularer (GGG: Gußeisen mit Kugelgraphit) oder lamellarer (GGL: Gußeisen mit Lamellengraphit) Ausscheidungen. Die Vorgänge bei der Erstarrung der Eisen-Kohlenstofflösung kommen im Zustandsschaubild Eisen-Kohlenstoff zum Ausdruck (Bild 1.13).

Bei Temperaturen oberhalb der Liquiduslinie ACD liegt eine Fe-C-Lösung in schmelzflüssigem Zustand vor. Diese Lösung erstarrt nicht wie reine Metalle bei einer bestimmten Temperatur, sondern in einem Temperaturbereich, der zwischen der Liquidus- und der Soliduslinie AECF liegt. Mit abnehmender Temperatur nimmt in diesem Bereich der Anteil der ausgeschiedenen Kristalle zu, bis bei Erreichen der Soliduslinie die Schmelze erstarrt ist. Feste Erstarrungspunkte treten nur in den Berührungspunkten der Liquidus- und der Soliduslinie auf. Punkt A ist der Schmelzpunkt des reinen Eisens (0 % C, 1536 °C), Punkt C ist der niedrigste Schmelzpunkt des Fe-C-Systems (4,3 % C, 1147 °C). Das am Punkt C entstehende Gefüge ist ein Eutektikum und wird als Ledeburit bezeichnet. Im übereutektischen Bereich (C > 4,3 %)

scheiden sich aus der Schmelze reine Eisencarbidkristalle (Fe_3C) aus. Im untereutektischen Bereich (C < 4,3 %) scheiden sich γ - Mischkristalle (Austenit: Kfz-Eisenkristalle mit hohem Lösungsvermögen für Kohlenstoff) als feste Lösung aus. Ledeburit besteht aus einem geordneten Gemenge beider Phasen.

Im Zustandsfeld AESG liegt ein Gefüge vor, das nur aus Austenit besteht. Bei einem Kohlenstoffgehalt von 0,86 % wandelt sich der Austenit bei unterschreiten der Umwandlungstemperatur im Punkt S (723 °C) in das Eutektoid Perlit um, das aus einem feinen Gemenge aus Ferrit (α - Mischkristall) und Zementit besteht. Unterhalb der unteren Umwandlungslinie PSK zerfallen die restlichen γ - Mischkristalle in Perlit (vgl. Kap. 7).

Stähle

Um die Eigenschaften gezielt zu beeinflussen, werden Stähle mit verschiedenen Elementen legiert. Je nach Legierungsgehalt unterscheidet man niedriglegierte (Legierungsgehalt < 5 Gew.-%) und hochlegierte (Legierungsgehalt > 5 Gew.-%) Stähle. Die Legierungselemente Cr, Cu, Mn, Mo, Ni und W erhöhen die Festigkeit von Stählen, Co, Mo, V verbessern die Warmfestigkeit. Bei Cr-Gehalten von über 12 % werden Stähle rostbeständig. Aluminium wird in Nitrierstählen verwendet, da es mit Stickstoff Nitride hoher Härte bildet. Schwefel macht den Stahl spröde und brüchig. In Automatenstählen bewirkt ein geringer Schwefelzusatz (0,3 %) die Bildung kurzer Späne. Kohlenstoff, das wichtigste Legierungselement, erhöht mit steigendem Gehalt die Festigkeit und die Härtbarkeit. Schmiedbarkeit, Schweißbarkeit und spanende Bearbeitbarkeit werden mit zunehmendem Kohlenstoffgehalt verringert.

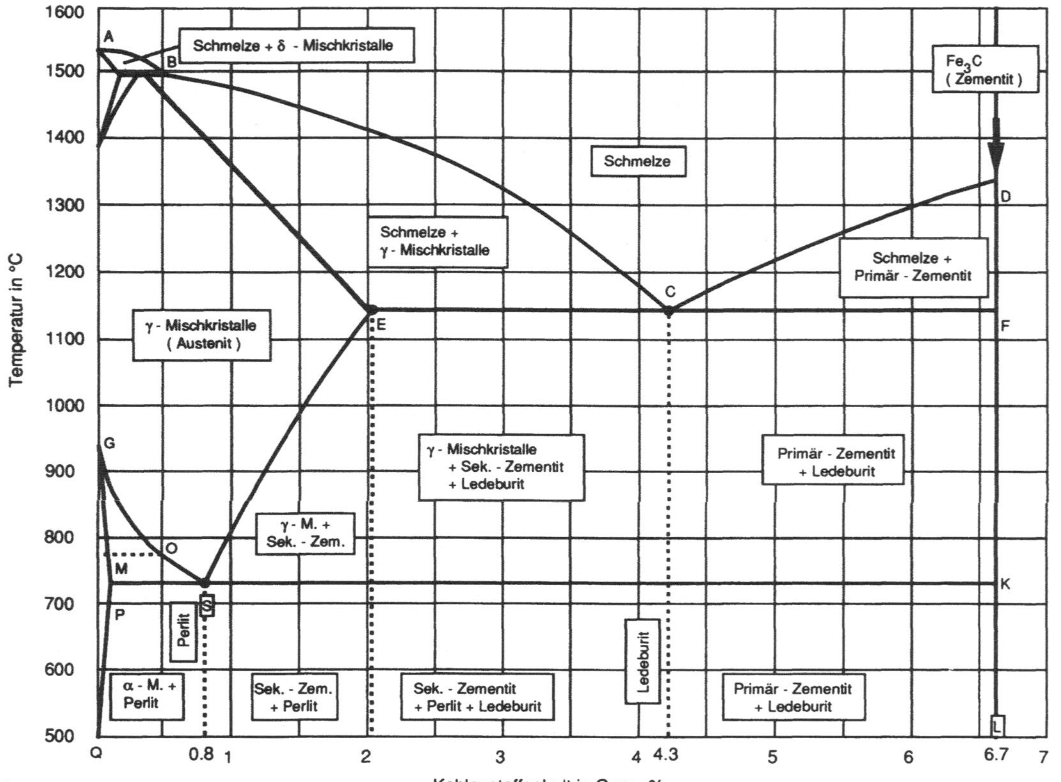

Bild 1.13: Zustandsschaubild Eisen-Kohlenstoff [0.1]

Eisengußwerkstoffe

Die wichtigsten Eisengußwerkstoffe sind Gußeisen mit Lamellengraphit (GGL), Gußeisen mit Kugelgraphit (GGG) und Temperguß. Stahlguß gehört mit seinen Eigenschaften und einem Kohlenstoffgehalt unter 2 % zu den übrigen Stahlwerkstoffen. Beim Gußeisen mit Lamellengraphit ist der als Graphit ausgeschiedene Kohlenstoffanteil lamellar angeordnet. Durch seine geringe mechanische Festigkeit beteiligen sich die Graphitlamellen nicht an der Kraftübertragung, sondern wirken wie Hohlräume, die den tragenden Querschnitt verringern und Spannungskonzentrationen infolge Kerbwirkung hervorrufen.

Die Ausbildung des Graphits in Kugelform (Bild 1.14) führt gegenüber GGL zu einer bedeutenden Erhöhung der Festigkeit und der Zähigkeit. Die globulare Ausbildung des Graphits wird durch Impfen der Schmelze mit Magnesium erreicht. Die Eigenschaften von GGG liegen zwischen denen des GGL und denen des Stahls. Das Dämpfungsvermögen von GGG ist geringer, als das von GGL.

Teile mit komplizierter Form, die eine hohe Zähigkeit, Schlagfestigkeit und eine gute Bearbeitbarkeit sowie Schweißbarkeit aufweisen müssen, werden aus Temperguß (GT) hergestellt. Beim Temperguß wird der Kohlenstoffgehalt des Gußeisens so eingestellt, daß der Werkstoff graphitfrei erstarrt, d.h. der gesamte Kohlenstoff im Zementit gebunden ist. Bei einer anschließenden Glühbehandlung zerfällt der Zementit restlos (vgl. Kap. 7.4).

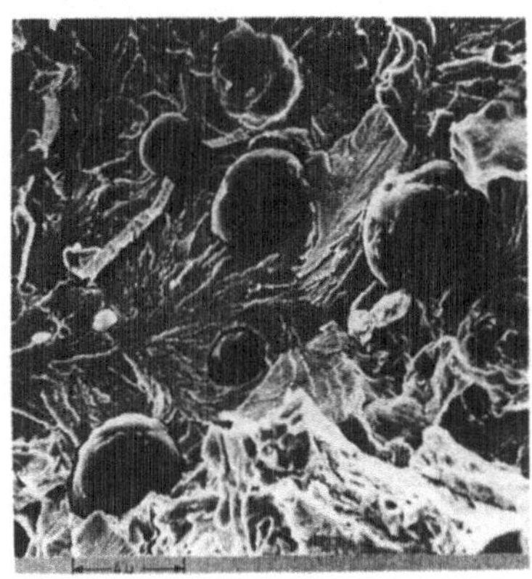

Bild 1.14: Graphitausscheidung beim GGG

Nichteisenmetalle

Nichteisenmetalle werden nach ihrer Dichte in Leicht- und Schwermetalle eingeteilt. Von technischer Bedeutung sind folgende NE-Metalle und ihre Legierungen:

Aluminium, Magnesium, Titan, Kupfer, Nickel, Zink und Zinn.

- Aluminium und seine Legierungen

Zur Herstellung von 1 t Aluminium benötigt man 2 t Tonerde bzw. 5 t Bauxit und 20 000 kWh Strom [0.1]. Trotz dieser energieintensiven Herstellungsweise ist Aluminium nach Stahl der meist angewendete Werkstoff. Seine Vorteile liegen in der hohen Zugfestigkeit, die bei bestimmten Legierungen fast die Zugfestigkeit von Stahl erreicht bei nur 1/3 des Stahlgewichtes (Dichte Stahl: 7,9 g/cm^3, Dichte Aluminium: 2,7 g/cm^3). Aluminium besitzt eine sehr gute Wärme- und elektrische Leitfähigkeit, eine gute Korrosionsbeständigkeit durch Bildung einer natürlichen Oxidhaut und eine gute Verformbarkeit. Die wichtigsten Legierungselemente bei Aluminium-Knetlegierungen sind Cu, Mg, Mn, Zn und Ni. Eine Reihe von Aluminium-Knetlegierungen läßt sich warm oder kalt aushärten, ohne daß die Dehnung und Verformbarkeit abnimmt. Nichtaushärtbare Legierungen lassen sich schmelzschweißen, aushärtbare Legierungen werden vor dem aushärten geschweißt. Lichtbogenschweißung erfolgt mit dem WIG- oder MIG-Verfahren (Kap. 5.1.2). Bei Aluminium-Gußlegierungen ist das wichtigste Legierungselement Si, das bei 12% mit Al ein Eutektikum mit sehr guten Gießeigenschaften (AlSi 12) bildet. Gußwerkstücke aus Aluminiumlegierungen haben ein breites Anwendungsspektrum in der Luft- und Raumfahrtindustrie, im Fahrzeugbau, in der Elektrotechnik, im allgemeinen Maschinenbau, in der optischen Industrie und in der Medizintechnik gefunden.

- Magnesiumlegierungen

Im Vergleich zu den Al-Legierungen erreichen die Mg-Legierungen bei Raum- und erhöhter Temperatur geringere Festigkeitswerte. Der niedrige Elastizitätsmodul macht die Mg-Legierungen unempfindlicher gegen Schlag- und Stoßbeanspruchung und gibt ihnen eine erhöhte Fähigkeit zur Geräuschdämpfung (Getriebegehäuse). Alle Mg-Legierungen besitzen eine gute Zerspanbarkeit; es ist jedoch darauf zu achten, daß keine feinen Späne (Brandgefahr, Mg-Brände nie mit Wasser löschen!) anfallen. Das hohe elektronegative Potential von Mg und seinen Legierungen macht einen Korrosionsschutz erforderlich. Die Oxidationsneigung erfordert besondere Maßnahmen beim Gießen und Schweißen (Brandgefahr).

- Titanlegierungen

Die Festigkeitseigenschaften von Ti-Legierungen sind mit den entsprechenden Werten von hochvergüteten Stählen vergleichbar, obwohl Ti-Legierungen eine wesentlich geringere Dichte (4,5 g/cm^3) haben. Die Formgebung erfolgt vorwiegend durch Umformen. Ti-Legierungen können mit dem WIG- oder MIG-Verfahren geschweißt werden. Punktschweißen ist ohne Schutzgas möglich. Ti-Legierungen besitzen eine gute Korrosionsbeständigkeit. Gußwerkstücke aus Ti-Legierungen werden vor allem in der Luft- und Raumfahrttechnik verwendet [1.8].

- Kupfer und Kupferlegierungen
Kupfer weist eine sehr gute Wärme- und elektrische Leitfähigkeit und eine gute plastische Verformbarkeit auf. Es ist beständig gegen Luftfeuchtigkeit, Heißwasser und manche Säuren. Kupfer läßt sich gut löten und ist mit allen Verfahren schweißbar. Besonders geeignet sind die Schutzgasschweißverfahren. Kupfer-Zink-Legierungen (**Messing**) zeichnen sich durch gute Verformbarkeit und Korrosionsbeständigkeit aus und stellen die am häufigsten angewendete Kupferlegierung dar. Kupfer-Zinn-Legierungen (**Bronze**) verbinden hohe Härte und Duktilität mit sehr guter Korrosionsbeständigkeit. Wegen den hervorragenden Gleit- und Verschleißeigenschaften werden aus Kupfer-Zinn-Legierungen Gleitlager hergestellt. Interessante Eigenschaften besitzen die Legierungen Cu-Zn-Al und Cu-Al-Ni, die als Memory-Legierungen bezeichnet werden. Durch Abkühlung bzw. Erwärmung eines Bauteils (z.B. Feder) aus einer Memory-Legierung kann eine reversible Formänderung erzielt werden [1.10].

- Nickellegierungen
Nickel ist mit Kupfer in jedem Verhältnis legierbar und durch Urformen, Umformen und Spanen verarbeitbar. Es kann gelötet und geschweißt werden. Monel-Metall (67 % Ni, 30 % Cu, Rest Fe und Mn) dient wegen seiner sehr guten Warmfestigkeit und Korrosionsbeständigkeit zur Herstellung von chem. Apparaten, Dampfturbinenschaufeln und Ventilen. Ni-Cr-Legierungen weisen eine hohe Hitzebeständigkeit (bis 1200 °C) auf. NiCr 20 und NiCr 15 werden z.B. zum Panzern der Auslaßventile von Verbrennungsmotoren verwendet.

- Zink und Zinklegierungen
Zink läßt sich gut warm- und kaltverformen. Unter dem Einfluß der Atmosphäre bilden sich festhaftende Deckschichten, die die Oberfläche vor Korrosion schützen. Zn-Druckgußstücke, meist aus Legierungen von Zn, Al und Cu erreichen eine hohe Maßgenauigkeit. Aus Zinklegierungen werden in der Fahrzeugindustrie z.B. Vergasergehäuse, in der Spielwarenindustrie Modelleisenbahnen hergestellt.

- Zinn

Sn-Druckgußteile besitzen höchste Maßgenauigkeit und werden in der Fein-
werktechnik eingesetzt. Die früher gebräuchlichen Zinnfolien (Stanniol) wurden weitgehend von Al-Folien verdrängt.

1.3.3 Nichtmetallische Werkstoffe

Die nichtmetallischen Werkstoffe lassen sich in zwei Gruppen einteilen, in
die nichtmetallischen **organischen** Werkstoffe (Kunststoffe, Holz, Leder,
Textilien) und in die nichtmetallischen **anorganischen** Werkstoffe (Keramik,
Glas). Eine Sonderstellung nehmen die Verbundwerkstoffe ein, die aus min-
destens zwei physikalisch oder chemisch unterschiedlichen Komponenten
(Metall, Kunststoff, Keramik) bestehen. In den folgenden Abschnitten wer-
den die für die industrielle Fertigungstechnik wichtigen nichtmetallischen
Werkstoffe hinsichtlich Aufbau, Eigenschaften und Anwendungen behandelt.

Kunststoffe

Kunststoffe sind feste organische Stoffe, die auf chemischem Weg synthetisch hergestellt werden in der Natur also nicht vorkommen. Gemeinsames
Kennzeichen ist ihr Aufbau aus makromolekularen, organischen Verbindungen [1.4]. Die synthetische Herstellung liefert nicht nur Werkstoffe, die das
Eigenschaftsspektrum der natürlichen Werkstoffe abdecken, sondern erlaubt
darüber hinaus die Herstellung von Werkstoffen mit neuen Eigenschaftskom-
binationen (Werkstoff nach Maß). Aufgrund besonderer Vorteile konnten
Kunststoffe in manchen Bereichen die klassischen Werkstoffe verdrängen. Zu
diesen Vorteilen gehören die bei relativ niedrigen Temperaturen mögliche
und daher kostengünstige Verarbeitung, ihre mechanischen und chemischen
Eigenschaften und die niedrige Dichte.
Kunststoffe lassen sich nach ihrem Strukturaufbau und den bei verschiedenen
Temperaturen unterschiedlichen Eigenschaften in drei Gruppen **Thermoplaste, Duroplaste** und **Elastomere** einteilen (Bild 1.15).

Bei der Herstellung von Kunststoffen spielen die vielfältigen Bindungsmög-
lichkeiten des Kohlenstoffs mit sich selbst und mit den Elementen H, O, Cl,
N, F und S eine entscheidende Rolle. Die wichtigsten chemischen Reaktionen
bei der Herstellung sind:

- Polymerisation

Bei der Polymerisation bilden sich aus Molekülbausteinen (monomere Substanz) durch Aufspaltung ungesättigter Doppelbindungen und durch Aneinanderreihen fadenförmige Makromoleküle, ohne daß Fremdstoffe oder Nebenprodukte entstehen. Der Prozeß wird durch geeignete Katalysatoren in Gang gesetzt und läuft exotherm ab, wobei die ursprünglich flüssige monomere Substanz zäh und schließlich fest wird. Durch Polymerisation werden die meisten thermoplastischen Kunststoffe hergestellt.

- Polykondensation

Bei der Polykondensation verbinden sich Moleküle über reaktionsfähige Endgruppen unter Abspaltung von Wasser oder anderen flüchtigen Stoffen (z.B. Ammoniak) zu räumlich vernetzten Makromolekülen. Auf diese Art werden die meisten Duroplaste hergestellt. Der Vorgang läuft unter erhöhter Temperatur ab.

- Polyaddition

Im Gegensatz zur Polymerisation werden hier Moleküle mit reaktionsfähigen Endgruppen zu Makromolekülen vereinigt, ohne daß dabei flüchtige Substanzen abgespalten werden. Durch geeignete Wahl der Vorprodukte sind Vernetzungen in drei Dimensionen möglich, wodurch die Eigenschaften der Erzeugnisse in weiten Grenzen gesteuert werden können [1.6].

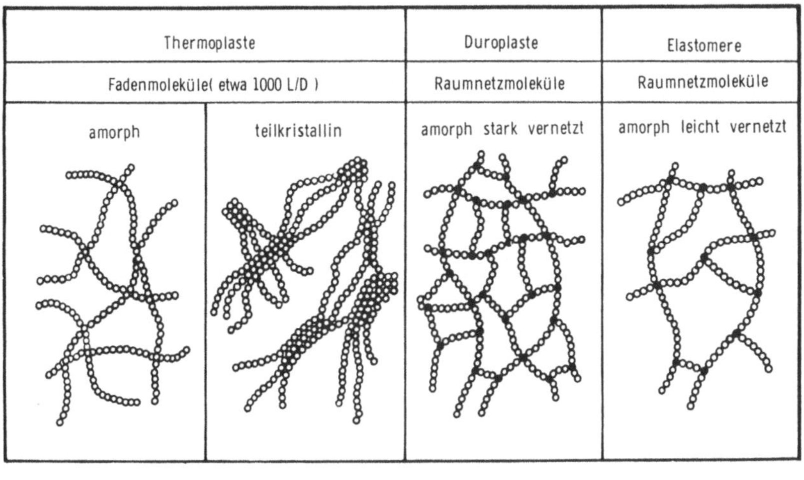

Thermoplaste		Duroplaste	Elastomere
Fadenmoleküle(etwa 1000 L/D)		Raumnetzmoleküle	Raumnetzmoleküle
amorph	teilkristallin	amorph stark vernetzt	amorph leicht vernetzt

Bild 1.15: Aufbau und Einteilung der Kunststoffe

- Thermoplaste

Thermoplaste bestehen aus linearen, mehr oder weniger verzweigten Makromolekülen, die untereinander durch sekundäre (zwischenmolekulare) Bindungen zusammengehalten werden. Je nach Anordnung der Makromoleküle unterscheidet man amorphe und teilkristalline Thermoplaste.

Unterhalb der Glasübergangstemperatur T_G (Bild 1.16) befindet sich der Thermoplast im festen Zustand. Bei steigender Temperatur wird der Werkstoff durch zunehmende Wärmebewegung zwischen den Molekülen thermoelastisch zäh. Im thermoplastischen Bereich oberhalb der Fließtemperatur T_F nehmen die Sekundärbindungen durch die Wärmebewegung ab und die Molekülketten können leicht gegeneinander verschoben werden. Bei der Zersetzungstemperatur T_Z werden die Primärbindungen und damit der Werkstoff zerstört.

Teilkristalline Thermoplaste weisen Bereiche mit einer dichten Packung und Ausrichtung der Fadenmoleküle auf. In diesen Bereichen nehmen die Sekundärbindungen zu, wodurch sich die chemische Beständigkeit, der Elastizitätsmodul, die Härte und die Zugfestigkeit erhöhen. Unterhalb der Kristallisationstemperatur T_K verhalten sich teilkristalline Thermoplaste elastisch.

Thermoplaste sind aufgrund ihres reversiblen Verhaltens (sie können vom festen in den plastischen und wieder in den festen Zustand überführt werden) schweißbar und können umgeformt werden.

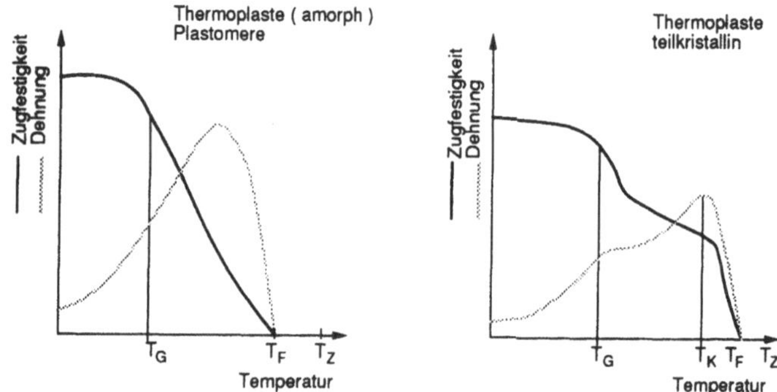

Bild 1.16: Zugfestigkeit und Dehnungsverhalten von Thermoplasten [0.3]

Die elastischen Eigenschaften von Thermoplasten können durch den Einbau von niedermolekularen Substanzen, sog. Weichmachern in das Molekülknäuel wesentlich verbessert werden. Das Polymer und der Weichmacher müssen eine thermodynamisch stabile Lösung bilden, da sonst der eingemischte Weichmacher zeit- und temperaturabhängig wieder ausgeschieden wird, was zur Versprödung des Werkstoffes führt. Die Anwendung der Weichmachung ermöglicht die Herstellung preisgünstig verarbeitbarer Thermoplaste, die in ihren Eigenschaften den in der Verarbeitung wesentlich aufwendigeren Elastomeren ähnlich sind.

- Duroplaste

Duroplaste sind räumlich vernetzte Kunststoffe. Die Molekülketten sind untereinander durch Hauptvalenzverbindungen verknüpft. Aufgrund dessen sind Duroplaste im festen Zustand meist hart und spröde, bei höheren Temperaturen irreversibel, d.h. nicht plastisch verformbar und nicht schmelzbar. Die Zugfestigkeit nimmt erst nach Erreichen der Zersetzungstemperatur T_Z stark ab (Bild 1.17). Mit Ausnahme von Gießharzen werden Duroplaste praktisch nur als Verbundwerkstoffe mit verstärkenden (Fasern) oder verbilligenden (Holz-, Gesteinsmehl) Zusatzstoffen verarbeitet.

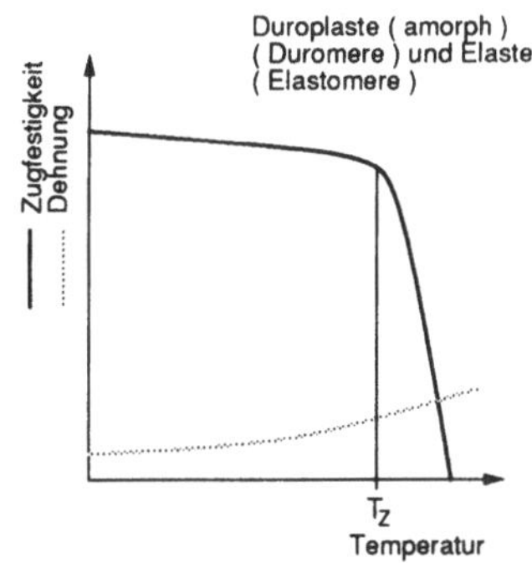

Bild 1.17: Zugfestigkeit und Dehnungsverhalten von Duroplasten [0.3]

- Elastomere

Elastomere sind weitmaschige Raumnetzmoleküle und daher über einen großen Temperaturbereich dehnbar. Vernetzte Elastomere sind nicht plastisch verformbar und nicht schweißbar.

- Gemeinsame Eigenschaften von Kunststoffen

Je nach Art und Struktur der Molekülverbindungen ist ein vielfältiges mechanisches Verhalten (weich bis spröde) möglich. Verstärkung durch Fasern ergibt eine hohe Zugfestigkeit. Die Temperaturbeständigkeit der Kunststoffe ist von den molekularen Sekundärbindungen abhängig. Die Wärmeausdehnung ist größer als bei anderen Werkstoffen. Alle Kunststoffe sind schlechte Wärmeleiter. Bis auf wenige Ausnahmen sind Kunststoffe elektrische Nichtleiter. Sie besitzen ein gutes Dämpfungsvermögen gegenüber elektromagnetischen Wellen. Kunststoffe haben die Eigenschaft, sich elektrostatisch aufzuladen.

Kunststoffe sind weitgehend chemikalienbeständig. Je nach chemischem Aufbau unterscheiden sie sich in ihrer Beständigkeit gegen Säuren, Laugen und organische Lösungsmittel. Sie sind korrosionsbeständig, unterliegen aber der Alterung und einer Veränderung durch klimatische Einflüsse. Kunststoffe zeichnen sich durch Löslichkeit in bestimmten Lösungen und Quellbarkeit aus.

Tabelle 1.1 enthält einige typische Thermo- und Duroplaste mit ihren Eigenschaften und Anwendungsbeispielen.

Keramik

In diesem Zusammenhang werden unter keramischen Werkstoffen solche nichtmetallisch-anorganischen Werkstoffe verstanden, die eine kristalline bzw. eine teilkristalline Struktur aufweisen und die in der Regel durch einen Sinterprozeß mit Temperaturen von allgemein höher als 1000 °C (siehe Kap. 2.3.1), in Ausnahmefällen durch Erstarren, entstehen. Viele keramische Substanzen tragen historisch begründete Namen wie Quarz, Asbest, Diamant, Graphit und Korund. Keramische Werkstoffe lassen sich in reine Nichtmetalle (Graphit, Diamant), reine Oxide (SiO_2, Al_2O_3, TiO_2), oxidische Verbindungen ($MgAl_2O_4$, Silikate) und nichtoxidische Verbindungen (Carbide, Nitride) einteilen.

Kennzeichnend für das mechanische Verhalten der keramischen Werkstoffe sind hohe Härte, hohe Verschleiß- und Druckfestigkeit, während die Zug- und Biegefestigkeit bedingt durch die große Sprödigkeit im allgemeinen nur geringe Werte aufweisen. Ein weiteres Merkmal keramischer Werkstoffe ist ihre hohe thermische und chemische Beständigkeit.

Ein wichtiges Anwendungsgebiet keramischer Werkstoffe liegt als Folge der Verschleiß- und Temperaturfestigkeit in ihrer Nutzung als Schneidwerkstoffe bei der spanenden Fertigung. Bedeutung haben hier WC (Wolframcarbid), TiC (Titancarbid), SiC (Siliciumcarbid), Al_2O_3 (Aluminiumoxid), BN (Bornitrid) und C (Diamant).

Als temperatur- und feuerfester Werkstoff wird Keramik im Ofenbau, bei Wärmekraftmaschinen (Gasturbinen) und im Motorenbau (z.B. als Beschichtungen von Kolbenböden und Ventilen) verwendet. In der Elektrotechnik kommen keramische Werkstoffe als Isolatoren, Kondensatorwerkstoffe und in Halbleiterbauelementen zum Einsatz [1.9].

Glas

Unter einem Glas versteht man einen amorph erstarrten nichtmetallisch-anorganischen Festkörper. Gläser sind überwiegend silikatischen (SiO_2) Ursprungs. SiO_2 - Schmelzen, die sehr langsam abgekühlt werden, kristallisieren. Diese Kristallisation ist bei der Glasherstellung unerwünscht und wird als Entglasung bezeichnet.

Glaskeramik

Mit der Glaskeramik wurde eine Werkstoffgruppe entwickelt, die die Vorteile von Glas mit denen von Keramik verbindet. Die Schmelze des glaskeramischen Werkstoffes wird unter "normalen" Bedingungen abgekühlt, so daß sie zu einem amorphen Glaskörper erstarrt. Zuvor kann sie im unterkühlten Zustand wie ein Glas in einfacher Weise thermoplastisch geformt werden. Anschließend folgt eine "keramisierende" Wärmebehandlung, bei der eine Kristallisation erfolgt. Je nach Art der Schmelze, der Kristallisationszusätze und der Wärmebehandlung liegen die Kristallisationsanteile im Endgefüge zwischen 50 und 98 % [1.1].

	Werkstoff	chem. Beständigkeit	Eigenschaften	Verwendung	Aufbau
Thermoplaste	PA Polyamide	Alkohol, Kraftstoffe, Öle, schwache Laugen, Säure	hart, zäh, teilkristallin, gleitfähig, maßbeständig	bis 100°C, kurzzeitig bis 150°C, Druckschläuche, Lager, Zahnräder	$[-\overset{\displaystyle H}{N}-(CH_2)_5-\overset{\displaystyle O}{\underset{\displaystyle \parallel}{C}}-]_n$ Polyamid 6
	PC Polycarbonat	Alkohol, Benzin, Öl, schwache Säuren	hart, steif, schlagfest, glasklar	bis 135°C, schlagzäh bis -100°C, Gehäuse, Schalter, Filme, Lacke	$[-C_6H_4-C(CH_3)_2-C_6H_4-O-\overset{\displaystyle O}{\underset{\displaystyle \parallel}{C}}-O-]_n$
	PE Polyethylen	Laugen, Lösungsmittel, Säuren, keine Wasseraufnahme	weich, flexibel bis steif, unzerbrechlich	Behälter, Dichtungen, bis 100°C, Isoliermaterial	$[-CH_2-CH_2-]_n$
	PP Polypropylen	ähnlich PE	hart, unzerbrechlich, teilkristallin, geruch- und geschmacksfrei	Geräteteile	$[-CH_2-CH(CH_3)-]_n$
	PTFE Polytetrafluorethylen	beste Beständigkeit	hart, zäh, teilkristallin, keine Wasseraufnahme, sehr gute Gleiteigenschaften	bis 250°C, kältebeständig bis -90°C, Beschichtungen (Teflon) Dichtungen	$[-CF_2-CF_2-]_n$
	PS Polystyrol	Alkohol, Laugen, Säuren, Öl, Wasser	hart, spröde, steif, glasklar, modifizierbar (z. B. EPS: Styropor)	bis 80°C, Isolierfolien, Spielwaren, Verpackungen	$[-CH_2-CH(C_6H_5)-]_n$

Tabelle 1.1: Ausgewählte Kunststoffe, ihre Eigenschaften und Anwendungen
[0.3, 1.5]

	Werkstoff	chem. Beständigkeit	Eigenschaften	Verwendung	Aufbau
Thermoplaste	ABS Acrylnitril-Butadien-Styrol	besser als PS	sehr schlagfest, steif stabil, alterungs-beständig	Schutzhelme, Armaturen, bis 95°C,	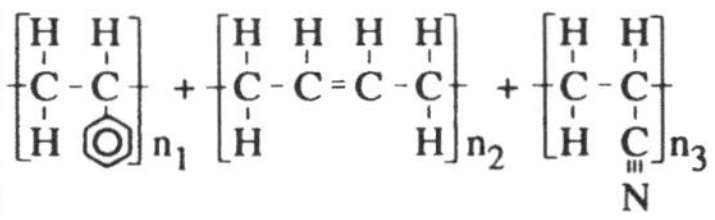 (Copolymer-Strukturformel)
	PVC Polyvinyl-chlorid	Alkohol, Laugen, Säuren, mineralische Öle	abriebfest, zäh bis weich	Rohre, Folien, Bodenbelag, Bekleidung, bis 80°C,	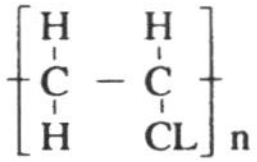 (PVC-Strukturformel)
Duroplaste, Elastomere	EP Epoxyd	Alkohol, schwache Laugen, Säuren, Lösungsmittel	Duroplast, hart, zäh, glasklar bis gelblich	bis 130°C, Gieß-, Laminier-, Kleb- und Lack-harz	------------
	PF Phenol-Formaldehyd	schwache Laugen, Säuren, Lösungsmittel, Wasser	hart, spröde, gute elektrische Isolierung	Kupplungs- und Bremsbeläge, Lager, Hartpapier, Schicht-preßholz	------------
	PUR Polyurethan	schwache Laugen, Säuren, Lösungsmittel, Öl	hart, zäh (Duroplast) weich, elastisch (Elastomer)	Kupplungsbeläge, Lager, Laufrollen, Zahnräder,	------------
	UP ungesättigter Polyester	wie PUR	je nach Füllstoff hart, zäh bis weich, ela-stisch, glasklar, glän-zend, einfärbbar	Fasern, Textilien, Kunstharzbeton	------------

Tabelle 1.1: Fortsetzung

2 Urformen

Nach *DIN 8580* ist Urformen das Fertigen eines festen Körpers durch Schaffen des Zusammenhaltes. Hierbei treten die Stoffeigenschaften des Werkstückes bestimmbar in Erscheinung. Die Hauptgruppe Urformen umfaßt neun Untergruppen (Bild 2.1).

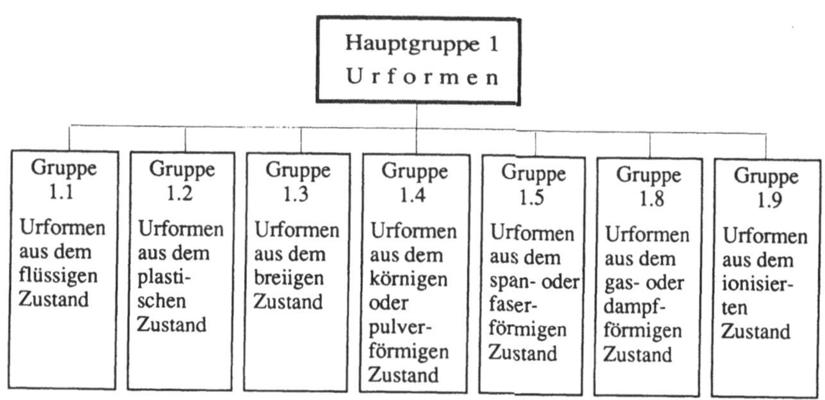

Bild 2.1: Einteilung der Hauptgruppe Urformen (nach *DIN 8580*)

2.1 Urformen aus dem flüssigen Zustand

Bei vielen industriell hergestellten Produkten werden Gießprozesse zur ersten Formgebung genutzt. Gießen ermöglicht dem Konstrukteur weitgehende Gestaltungsfreiheiten. So ergibt sich die besondere Möglichkeit auch kompliziert gestaltete Bauteile wirtschaftlich zu fertigen. Die Einteilung der Gießverfahren erfolgt nach der Verwendbarkeit der Formen bzw. der Werkzeuge. Man unterscheidet Gießen in **verlorene Formen** und Gießen in **Dauerformen**.

- Gußwerkstoffe

Die vergießbaren Werkstoffe lassen sich in metallische (eisenhaltige und nichteisenhaltige) und nichtmetallische Werkstoffe unterteilen (siehe Kap. 1.3). Wichtige Vertreter der Eisengußwerkstoffe sind Gußeisen mit Lamellengraphit (GGL), Gußeisen mit Kugelgraphit (GGG), weißer und schwarzer Temperguß (GTW und GTS), sowie Stahlguß. Bei den Nichteisenmetall-Gußwerkstoffen ist Aluminium dank seiner guten Vergießbarkeit wichtigster Vertreter. Von den Nichtmetallen, die durch Urformen verarbeitet werden, sind vor allem Kunststoffe, Keramik und Glas zu nennen.

- Schmelzen der Werkstoffe

Bevor ein Werkstoff vergossen werden kann, muß er in einen bei Metallen meist flüssigen, bei anderen Werkstoffen in einen breiigen oder pastenförmigen Zustand versetzt werden. Bei Metallen geschieht dies in Schmelzöfen, die je nach Werkstoff bzw. erforderlicher Schmelztemperatur unterschiedliche Bauarten aufweisen und durch verschiedene Energieformen beheizt werden. Im allgemeinen kann jeder Legierungsgruppe ein bestimmter Ofentyp zugeordnet werden, mit dem die betreffenden Metallegierungen am günstigsten herzustellen sind. Wichtigste Schmelzaggregate sind Kupolofen (Gußeisen), Induktionsofen (Gußeisen, Stahlguß, Nichteisenmetalle), Lichtbogenofen (Stahlguß) und elektrisch- (widerstands-), gas- oder ölbeheizter Tiegelofen (Nichteisenmetalle).

Bei allen Werkstoffen ist sorgfältiges Schmelzen und genaue Einhaltung einmal festgelegter Legierungsbestandteile und Gießbedingungen entscheidend für die Qualität des entstehenden Gußteils.

- Gestaltungsrichtlinien

Die Formgebung durch Gießen unterscheidet sich von anderen Formgebungsverfahren u.a. dadurch, daß das Werkstück seine Gestalt erst nach dem Erstarren aus dem flüssigen Zustand und dem Abkühlen mit einer teilweise erheblichen Schwindung erhält. Die Schwindung ist durch ein entsprechendes Aufmaß (Schwindmaß) zu berücksichtigen (Tab. 2.1). Die legierungsspezifischen Werte für das Schwindmaß weichen häufig infolge Schwindungsbehinderung ab. Solange diese Abweichungen innerhalb der zulässigen Freimaßtoleranzen liegen oder durch Bearbeitungszugaben aufgefangen werden, stellen sie kein Problem dar. Bei größeren Gußstücken muß jedoch darauf geachtet werden, daß keine einseitige Schwindung z.B. durch unterschiedliche Querschnitte erfolgt. Solche Gußstücke würden sich verziehen; die dabei entstehenden Spannungen könnten zu Rissen führen.

Die Gestaltungsrichtlinien lassen sich unter den Stichworten **fertigungsorientierte** und **beanspruchungsorientierte** Gestaltung zusammenfassen. Einige Richtlinien zum gußgerechten Konstruieren sind (Bild 2.2):

- Einfache und gut herstellbare Formen anstreben, Aushebeschrägen vorsehen.

- Kerne einfach gestalten und ihre Anzahl minimieren, da Kerne teuer sind.
- Werkstoffanhäufungen, insbesondere an Stellen, die für eine Speisung un-
  zugänglich sind vermeiden (Lunkergefahr). Kreuzverrippung führt zu Ma-
  terialanhäufung; versetzte Verrippung löst das Problem.
- Wanddickenübergänge für gerichtete Erstarrung sorgfältig gestalten.
- Spannungs- und Eigenspannungsspitzen durch Umgestaltung abbauen.
  Scharfe Kanten sind ungünstig (Rißgefahr).
- Festigkeitseigenschaften der Werkstoffe beachten. Eisengußwerkstoffe sind
  besser auf Druck als auf Zug belastbar.
- Bei Bohrungen Ein- und Auslauf senkrecht zur Bohrerachse vorsehen.
- Spannmöglichkeiten der Werkstücke und Bearbeitungsauslauf für Werk-
  zeuge vorsehen.

Gußwerkstoff	Richtwert [%]	Mögliche Abweichung [%]

Gußeisen
  mit Lamellengraphit
  mit Kugelgraphit
	
	1,0
	1,2
		
		0,5...1,3
		0,8...2,0

Stahlguß	2,0	1,5...2,5
Temperguß GTW	1,6	1,0...2,0
Temperguß GTS	0,5	0,0...1,5
Aluminium-Gußlegierungen	1,2	0,8...1,5
CuSn-Legierungen (Gußbronzen)	 1,5	 0,8...2,0
Zinkguß-Legierungen	1,3	1,1...1,5

Tabelle 2.1: Richtwerte für die lineare Schwindung einiger Gußwerkstoffe
und mögliche Abweichungen [0.1]

- Nachbehandelnde Arbeitsgänge

Die fertiggegossenen, erstarrten und abgekühlten Gußwerkstücke müssen ent-
formt, geputzt und geprüft werden. Bei manchen Werkstoffen schließt sich
eine Wärmebehandlung an den Putzvorgang an. Beim Putzen werden die mit
verlorenen Formen hergestellten Gußwerkstücke gestrahlt; Speiser, Steiger
und Eingüsse werden mit Sägen und Schneidbrennern entfernt. Bei der Prü-
fung werden die Gußwerkstücke auf Maßhaltigkeit und Werkstoffeigenschaften wie Härte und Gefügeausbildung überprüft.

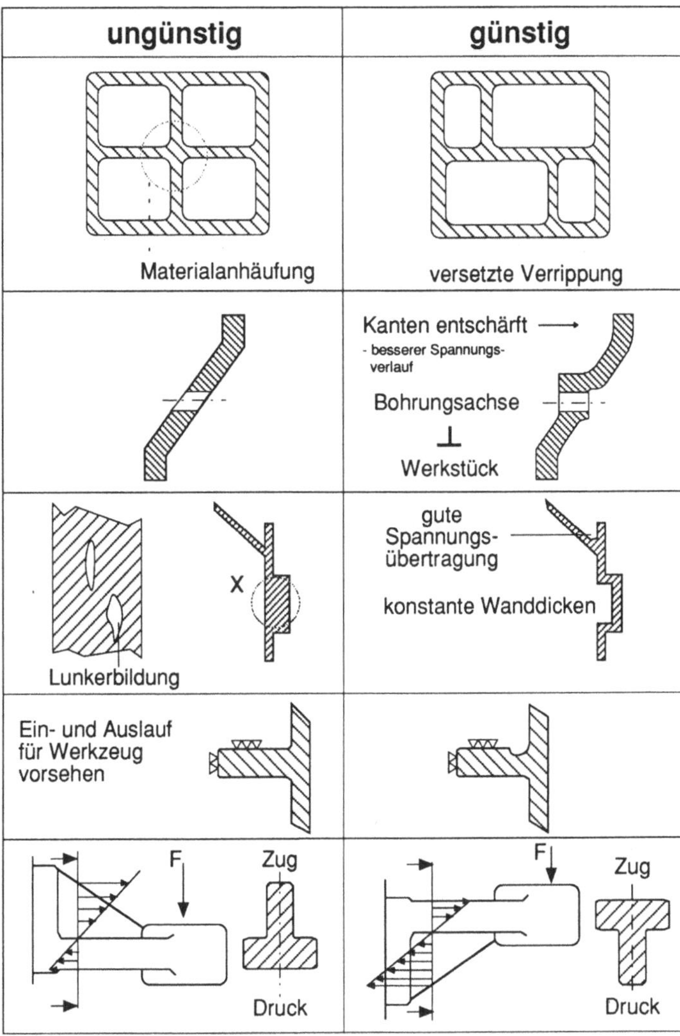

Bild 2.2: Wichtige Gestaltungsrichtlinien

2.1.1 Gießen mit verlorenen Formen

Zum Gießen mit verlorenen Formen gehören jene Gießverfahren, bei denen die Form nach dem Gießvorgang und nachfolgender Abkühlung des Werkstückes zerstört werden muß. Die Gießformen sind also nur zur einmaligen Verwendung bestimmt; somit hat der verfestigte Formstoff entscheidenden Einfluß auf die Gußqualität wie Maßhaltigkeit, Oberflächengüte und Gefügeausbildung.

Die Form kann ein- oder mehrteilig sein. Die einteilige Form enthält, allseitig vom Formstoff umschlossen, das Modell, welches während des Gießvorganges ausdampft. Die mehrteilige Form besteht aus Ober- und Unterkasten. Die Werkstückabbildung im Formstoff wird mit Hilfe von Modellen oder Schablonen hergestellt. Die Modelle bestehen aus Holz, Gips, Leichtmetall oder Kunststoff, wobei das Schwindmaß durch die größeren Modellabmessungen (für unterschiedliche Gußwerkstoffe sind verschieden große Modelle für gleiche Werkstückabmessungen erforderlich) berücksichtigt ist. Der nach der Modellentnahme verbleibende Hohlraum in der Gießform wird mit Metallschmelze ausgegossen. Hohlräume im Werkstück werden durch Kerne ausgebildet.

Den Form- und Gießvorgang am Beispiel einer ein- und zweiteiligen Form zeigt das Bild 2.3. Im Bild 2.4 ist der Weg zum fertigen Gußstück dargestellt.

Die verschiedenen Verfahren zur Herstellung verlorener Formen und Kerne werden in den folgenden Abschnitten beschrieben.

Formen aus tongebundenen Formstoffen

Tongebundene Formstoffe sind eine Mischung aus Sand, Bindeton, Wasser und verschiedenen Zusatzstoffen. Der Formgrundstoff ist der Sand (Anteil: 80-90 %), der als Füllstoff den Hauptbestandteil des Formstoffs bildet. Formgrundstoffe haben in der Regel keine Bindefunktion, mit Ausnahme der Natursande, die selbst Bindemittel enthalten. Bindemittel sind Stoffe organischer und anorganischer Natur, deren Mischung mit dem Grundstoff und mit Wasser den Formstoff ergibt. Hauptaufgabe des Formstoff-Bindemittels ist es, dem Formteil die erforderliche Festigkeit zu geben. Zusatzstoffe werden dem Formstoff zugegeben, um seine Eigenschaften gezielt zu beeinflussen. In Formen aus tongebundenen Formstoffen werden Gußstücke aus allen Metallwerkstoffen hergestellt.

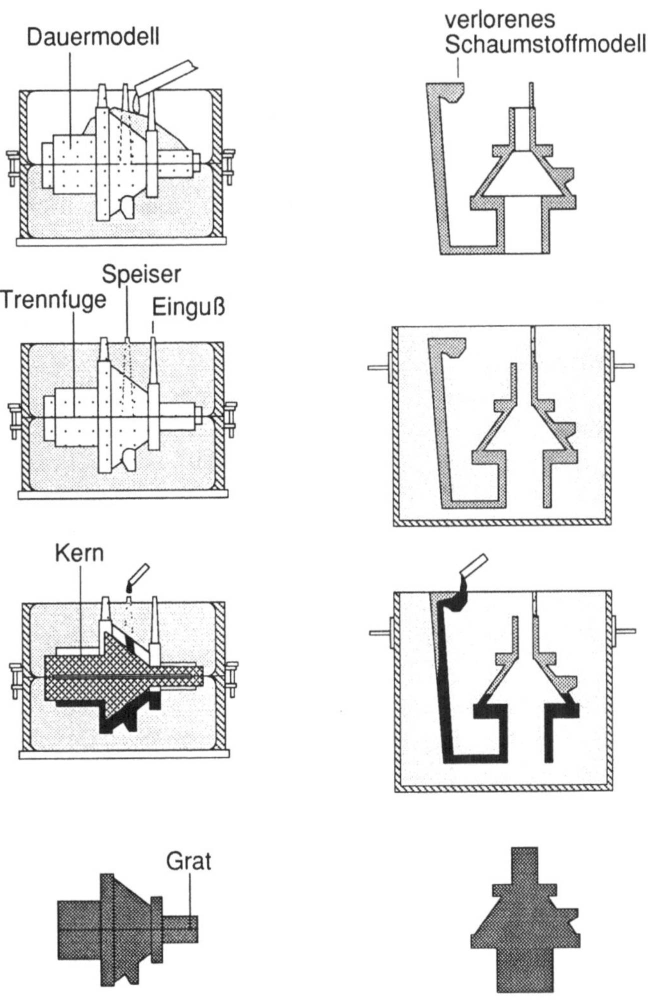

Bild 2.3: Hohl- und Vollformgießen [2.1]

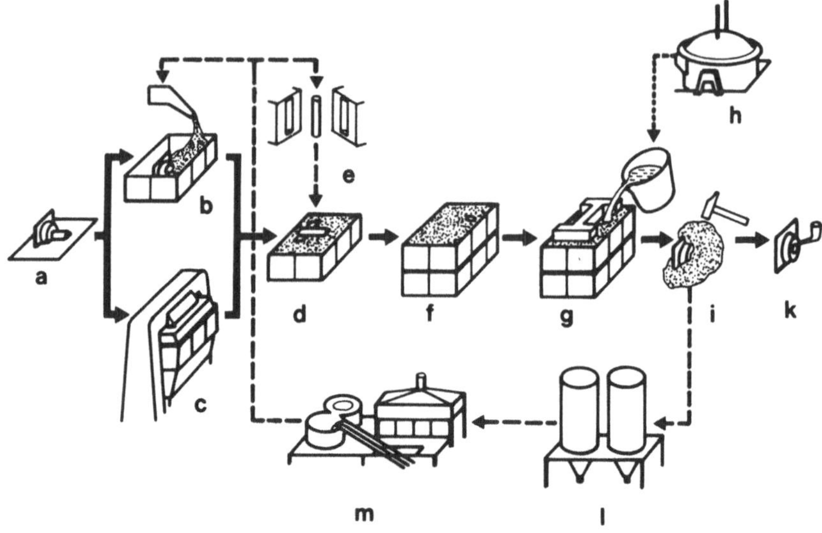

Bild 2.4: Der Weg zum fertigen Gußstück [2.1]

a Modell, b Handformerei, c Maschinenformerei, d Einlegen der Kerne, e Kern-
herstellung, f Oberkasten aufsetzen, g Gießen, h Schmelzbetrieb, i Entformen, k
Gußputzerei, l Sandbunker, m Sandaufbereitung

Die Formstoffverfestigung kleiner und mittlerer Formen erfolgt heute vorwiegend mechanisch mit Hilfe verschiedener Rüttel-Preß-Formmaschinen. Die
Nachteile dieser Maschinen, die Vibrationen und die starke Lärmentwicklung
führen zur Entwicklung neuer Formstoffverfestigungsverfahren, wie z.B. der
Luftimpulsverdichtung (Bild 2.5).

Die Maschine zur Luftimpulsverdichtung besteht aus einer Verdichtungseinheit mit Impulsventil und Druckluftkessel. Darunter ist die Formeinheit angeordnet, die sich aus Modellplattenträger, Modellplatte, Formkasten und Füll-
rahmen zusammensetzt. Während des Verdichtens sind die Formeinheit und
die Verdichtungseinheit kraftschlüssig miteinander verbunden. Die Verdichtung erfolgt durch das kurzzeitige Öffnen des Ventils. Dabei wird die Form-
sandmasse mit Druckluft beaufschlagt, in Richtung der feststehenden Modell-
einrichtung beschleunigt und beim Abbremsen am Modell verdichtet. Der
Verdichtungsdruck beträgt 6 bar [2.3].

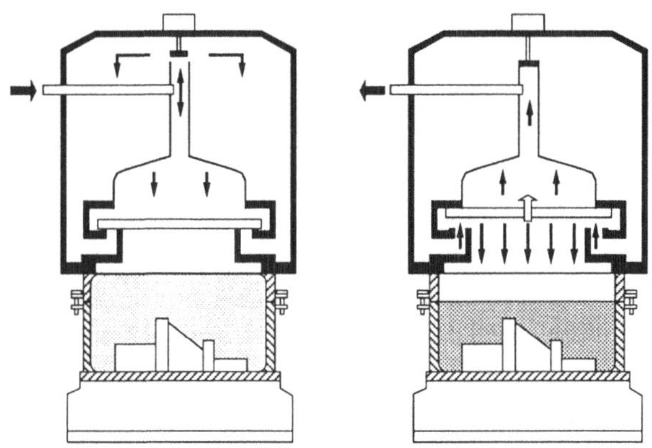

Bild 2.5: Funktionsschema der Luftimpulsverdichtung [2.3]

- Naßguß

Naßguß ist das Gießen in Formen, die aus ungetrockneten Formteilen tongebundener Formstoffe zusammengesetzt werden. Auch das Gießen in oberflächenbehandelte oder oberflächengetrocknete Formen zählt zum Naßguß. Zur Verbesserung der Gußoberfläche können die Formteile durch Auftragen von Suspensionen, Emulsionen oder Lösungen vorbehandelt werden. Der Naßguß ist das vorherrschende Verfahren bei der Herstellung von Gußstücken mit verlorenen Formen.

- Trockenguß

Trockenguß ist das Gießen in Formen aus tongebundenen Formstoffen, denen durch einen Trockenvorgang das Wasser entzogen wird. Durch die Trocknung bei 300 bis 500 °C erhält der Formstoff beachtliche Festigkeit. Die Trocknungszeiten (Haltezeiten nach Erreichen der Trocknungstemperatur) betragen je nach Trocknungseinrichtung und Größe der Form 2 bis 20 Stunden. Dabei sollte der Temperaturanstieg nicht höher als 100 °C/h sein. Nach dem Trocknen sollte die Form bald abgegossen werden, da sie nach längerer Zeit wieder Feuchtigkeit anzieht. Die Formen für Trockenguß werden in der gleichen Weise hergestellt, wie die für den Naßguß. Die Entscheidung, ob eine Form im getrockneten oder nassen Zustand abgegossen wird, hängt von der Masse des Gußstücks ab. Große und schwere Teile werden vorwiegend im Trockenguß hergestellt.

Formen aus chemisch gebundenen Formstoffen

- Zementsandverfahren

Das Zementsandverfahren dient der kostengünstigen, umweltfreundlichen und arbeitshygienisch unbedenklichen Herstellung von Großgußformen. Als Formgrundstoff wird vorwiegend Quarzsand unterschiedlicher Körnung eingesetzt. Als Bindemittel wird aufgrund der günstigen Reaktionsgeschwindigkeit vornehmlich Portlandzement verwendet. Er enthält Bestandteile von Kalziumoxid (CaO), Siliziumdioxid (SiO_2), Aluminiumoxid (Al_2O_3) und Eisenoxid (Fe_2O_3). Der Zementanteil beträgt 7 bis 10 Gew.-%, der Wasseranteil 5 bis 9 Gew.-% bezogen jeweils auf 100 % des Formgrundstoffes. Die Zeit bis zum Abguß der Form beträgt 24 bis 48 Stunden.
Der Vorteil des Verfahrens ist die gute Regenerierbarkeit des Formstoffes. Bis zu 85 % des Zementsandes lassen sich wiederverwenden.

- Wasserglasverfahren (CO_2 - Verfahren)

Das Wasserglasverfahren wird zur Herstellung von Formen und Kernen eingesetzt. Das Formstoffgrundgemisch besteht aus Quarzsand und Wasserglas als einer wässrigen Lösung von Alkalisilikaten (z.B. $Na_2 \cdot nSiO_2$). Die Gießformen oder Kerne werden durch Begasen mit CO_2 ausgehärtet. Der Begasungsvorgang erfolgt mit handgeführten Duschen oder in Begasungskammern. Für die Eigenschaften der Formstoffmischung ist der Modul (Verhältnis von SiO_2 zu Na_2O) von Bedeutung. Die Modulbreite liegt zwischen 2,0 und 3,0. Ein niedriger Modul begünstigt die Lagerfähigkeit der Formstoffmischung und der Formteile. Mischungen mit hohem Modul benötigen beim Aushärten eine geringere Begasungszeit und eignen sich deshalb für die Großserienfertigung. Die Vorteile des Wasserglasverfahrens sind gute Maßhaltigkeit, günstiger und wiederaufbereitbarer Formstoff, lange Lagerfähigkeit des Formstoffs, sowie die schnelle Aushärtung der Formteile. Dem stehen Nachteile wie unzureichender Kernzerfall und dadurch aufwendige Putzarbeiten sowie eine begrenzte Lagerfähigkeit der Formteile gegenüber.

- Maskenformverfahren (Croningverfahren)

Maskenformen bzw. Maskenkerne sind Gießereiformkörper, insbesondere Hohlkörper mit dünnen, annähernd gleichen Wanddicken. Die Herstellung erfolgt mit auf 250 bis 300 °C beheizten Modellen, Modellplatten und Kernkästen. Das Modell wird zunächst mit einer Trennschicht versehen. Danach wird eine trockene schütt- oder blasfähige Formmasse, die ein Kunstharzbin-

demittel enthält aufgebracht, wobei durch Anhärten infolge Kontakts mit der
Modelloberfläche und Entfernen der überschüssigen Formmasse Maskenformen entstehen. Die erzeugte Formmaske wird durch Wärme bei ca. 500 °C
ausgehärtet und abgehoben (Bild 2.6). Die Rückseite der Maskenform wird
ggf. in geeigneter Weise verstärkt. Ohne Hinterfüllung können Gußstücke mit
einer Masse bis 20 kg, mit Hinterfüllung bis 100 kg hergestellt werden. Die
Formmasse ist eine Mischung aus Quarzsand und wärmehärtenden Kunstharz-
bindemitteln (z.B. Phenolkunstharz).

Die Vorteile des Verfahrens sind der geringe Formsandverbrauch, die hohe
Maßhaltigkeit, saubere, glatte Oberflächen und die unbegrenzte Lagerfähigkeit der Formmasken. Ein Nachteil ist die teuere Modellherstellung, so daß
das Verfahren nur für die Serienfertigung in Frage kommt. Hinterschneidungen sind möglich, wenn mehrere miteinander verklebte Formmasken verwendet werden.

Es können alle Metalle vergossen werden. Das Verfahren wird zur Herstellung von Rippenzylindern für Verbrennungsmotoren und Kompressoren,
Schaufel- und Flügelrädern für Strömungsmaschinen sowie Armaturen eingesetzt.

- Hot- und Cold-Box-Verfahren
Das Hot-Box-Verfahren findet seine Anwendung hauptsächlich in der Großserienfertigung von Kernen. Die Arbeitsvorgänge lassen sich folgendermaßen
beschreiben:

- Herstellung einer feuchten Mischung aus Sand und Bindemittel (1- und 2-
  Komponenten Bindemittelsysteme).

- Einfüllen des Formstoffs in einen auf 180 bis 250 °C aufgeheizten Kernka-
  sten und Temperaturangleichung. Der Formstoff härtet an der Oberfläche
  schnell durch. Die Kernkästen können elektrisch oder mit Gas beheizt werden.

- Öffnen des Kernkastens und Herausnahme des Kernes. Neubefüllung.

- Endgültige Durchhärtung der Kerne beim Lagern zur maximal erreichbaren
  Durchhärtung.

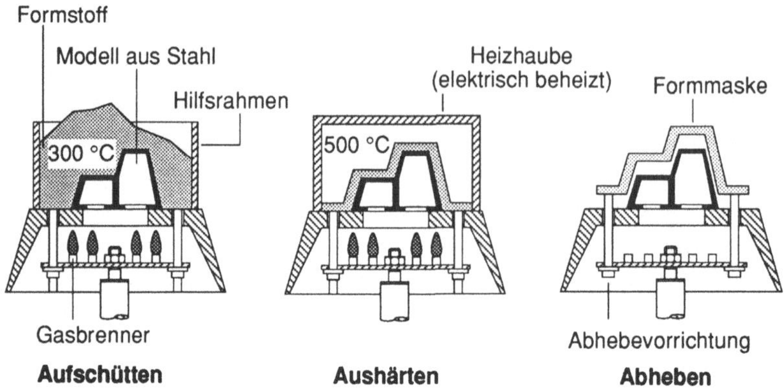

Bild 2.6: Maskenformverfahren

Die Vorteile des Hot-Box-Verfahrens liegen in der rationellen Fertigung hoher Stückzahlen, der hohen Kernfestigkeit und der guten Oberflächenqualität und Maßhaltigkeit. Nachteilig wirkt sich der hohe Energiebedarf aus sowie die hohen Werkzeugkosten. Beim Aushärten der Kerne im Werkzeug werden Schadstoffe frei, die abgesaugt werden müssen.

Eine Weiterentwicklung des Hot-Box-Verfahrens stellt das Cold-Box-Verfahren dar. Hierbei werden Kerne aus einer Mischung von Sand mit einem 2-Komponenten-Bindemittel hergestellt. Die Aushärtung erfolgt bei Raumtemperatur durch Begasung mit einem tertiären Amin (z.B. Triäthylamin, TEA oder Dimethyläthylamin, DMEA). Gegenüber dem Hot-Box-Verfahren bietet das Cold-Box-Verfahren die Vorteile des geringen Energieverbrauchs und der billigen Formwerkzeuge. Die Kerne sind sofort verwendbar. Allerdings werden auch hier Schadstoffe freigesetzt.

Eine Verbesserung hinsichtlich der Umweltverträglichkeit bietet das Cold-Box-plus-Verfahren durch die Änderung des Härtungsmechanismus [2.4]. Die Formstoffmischung wird in auf 50 bis 80 °C vorgewärmte Kernformwerkzeuge gebracht, wobei die Oberflächenschicht des Kernes katalytisch vernetzt. Das Verfahren kommt mit einem erheblich geringeren Bindergehalt und kürzeren Begasungszeiten aus, da der Kern nur an der Oberfläche aushärten muß. Darüberhinaus ist das Verfahren wesentlich wirtschaftlicher, als das Hot- bzw. Cold-Box-Verfahren.

- Feingießen (Modellausschmelzverfahren)
Mit diesem Verfahren können Teile mit komplizierter Gestalt wirtschaftlich gegossen werden, die auf andere Weise nur schwierig oder gar nicht herzustellen sind. Es werden heute auch Werkstücke gegossen, die sonst aus mehreren Teilen zusammengesetzt werden mußten. Verarbeitet werden alle Metalle und Legierungen, die eine genügend hohe Fließfähigkeit im schmelzflüssigen Zustand aufweisen. Dies sind vor allem Stähle, Aluminiumbasis- und Kupferbasis-Legierungen.

Der Verfahrensablauf des Feingießens ist im Bild 2.7 schematisch dargestellt. Zunächst wird ein Muster aus Holz, Kunststoff oder Metall hergestellt. Nach diesem Muster wird eine geteilte Dauerform aus Stahl, Leichtmetall oder Kunststoff erstellt. Durch Ausgießen bzw. Spritzgießen mit Wachs oder Thermoplasten werden in dieser Dauerform eine große Anzahl kleiner Gußmodelle hergestellt, die man zu einem traubenförmigen Bauteil zusammenklebt. Diese Modelltraube wird in einem Keramiktauchbad mit einem feinen Formstoff überzogen. Durch wiederholtes Eintauchen und Besanden wird der Überzug der Modelltraube verstärkt. Bei größeren Abmessungen der zu gießenden Teile kann die Modelltraube in einem Formkasten durch Hinterfüllen mit Formsand verankert werden.

Die so entstandene Form wird längere Zeit bei 40 °C getrocknet; danach erfolgt das Ausschmelzen des Wachses oder des Kunststoffes. Anschließend wird die Form bei etwa 1000 °C über mehrere Stunden hinweg gebrannt. Nach dem Brennen gelangt die noch heiße Form zum Abguß.

Das Modellausschmelzverfahren ist eines der genauesten Gießverfahren. Die Vorteile sind die sehr gute Maß- und Formgenauigkeit (Nacharbeit nur bei Passungen erforderlich) sowie die sehr gute Oberflächenqualität. Die Gußteile weisen keine Teilfuge auf. Hinterschneidungen sind möglich.
Nachteilig wirkt sich der hohe Aufwand an Einrichtungen, Maschinen, Trockenvorrichtungen und Schmelz- und Brennöfen aus.

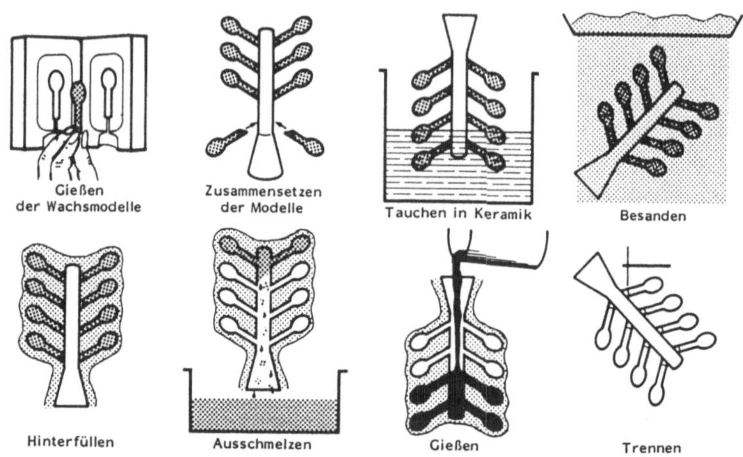

Bild 2.7: Fertigungsablauf beim Modellausschmelzverfahren

Formen aus physikalisch gebundenen Formstoffen

- Magnetformverfahren

Beim Magnetformverfahren (Bild 2.8) wird Eisengranulat als Formstoff in Verbindung mit einem vergasbaren, in der Form verbleibenden Polystyrolschaummodell durch ein starkes Magnetfeld zu einer Gießform verfestigt. Während des Gießvorgangs vergast das Modell; das Magnetfeld stabilisiert die Form bis zum Erstarren des Gußstückes. Grundsätzlich können alle vergießbaren Metalle verarbeitet werden.

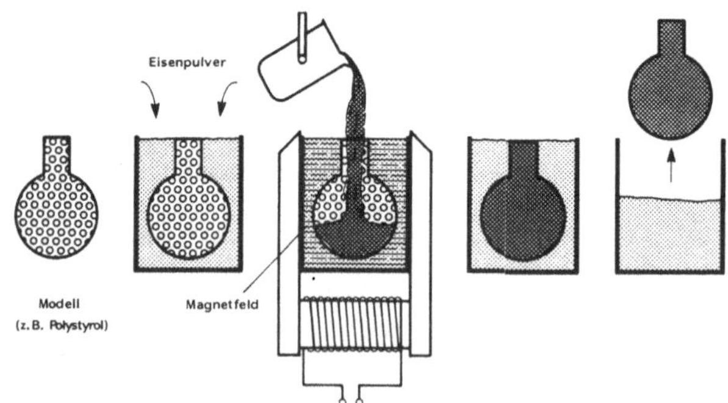

Bild 2.8: Magnetformverfahren

- Vakuumformverfahren

Beim Vakuumformverfahren (Bild 2.9 a-h) wird eine erhitzte und daher gut verformbare Kunststoffolie auf das Modell gesaugt (a,b), ein mit Vakuumanschlüssen versehener Formkasten aufgesetzt (c), binderfreier Formsand eingefüllt (d), die Oberseite des Formkastens mit einer Kunststoffolie abgedeckt und der Kasten evakuiert (e). Der Formkasten kann mit dem nun verfestigten Formsand vom Modell abgehoben (f) und mit dem ebenfalls evakuierten Gegenkasten verklammert werden (g). Die Form kann abgegossen werden, wobei das Vakuum bis zur weitgehenden Erstarrung des Werkstücks aufrecht erhalten werden muß. Nach Aufheben des Vakuums rieselt der binderfreie Sand beim Entformen des Werkstücks aus der Form heraus (h).

2.1.2 Gießen mit Dauerformen

Im Gegensatz zum Gießen mit verlorenen Formen wird beim Gießen mit Dauerformen die Gießform (Gießwerkzeug) nicht zerstört; sie kann wiederverwendet werden. Dauerformen werden in der Regel aus Grauguß, Temperguß oder aus Warmarbeitsstählen hergestellt. Die Bearbeitung erfolgt meistens durch spanende Fertigungsverfahren. Die Funkenerosion (Kap. 4.4.1) gewinnt bei der Herstellung und Bearbeitung von Gießwerkzeugen jedoch zunehmend an Bedeutung.

Der Anwendungsbereich von Dauerformen ist die Fertigung großer Stückzahlen maßgleicher Gußrohlinge. Der konstruktive Aufbau von Dauerformen ist abhängig von dem Gießverfahren, für das sie eingesetzt werden sollen und vom Automatisierungsgrad, den man aus wirtschaftlichen Gründen vertreten kann.

Da Gießwerkzeuge hohen mechanischen und thermischen Belastungen ausgesetzt sind, kommt der Konstruktion der Dauerform im Hinblick auf eine möglichst hohe Standzeit eine große Bedeutung zu. Die Gießwerkzeuge weisen in der Regel Standzeiten von 5000 Abgüssen bei Eisenwerkstoffen und 250 000 Abgüssen bei Zinkwerkstoffen auf. Mit zunehmender Anzahl der Abgüsse steigt jedoch der Entgrataufwand infolge Werkzeugverschleiß und Formrissen [2.1, 2.2].

Einige Gießverfahren mit Dauerformen erlauben die Verwendung von verlorenen Formteilen und Kernen. Sofern keine verlorenen Formteile verwendet werden, bietet das Gießen in Dauerformen den Vorteil einer Werkstückoberfläche, die frei von Silikateinschlüssen ist, was sich in der hohen Standzeit der Werkzeuge bei der spanenden Nachbearbeitung bemerkbar macht.

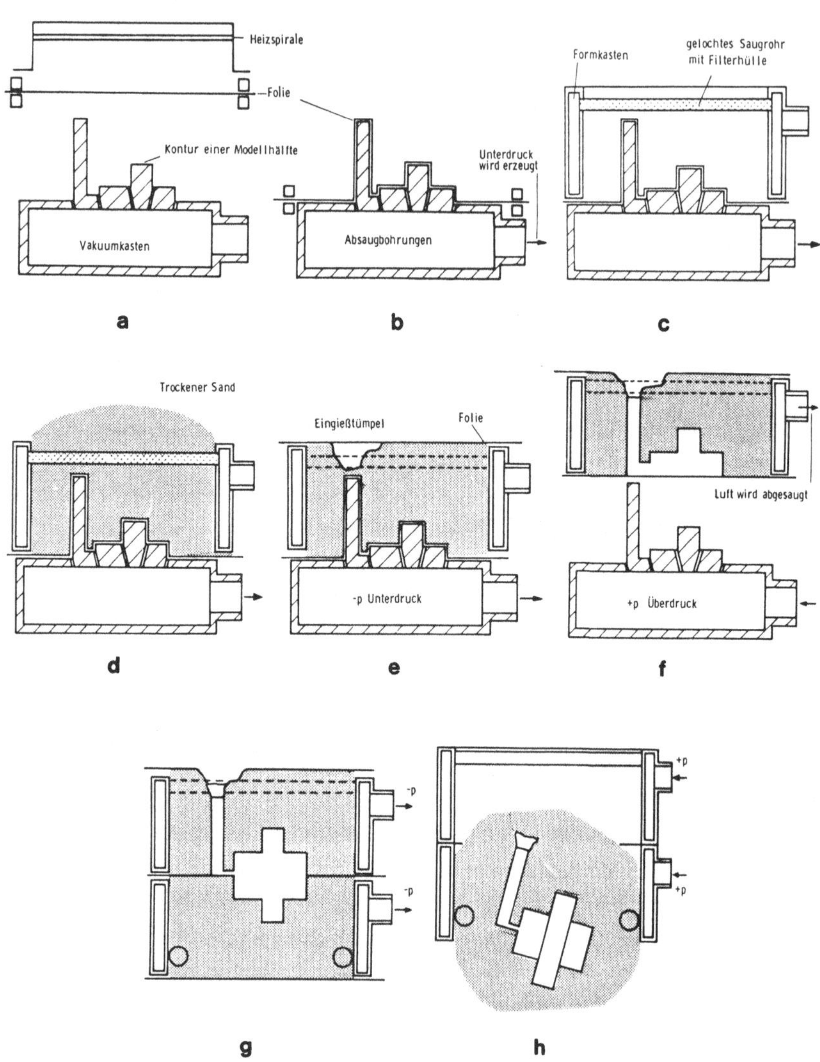

Bild 2.9: Vakuumformverfahren

- Schwerkraft-Kokillengießen

Das Schwerkraft-Kokillengießverfahren ist für nahezu alle vergießbaren Metalle einsetzbar. Hauptsächlich werden jedoch Gußteile aus Aluminium-, Magnesium- und Kupferlegierungen gefertigt. Die Metallschmelze wird von oben durch deren Schwerkraft in eine meist geteilte Form eingefüllt (Bild 2.10). Wegen der hohen Wärmeleitfähigkeit des Kokillenwerkstoffes liegt ein entsprechend schneller Abkühlungsvorgang des flüssigen

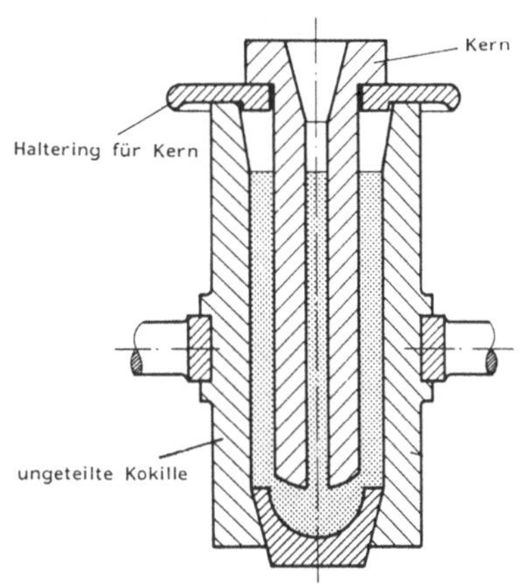

Bild 2.10: Einzelkokille mit Sandkern zur Herstellung von Zylinderlaufbuchsen

Metalls vor. Um Lunker zu vermeiden ist eine gerichtete Erstarrung anzustreben, d.h. die Erstarrung sollte an den entlegenen Stellen des Formhohlraumes beginnen und fortlaufend in Richtung des Eingusses fortschreiten. Der Kokillenguß ist für eine Steuerung der Erstarrung sehr gut geeignet, da Kühleinsätze in der Kokille verwendet werden können.

Der Temperaturverlauf der Kokille erfolgt periodisch mit einem Temperaturanstieg beim Abguß und einer Abkühlung während des Erstarrens und des Ausbauens des Gußteils, sowie der Vorbereitung zum nächsten Abguß. Die mittlere Kokillentemperatur sollte jedoch einen bestimmten, über die gesamte Schicht konstanten Wert (bei Aluminium-Kokillenguß ca. 350 bis 480 °C) beibehalten. Am Anfang der Schicht wird die Kokille deshalb vorgewärmt.

Beim Abguß der Form muß für eine gute Entlüftung der Hohlräume gesorgt werden. Dafür sind in der Kokille Abluftkanäle vorhanden. Es können verlorene Formteile und Kerne verwendet werden.

Mit dem Kokillengießverfahren können Gußstücke mit einer Masse von 100 kg, in Sonderfällen auch darüber gegossen werden.

- Niederdruck-Kokillengießen

Niederdruck-Gießverfahren (ND-Gießverfahren) sind Gießanordnungen, bei welchen eine Metallschmelze mittels eines Steigrohres von unten in den Formhohlraum gedrückt wird. Der Druck wird mit einem auf die Oberfläche der Schmelze wirkenden Gas erzeugt (Bild 2.11).

Die Gießdrücke richten sich nach der maximalen Förderhöhe der Schmelze und ihrer Dichte. Sie liegen im Bereich von 0,4 bis 1,2 bar Überdruck. Als Druckgase werden hauptsächlich Luft oder Schutzgase (Stickstoff, Argon) angewendet. Der Druck auf die Oberfläche der Schmelze wird aufrechterhalten, bis die Erstarrung des Gußteils in der Form abgeschlossen ist. Dadurch wird die Nachspeisung zum Ausgleich des Volumendefizits (Lunker) beim Übergang vom flüssigen in

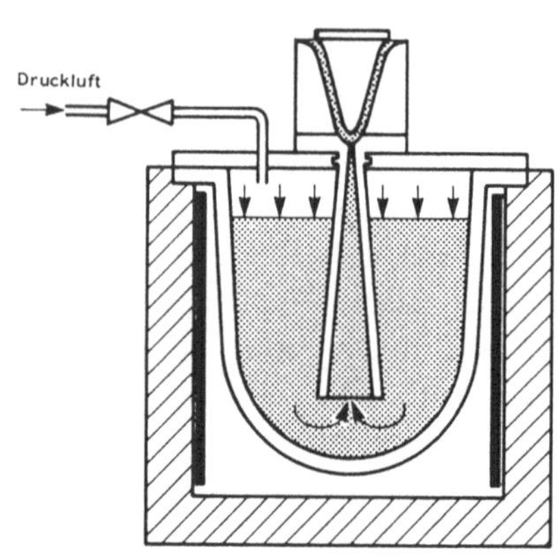

Bild 2.11: Niederdruck-Gießverfahren

den festen Zustand ermöglicht. Eine Entlüftung der Form ist vorzusehen. Der Einsatz von mineralischen verlorenen Formteilen ist möglich.

Das Verfahren bietet folgende Vorteile:

- ruhige, quasilaminare Metallströmung in der Form; die zu verdrängende Luft kann nach oben abziehen,

- gute Festigkeitswerte und dichtes Gefüge sowie höhere Standzeiten der Formen im Vergleich zum Druckguß.

Dem stehen im Vergleich zum Druckguß Nachteile gegenüber wie:

- schlechtere Oberfläche,
- geringere Formgenauigkeit,
- größere Wanddicken der Werkstücke.

Mit dem ND-Gießverfahren werden hauptsächlich Aluminiumwerkstoffe verarbeitet; es können aber auch Magnesium-, Kupfer- und Stahlwerkstoffe gegossen werden.

- Druckgießen

Beim Druckgießen werden hauptsächlich NE-Metallegierungen unter hohem Druck in Dauerformen vergossen, wo sie schnell erstarren. Das Einbringen der Metallschmelze in die Form erfolgt durch einen Kolben bei Drücken bis ca. 1200 bar. Dazu sind Form-Schließkräfte in der Größenordnung von bis zu mehreren zehntausend kN erforderlich. Durch den hohen Druck werden auch feinste Einzelheiten abgeformt. Die teueren Formen ermöglichen wirtschaftliches Druckgießen nur bei genügend hohen Stückzahlen.

Das Hauptunterscheidungsmerkmal von Druckgießmaschinen ist die Temperatur der Gießkammer. Beim **Warmkammer-Verfahren** liegt die Gießkammer im beheizten Metallbad und ist vertikal angeordnet (Bild 2.12). In Warmkammermaschinen werden vorzugsweise Metalle mit niedrigen Schmelzpunkten, z.B. Zinklegierungen verarbeitet. **Kaltkammermaschinen** stehen in Ausführungen mit horizontaler und vertikaler Druckkammer zur Verfügung (Bild 2.13). Mit Kaltkammermaschinen können prinzipiell alle gießfähigen Schmelzen vergossen werden.

Die in der Gießform eingeschlossene Luft muß, um optimale Formfüllung zu erreichen, abgeführt werden. Dies kann durch verschiedene Maßnahmen erfolgen, z.B. durch Entlüftung der Form und Verdrängung der Luft durch

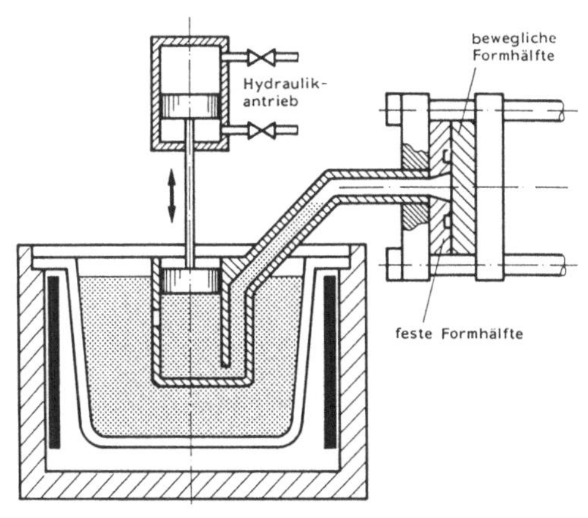

Bild 2.12: Prinzip der Warmkammer-Druckgießmaschine

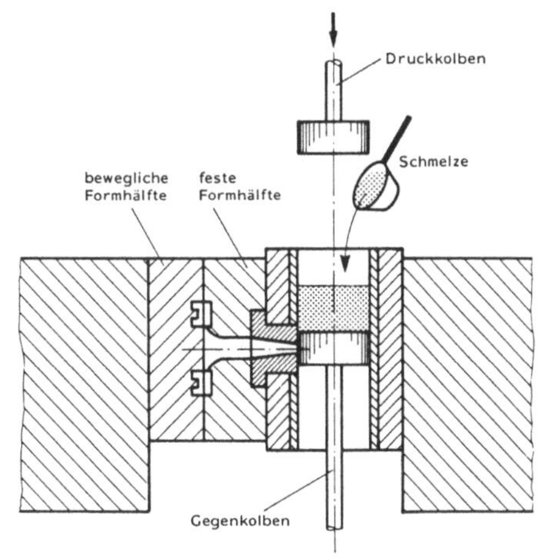

Bild 2.13: Prinzip der Kaltkammer-Druckgießmaschine

das einströmende Metall, durch teilweise oder vollständige Absaugung der Luft vor dem Abguß oder durch ständiges Arbeiten der Gießform im Vakuum.

Damit eine schnelle Erstarrung der Werkstücke erfolgen kann und hohe Ausbringungsquoten möglich sind, müssen die Formen gekühlt werden. Dazu dienen Kühlwasserkanäle bzw. spezielle Wärmeleitrohre, die an ein Kühlsystem angeschlossen sind [2.5].

Die Vorteile des Druckgießens sind:

- saubere, glatte Oberflächen,
- hohe Maßgenauigkeit,
- geringe Wanddicken,
- hohe Mengenleistung.

Die Nachteile des Druckgießens sind:

- poröses Gefüge durch Lufteinschlüsse (falls keine besonderen Maßnahmen zur Formentlüftung getroffen werden) und dadurch niedrige Festigkeitswerte,
- unwirtschaftlich für kleine Losgrößen,
- hohe thermische und mechanische Belastung der teueren Formen.

Druckguß ist heute die wichtigste Gießtechnik für NE-Metalle. Gegossen werden Teile mit einer Masse von bis zu 50 kg für den Fahrzeugbau (Motorblöcke, Getriebegehäuse, Teile für die Gemischaufbereitung usw.), für die Elektro- und Haushaltsgeräteherstellung, für die optische und feinmechanische Industrie, für die Herstellung von Geräten im Bereich der Unterhaltungselektronik, Computertechnik usw..

- Schleudergießen

Beim Schleudergießen gelangt die Metallschmelze unter Einwirkung der Zentrifugalkraft in die rotierende Form und erstarrt dort. Je nach Lage der Drehachse unterscheidet man zwei Arten von Schleudergießen (Bild 2.14):

- vertikales Schleudergießen,
- horizontales Schleudergießen.

Durch das Schleudergießen werden hauptsächlich rohr- oder ringförmige Werkstücke hergestellt, wobei auf die Verwendung von Kernen zur Bildung von Hohlräumen verzichtet werden kann. In der Form verteilt sich die

Schmelze gleichmäßig über die gesamte Innenfläche. Zentrifugal-, Schwer-
und Reibungskräfte lassen einen Rotationskörper mit gleichmäßiger Wand-
dicke entstehen.

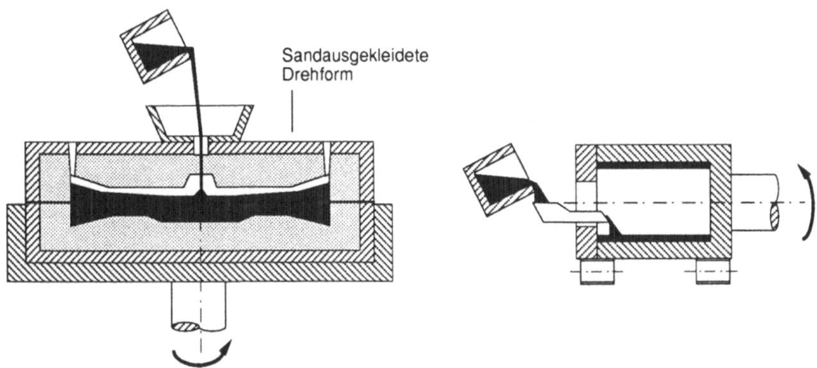

Bild 2.14: Schleudergießverfahren mit vertikaler und horizontaler Drehachse
[2.1]

Sofort nach dem Einfließen des Metalls beginnt, ausgehend von der gekühlten
Forminnenwand, der Erstarrungsprozeß, der durch die Wärmeleitvorgänge
zwischen Form und Gußstück beeinflußt wird. Durch die Schwindung beim
Erstarren des Gußstücks entsteht zwischen Werkstückoberfläche und Form
ein Luftspalt, der vor allem bei Stahl zu Warmrissen im Werkstück führen
kann. Unter der Einwirkung der Zentrifugalkräfte wandern die schwereren
Bestandteile der Schmelze an die äußere Rotationsoberfläche und verdrängen
dort die leichteren Bestandteile (z.B. Schlacke) und Lunker. Das Werkstoff-
gefüge wird verdichtet, wodurch die Festigkeit zunimmt. Der durch diesen
Vorgang mit Schlacke, Lunkern usw. angereicherte Innenbereich hat für die
Funktion des Gußstückes meistens eine geringere Bedeutung.

Schleudergießformen sind bei höheren Drehzahlen hohen mechanischen und
thermischen Belastungen ausgesetzt. Je nach Drehzahl können Flächendrücke
von 80 bis 170 N/m^2 erreicht werden [2.1]. Durch die thermische Belastung
kommt es an der Innenfläche der Form zu einer wechselnden Zugspannung
und an der gekühlten Außenfläche der Form zu wechselnden Druckspannun-

gen. Diese Spannungsdifferenzen führen zu Rissen durch Werkstoffermüdung. Die Risse verschlechtern die Werkstückoberfläche und machen die Form schließlich unbrauchbar. Bei geringen Drehzahlen können die Schleudergießformen mit verlorenen Sandformen ausgekleidet werden.

Die Vorteile des Verfahrens, verglichen mit dem Schwerkraft-Kokillenguß, sind höhere Festigkeiten der Werkstücke, größere Stückzahlen und kleineres Gewicht der Gußstücke durch Verminderung der Wanddicken. Ein Nachteil sind die hohen Investitionskosten.

Mit dem Schleudergießverfahren können alle vergießbaren Metalle verarbeitet werden, insbesondere Gußeisen, Stahl, Leichtmetall- und Kupferlegierungen. Gegossen werden Zylinderlaufbuchsen für Verbrennungsmotoren und Kompressoren, Buchsen für Kolbenringe, Riemenscheiben und Zahnräder.

- Stranggießen
Beim kontinuierlichen Stranggießen wird die Schmelze von einem Warmhalteofen über ein Einlaufgefäß in eine wassergekühlte Kokille eingegossen, in der sie zu einem Strang erstarrt. Der Strang wird von Transportwalzen aus der Kokille gezogen und von einer mitlaufenden Säge oder einem Schneidbrenner in Abschnitte mit einer beliebigen Länge getrennt. Das Fassungsvermögen des Einlaufgefäßes ist so bemessen, daß beim Nachfüllen des Warmhalteofens keine Unterbrechung des Gießvorganges erfolgt. Das Einlaufgefäß dient also lediglich als Puffer. Die Kokille besteht im wesentlichen aus einem beiderseits offenem Rohr, das mit einem wasserdurchflossenen Kühlmantel versehen ist. Die Zuflußgeschwindigkeit des Metalls in die Kokille und die Drehzahl der Förderwalzen sind so aufeinander abgestimmt, daß der Metallspiegel im Einlaufgefäß eine stets konstante Höhe hat.
Mit dem Stranggießen werden Gußeisen- und Stahlwerkstoffe sowie Leicht- und Schwermetallegierungen verarbeitet. Gegossen werden Stränge mit Durchmessern zwischen 13 und 500 mm, Vierkantprofile, Blockvormaterial für Warmwalzwerke und zum Teil komplizierte Profile, z.B. zur Herstellung von Maschinentischen. Je nach den Strangquerschnitten betragen die Gießgeschwindigkeiten bis zu mehreren m/min. Stranggießanlagen können horizontal (Bild 2.15) oder vertikal angeordnet werden. Neben der kontinuierlichen Arbeitsweise sind auch Anlagen zum diskontinuierlichen Strangguß im Einsatz.

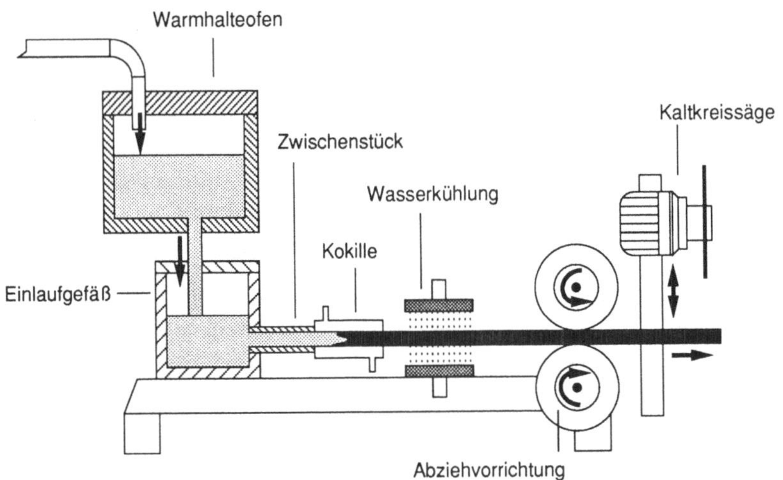

Bild 2.15: Prinzip einer horizontalen kontinuierlichen Stranggießanlage [2.1]

2.2 Urformen aus dem ionisierten Zustand

2.2.1 Galvanoformung

Die elektrolytische Abscheidung von Metallen aus wässrigen Lösungen ihrer Salze (Galvanotechnik) ist ein Verfahren, das hauptsächlich zur Erzeugung von Beschichtungen mit den vielfältigsten Aufgaben dient (Grundlagen der Galvanotechnik siehe Kap. 6.4.1). Neben diesem wichtigen Anwendungsgebiet kann die Galvanotechnik auch zur Herstellung von selbsttragenden metallischen Werkstücken (Galvanoformung) eingesetzt werden. Dabei werden ausreichend dicke Metallschichten auf elektrisch leitenden Modellen, die anschließend wieder entfernt werden, in einem Elektrolyt abgeschieden. Die Galvanoformung ermöglicht die Herstellung kompliziert geformter Bauteile in einem Arbeitsgang ohne spanabhebendes Bearbeiten. Meistens werden zu diesem Zweck Nickel- oder Kupfer-Hochleistungsbäder verwendet, in Einzelfällen jedoch auch spezielle Legierungsbäder.

Eine Anlage zur Galvanoformung umfaßt einen Elektrolysebehälter mit einem Elektrolyt, in dem sich Anoden und als Kathode ein elektrisch leitfähiges Modell, auf dem abgeschieden wird, befinden. Zur Abscheidung wird eine äußere Gleichstromquelle angeschlossen. Heizung bzw. Kühlung (bei hohen Abscheidungsraten und entsprechend hohen Stromdichten) und Umwälzung des Elektrolytes sind meist erforderlich.

Bei der Herstellung eines galvanogeformten Bauteils müssen folgende Teilschritte durchgeführt werden (Bild 2.16):

- Herstellen eines Badmodells aus Metall oder Kunststoff und entsprechende Vorbehandlung (Trennmittel, Leitlack). Das Badmodell besitzt die Negativform des Werkstücks und ist für einen mehrmaligen Einsatz geeignet.

- Galvanisches Abscheiden einer ausreichend dicken Metallschicht auf dem Badmodell (0,1 bis mehrere mm Schichtdicke; Abscheidungsraten konventioneller Verfahren betragen ca. 25 bis 50 µm/h; bei neuen Verfahren betragen sie bis zu 1 mm/h).

- Trennen des galvanogeformten Teils vom Badmodell und ggf. Nacharbeit durch z.B. Hinterfüllen.

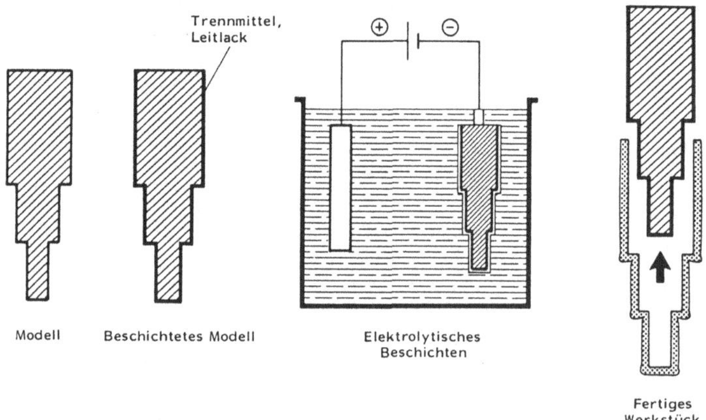

Bild 2.16: Arbeitsweise der Galvanoformung

Die Galvanoformung kann mit billigen Massenproduktionsverfahren nicht konkurrieren. Man setzt sie zweckmäßigerweise nur dann ein, wenn es die Komplexität der Bauteile erfordert, oder wenn nur Einzelstücke oder Prototypen benötigt werden. Besonders vorteilhaft an der Galvanoformung ist, daß sich eine hohe Abformgenauigkeit (bis zu 0,05 µm) erzielen läßt.

Die Anwendungen der Galvanoformung sind sehr vielfältig. Typische, durch Galvanoformung hergestellte Bauteile sind:

Siebe für analytische Zwecke, Filter, Hohlleiter für Mikrowellen, Scherblätter für Elektrorasierer, Schallplattenpreßmatrizen, Spritz- und Gießformen für die Kunststoffverarbeitung und Erodierelektroden.
Zu den dekorativen Anwendungen zählen die Herstellung von Münzen, Medaillen und Plaketten, Skulpturen usw..

2.3 Urformen aus dem festen Zustand

2.3.1 Sintern

Die pulvermetallurgischen Technologien werden in *DIN 8580* der Gruppe 1.4, dem Urformen aus dem festen (körnigen oder pulverförmigen) Zustand zugeordnet. Die dort beschriebenen Verfahren führen allerdings nur zu einem ungesinterten Preßling (in der Fachsprache als Grünling bezeichnet), der im allgemeinen für eine technische Verwendung nicht geeignet ist. Erst durch eine Sinterung, d.h. durch eine Neukristallisation und eine Nachbearbeitung erhält man ein technisch verwendbares Werkstück. Beim Sintern findet eine Änderung der Stoffeigenschaften statt, so daß das Sintern auch der Hauptgruppe 6 "Stoffeigenschaftändern" zugeordnet werden kann.

Die Herstellung von Sinterteilen vollzieht sich in mehreren Verfahrensschritten (Bild 2.17). Die wichtigsten Schritte sind:
Herstellen und Mischen von Metallpulver, Pressen des Pulvers in einer Form, Sintern, Nachpressen oder Kalibrieren und ggf. Tränken. Nachfolgend werden die einzelnen Verfahrensschritte näher erläutert.

- Verfahren zur Pulverherstellung
Die Ansprüche, die an Größe, Form, Größenverteilung und Reinheit des Metallpulvers gestellt werden, sind bei verschiedenen Sintererzeugnissen sehr unterschiedlich. Um diesen Ansprüchen zu genügen, ist eine Vielzahl von Verfahren zur Pulverherstellung entwickelt worden. Die wichtigsten Verfahren sind:
chemische Verfahren (Fällungsverfahren, Reduktionsverfahren), elektrochemische Verfahren (elektrolytische Gewinnung von z.B. Kupferpulver) und Zerkleinerungsverfahren (aus dem festen Zustand durch Brechen, Mahlen oder mit Hilfe von Prallplatten, anwendbar vor allem bei spröden Metallen und aus dem flüssigen Zustand durch Verdüsen einer Metallschmelze).

- Pressen des Pulvers

Die Formgebung gesinterter Werkstücke erfolgt meistens durch das koaxiale Pressen. Das Werkzeug besteht aus einer Matrize und aus einem Ober- und Unterstempel. Die Verdichtung kann mit einseitiger und zweiseitiger Druckanwendung erfolgen. Grundsätzlich ist auf eine homogene Verdichtung zu achten, vor allem bei Werkstücken mit verschiedenen Querschnitten. Andere mögliche Formgebungsverfahren für Sintererzeugnisse sind:
Walzen, Strangpressen, Hochenergieumformen, Spritzgießen und isostatisch Kaltpressen. Eine Sonderstellung bei den Formgebungsverfahren nimmt das isostatische Heißpressen ein, bei dem gleichzeitig der Sintervorgang abläuft.

- Sintern

Der Sintervorgang ist eine Wärmebehandlung der Preßlinge unter Schutzgas bei einer verhältnismäßig hohen Temperatur, oft in Gegenwart einer geringen Menge flüssiger Phase. Dabei entstehen chemische und metallurgische Bindungen zwischen den einzelnen Partikeln (Neukristallisation durch Austausch von Atomen und Atomgruppen) und führen zu einer Struktur mit hoher Festigkeit. Vorher lose beigemischte Legierungskomponenten werden häufig in das neu entstandene Gefüge eingebaut.

- Nachpressen und Kalibrieren

Das Nachpressen bzw. Kalibrieren ist das wichtigste Verfahren der Nachbehandlung von gesinterten Werkstücken. Hierdurch kann eine Verbesserung der Maßgenauigkeit (bei weichen Sinterwerkstoffen können die Toleranzen von IT9 bis IT10 auf IT4 bis IT5, bei harten Sinterwerkstoffen auf IT7 bis IT8 verbessert werden) und Oberflächengüte sowie eine Steigerung der Festigkeit durch Kaltverformung erzielt werden.

- Tränken

Der Porenraum der Sinterwerkstoffe kann zur Tränkung mit verschiedenen Medien benutzt werden, insbesondere dann, wenn er größere zusammenhängende Bereiche enthält (z.B. Sint-A und Sint-B, siehe Tabelle 2.2). Vielfach angewandt wird die Tränkung mit Gleitmitteln (Gleitlager), Kunststoffen (Bauteile für Hydraulikpumpen), Rostschutzmitteln und Metallen (hochwertige Kontaktwerkstoffe).

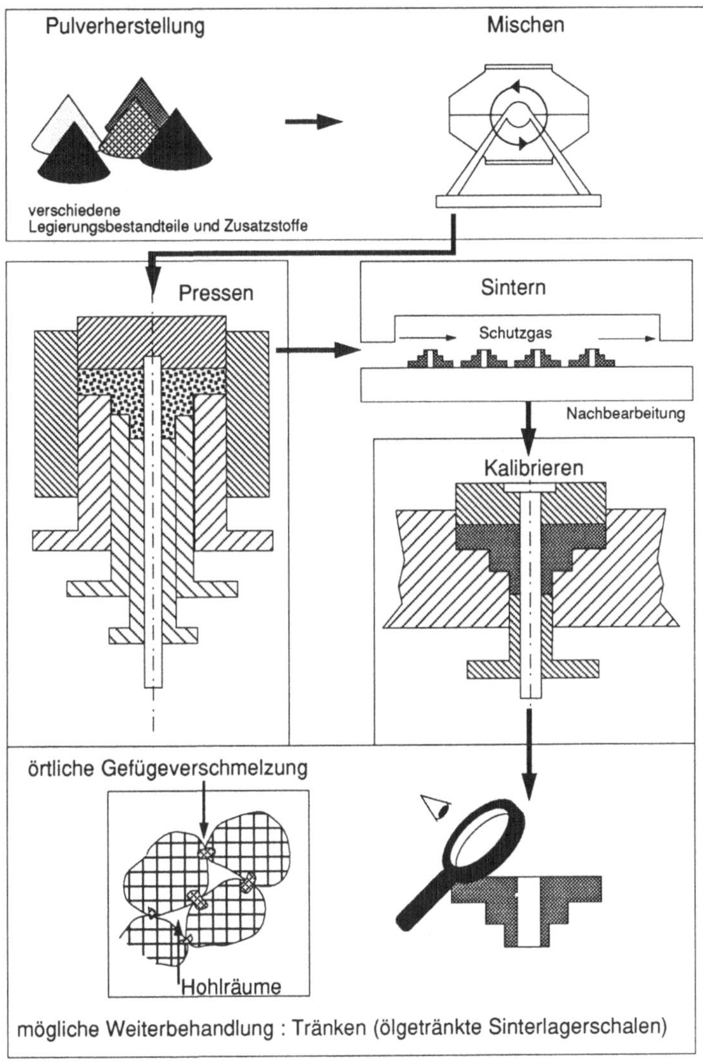

Bild 2.17: Verfahrensschritte zur Herstellung von Sinterteilen [2.6]

Die Sintertechnik hat im Vergleich zu anderen Fertigungsverfahren entscheidende Vorteile wie eine hohe Rohstoffausnutzung und einen geringen Energieverbrauch zu bieten. Durch die Entwicklung neuer Pulver, neuer Werkstoffe und neuer Verfahren wird der Einsatzbereich der Sintertechnik weiterhin wachsen. Weitere Vorteile dieser Technik sind:

- die Porosität von Sinterteilen ist in weiten Grenzen steuerbar (siehe Tabelle 2.2),
- Metalle mit hohen Schmelzpunkten, die schlecht vergießbar sind (Wolfram, Molybdän, Tantal) können bearbeitet werden,
- Metalle mit hohen Reinheitsgraden und Werkstoffe aus nicht legierbaren Elementen können hergestellt werden,
- Werkstücke aus harten und spröden Werkstoffen, die spanend nicht bearbeitbar sind, können hergestellt werden.

Den Vorteilen der Sintertechnik stehen Nachteile gegenüber wie der hohe Kapitalbedarf und die begrenzten Gestaltungsmöglichkeiten.

Kennzeichen	Porosität	Typische Anwendungsgebiete
Sint A	sehr niedrige Dichte, hoher Porenraum	Filter, Drosseln, vorwiegende Verwendung von Chrom-Nickel-Stahl, Bronze und Kunststoff
Sint B	niedrige Dichte, hoher Porenraum, Porenvol. ca. 18-25 %	Gleitlager und Formteile mit guten Gleiteigenschaften für niedrige Belastung
Sint C	mittlere Dichte, mittlerer Porenraum, (ca. 10 %) Festigkeit mit GG vergleichbar	Gleitlager, Gleitsteine, Bauteile mittlerer Festigkeit, für stat. und dyn. Belastung z.B. Stoßdämpferteile, Ölpumpenzahnräder
Sint D	hohe Dichte, niedriger Porenraum (2-maliges Pressen und Sintern)	Bauteile mit sehr guter Festigkeit für stat. und dyn. Belastung, Kupplungsteile und Fliehgewichte für Fliehkraftregler
Sint E	sehr hohe Dichte, fast ohne Porenraum, ca. 5 %	Bauteile mit sehr hoher Festigkeit und mit besonderen elektrischen und magnetischen Eigenschaften, Polschuhe und Relaisteile; teuer
Sint F	fast ohne Porenraum, mit Kunststoff oder Metall getränkt (Fe-Sinterteile)	Bauteile mit guter Korrosionsbeständigkeit und hoher Biegefestigkeit, galvanisierbar, zum Löten geeignet, Kfz.-Getriebeteile

Tabelle 2.2:   Einteilung der Sinterwerkstoffe in Dichteklassen und Anwendungsgebiete der Sintertechnik

3 Umformen

3.1 Grundlagen der Umformtechnik

Umformen ist Fertigen durch bildsames (plastisches) Ändern der Form eines festen Körpers. Dabei werden sowohl die Masse als auch der Zusammenhalt beibehalten (*DIN 8582*).

Von den Verfahren der anderen Hauptgruppen der Fertigungstechnik unterscheiden sich die Umformverfahren besonders durch den erforderlichen hohen Kraftaufwand, durch die Einbeziehung meist des gesamten Werkstücks in den Bearbeitungsprozeß und durch die meist kurzen Bearbeitungszeiten mit hoher Mengenleistung.

Umformen erfolgt oberhalb der **Fließgrenze** eines Werkstoffes, d.h. im plastischen Bereich (siehe Kap. 1.3.2). Deshalb können nur solche Werkstoffe umgeformt werden, die ein ausgeprägtes plastisches Verhalten aufweisen. Metalle und thermoplastische Kunststoffe erfüllen diese Voraussetzung, mineralische Werkstoffe nicht oder nur im geringen Maße.

Umformverfahren arbeiten mit mechanischen Spannungen zwischen 50 und 2500 N/mm^2 (werkstoff- und verfahrensabhängig). Bei ausgedehnten Werkstücken resultieren daraus große Kräfte (bis über 100 kN bei großen Schmiedepressen), so daß Umformmaschinen meist schwer gebaut und daher teuer sind. Ähnliches gilt für die Werkzeuge, die einen hohen Herstellaufwand erfordern. Dies ist der Grund dafür, daß Umformverfahren meist nur in der Massenproduktion (hohe Stückzahlen) Anwendung finden. Der Anteil der Umformtechnik an der Produktionsleistung der Fertigungsverfahren nimmt ständig zu. Dies beruht wesentlich auf dem Umstand, daß Massengüter billig und rohstoffsparend hergestellt werden können, und daß hohe Anforderungen an die Festigkeit der Werkstücke erfüllt werden.

Zur Einordnung der mehr als 200 verschiedenen Umformverfahren mit unzähligen Verfahrensvarianten wird die beim Umformprozeß hauptsächlich **wirksame Beanspruchungsart** (Spannungsart und -richtung) herangezogen. Diese nach *DIN 8582* erfolgte Einteilung liefert die Gruppen der Hauptgruppe Umformen (Bild 3.1). Die weitere Unterteilung in Untergruppen geschieht nach Kriterien des Bewegungsablaufs und der Werkzeug- oder Werkstückgeometrie [3.1].

In den folgenden Abschnitten werden die wichtigsten Verfahren der Gruppen Druck-, Zugdruck- und Zugumformen behandelt.

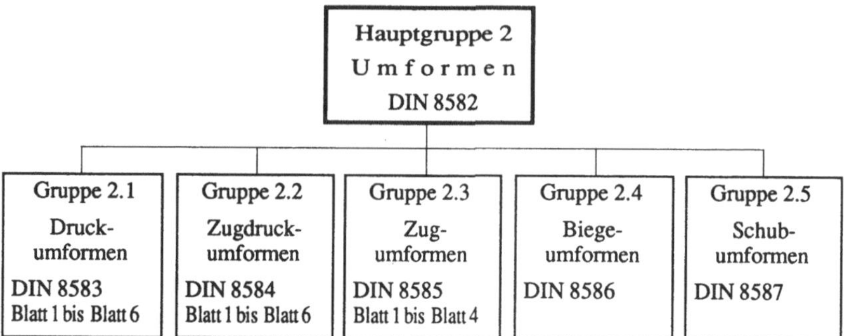

Bild 3.1: Die Gruppen der Hauptgruppe Umformen (nach *DIN 8582*)

3.2 Druckumformen

Druckumformen ist Umformen eines festen Körpers, wobei der plastische Zustand im wesentlichen durch ein- oder mehrachsige Druckbeanspruchung herbeigeführt wird (*DIN 8583*). Zum Druckumformen gehören die Verfahren Walzen, Freiformen, Gesenkformen, Eindrücken und Durchdrücken.

3.2.1 Walzen

Walzen ist stetiges oder schrittweises Druckumformen mit einem oder mehreren sich drehenden Werkzeugen (Walzen), ohne oder mit Zusatzwerkzeugen (z.B. Stopfen oder Dorne, Stangen, Führungswerkzeuge) (*DIN 8583*). Das Werkstück wird dabei nicht in einem Schritt, sondern in zeitlicher Abfolge mit dem Abwälzen der Werkzeuge umgeformt. Die Fertigungsverfahren des Walzens werden nach den Kriterien Kinematik (Längs-, Quer-, Schrägwalzen), Werkzeuggeometrie (Flach-, Profilwalzen) und Werkstückgeometrie (Walzen von Voll- bzw. Hohlkörpern) unterteilt.

Walzverfahren

- Längswalzen
Längswalzen ist Walzen, bei dem das Walzgut senkrecht zu den Walzachsen ohne Drehung durch den Walzspalt bewegt wird. Das wichtigste Verfahren des Längswalzens ist das **Flachwalzen** von Blechtafeln und -bändern. Hierbei kommen glatte Walzen zur Anwendung, die in Walzgerüsten gelagert sind (Bild 3.2) und meist elektrisch über Getriebe und Gelenkwellen angetrieben

werden. Je nach gewünschtem Umformgrad und Anforderungen an die Maßhaltigkeit und Oberflächengüte wird das Walzgut warm oder kalt gewalzt.
Beim Warmwalzen werden i.a. Duogerüste eingesetzt, die oft zu Walzstraßen
hintereinander angeordnet sind und automatisch gesteuert werden.

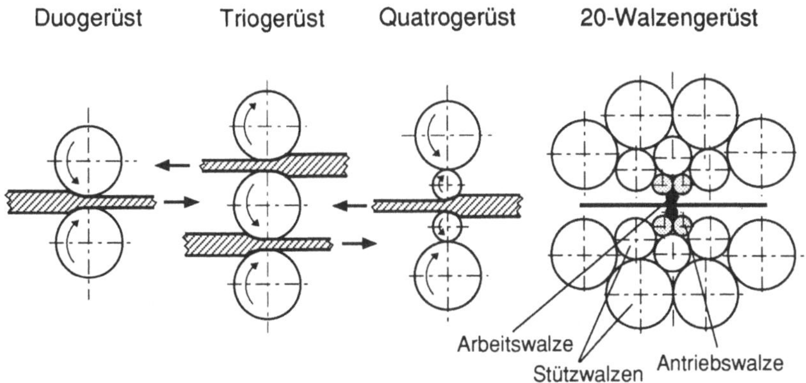

Bild 3.2: Anordnung der Walzen in Walzgerüsten

Beim Kaltwalzen kommen Gerüste mit mehreren Walzen (4-, 6-, 12-, und 20-
Walzen-Gerüste) zur Anwendung, deren Arbeitswalzen hinsichtlich ihres
Durchmessers klein dimensioniert sind. Der Vorteil klein dimensionierter
Walzen ist der geringere Kraftaufwand beim Umformen. Ihre verringerte
Steifigkeit muß allerdings durch Anbringen besonderer Stützwalzen kompensiert werden. Darüberhinaus sind klein dimensionierte Arbeitswalzen billiger
in der Herstellung, was auf die kleinere zu bearbeitende Oberfläche, die sehr
hohen Anforderungen hinsichtlich ihrer Güte genügen muß, zurückzuführen
ist.
Entsprechend der Kontinuitätsbedingung (Volumenkonstanz) muß sich das
Walzgut quer zur Kraftrichtung ausdehnen. Mit der durch den Walzvorgang
hervorgerufenen Stauchung ist demnach immer auch eine Längung bzw. Brei-
tung verbunden. Daraus folgt, daß das Walzgut durch den Umformvorgang in
seiner Bewegungsrichtung beschleunigt wird (Bild 3.3).
Damit das Walzgut zwischen die Walzen hineingezogen wird, sind Reibungskräfte von einer bestimmten Mindesthöhe und Richtung erforderlich. Die sog.
Greifbedingung gibt einen Grenzwert zwischen Walzguthöhe, Walzendurch-
messer und dem wirksamen Reibungskoeffizienten an. Für das Flachwalzen

lautet sie mit den Bezeichnungen nach Bild 3.4:

$$\tan \alpha_E < \mu,$$

wo μ den Reibungskoeffizienten und α_E den Walzwinkel gemäß:

$$\alpha_E = \arccos(1 - (h_0 - h_1)/2r)$$

bedeuten.

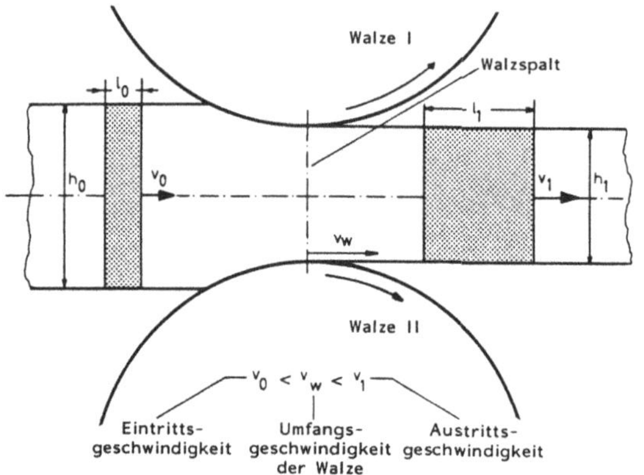

Bild 3.3: Form- und Geschwindigkeitsänderung beim Flachwalzen

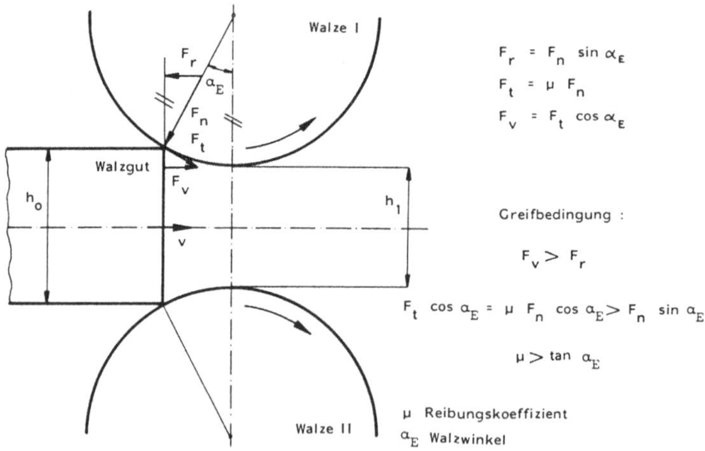

Bild 3.4: Herleitung der Greifbedingung für das Flachwalzen [3.2]

Mit dem Flachwalzen können außer Blechtafeln und -bändern auch verschiedene Stäbe (Stahlträger, Vierkantprofile, Draht) hergestellt werden. Je nach Stabprofil werden die Walzen in einer oder mehreren Ebenen hintereinander angeordnet, wobei ihre Achsen in einem bestimmten Winkel zueinandern stehen (Bild 3.5).

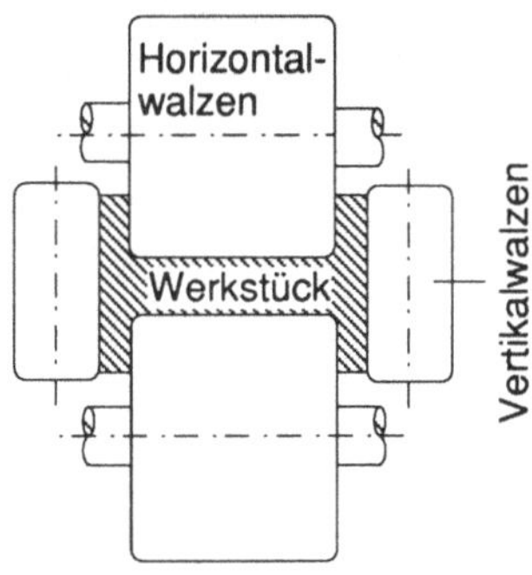

Bild 3.5: Universalfertiggerüst für das Walzen von Universalträgern [3.2]

Beim **Profilwalzen** werden Profilstäbe und Steckverzahnungen (außen und innen) an Achs- und Getriebewellen sowie an Gelenkwellen hergestellt. Das Kaltwalzen solcher Vielnutwellen (Bild 3.6) erfolgt auf CNC-Maschinen und verbindet eine hohe Wirtschaftlichkeit mit den Vorteilen der hohen Verzahnungsgenauigkeit, Oberflächengüte, Materialeinsparung und Festigkeit [3.9].

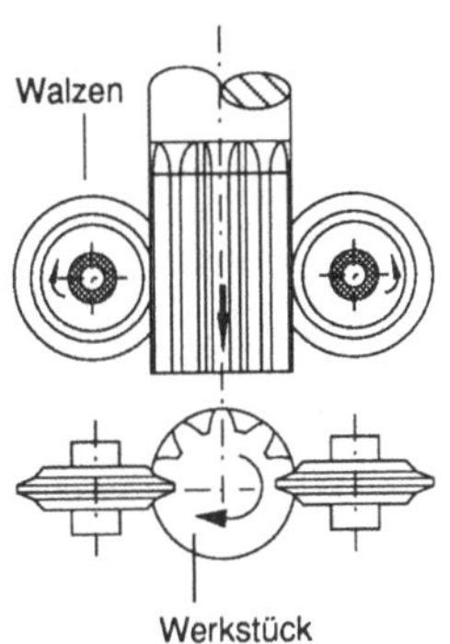

Bild 3.6: Walzen von Vielnutwellen

- Querwalzen

Querwalzen ist Walzen bei dem das Walzgut ohne Bewegung in Achsrichtung um die eigene Achse bewegt wird. Gewalzt werden Scheiben, Ringe und Gewinde im Einstechverfahren (mit Rund- oder Flachwerkzeugen). Das Querwalzen kann auch zum Glattwalzen von z.B. Wellenzapfen, Kurbelwellen usw. eingesetzt werden.

- Schrägwalzen

Beim Schrägwalzen dreht sich das Walzgut um die eigene Achse und führt eine Axialbewegung aus, die durch die Schrägstellung der Walzen zustande kommt. Wichtige Verfahren des Schrägwalzens sind das Glattwalzen von Stäben und Rohren, die Herstellung von nahtlosen Rohren, das Gewindewalzen und das Drückwalzen.

Beim **Glattwalzen** (Bild 3.7) werden Walzen mit hoher Oberflächenqualität und Härte gegen die Werkstückoberfläche gedrückt. Die meist spanend bearbeitete Werkstückoberfläche wird geglättet und verfestigt; die Rauhtiefe nimmt dabei ab (z.B. von 15 bis 20 μm auf 0,5 bis 0,1 μm) und der Traganteil des Profils nimmt zu (um bis zu 75 %). Das Verfahren wird angewendet bei Kurbelwellen, Ventilen für Verbrennungsmotoren, Kolbenstangen von Stoßdämpfern usw. [3.7].

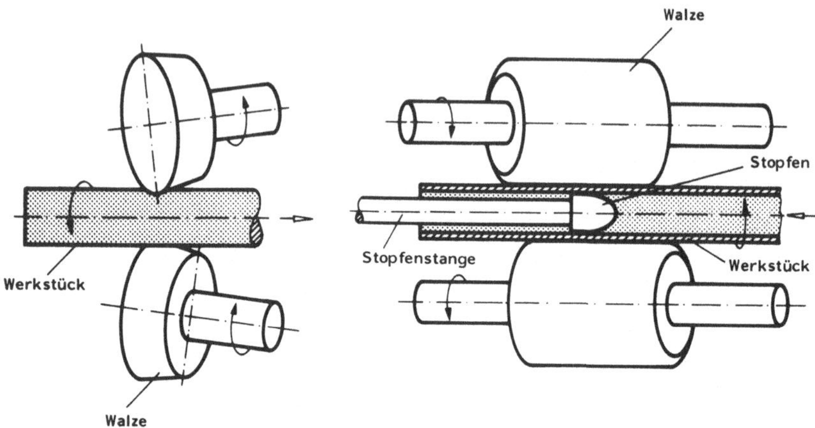

Bild 3.7: Feinbearbeitung von gezogenen oder gedrehten Werkstücken durch Glattwalzen [3.1]

Bei der Herstellung von nahtlosen Rohren ist das Schrägwalzen in Verbindung mit einem Dorn (Bild 3.8) der erste Arbeitsgang und bewirkt das Lochen des gegossenen oder gewalzten Vollblocks. Die anschließenden Umformarbeitsgänge sind das Strecken und das Reduzierwalzen. Je nach Schrägwalzverfahren können nahtlose Rohre mit Durchmessern von 20 bis ca. 660 mm hergestellt werden.

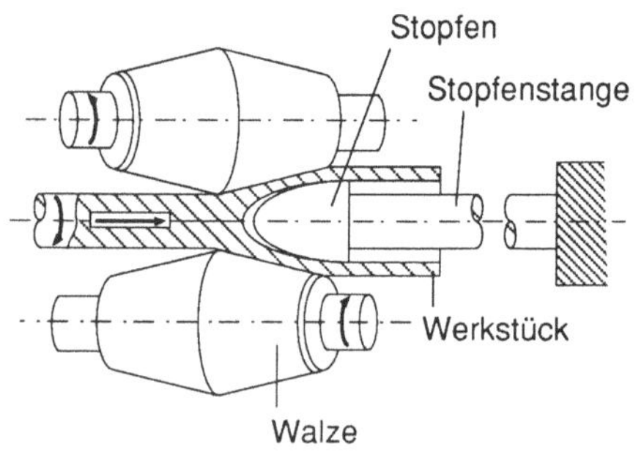

Bild 3.8: Schrägwalzen zum Lochen [3.1]

Durch **Gewindewalzen** (Bild 3.9)
werden Gewinde besonders wirtschaftlich mit großer Genauigkeit
und hoher Oberflächengüte hergestellt. Infolge des ungestörten
Gefüge- bzw. Faserverlaufs im
Werkstoff (keine unterbrochenen
Fasern wie bei der spanenden
Fertigung) wird eine gegenüber
konventionellen Verfahren erhöhte Festigkeit erzielt.

Das **Drückwalzen** ist Schrägwalzen eines Hohlkörpers über einen
sich drehenden, zylindrischen,
kegeligen oder anders geformten

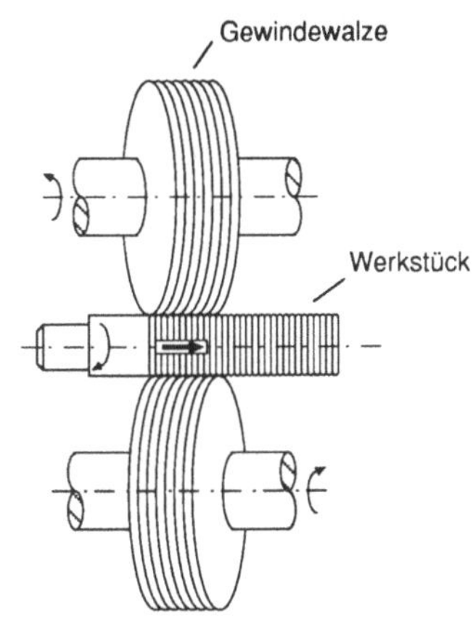

Bild 3.9: Gewindewalzen im Durchlaufver-
fahren [3.1]

Dorn (Drückfutter) mit einer in Richtung der Mantellinien des Futters verschiebbaren Walze (Bild 3.10). Kennzeichnend für das Drückwalzen ist die
Wanddickenverminderung am Werkstück durch auftretende Druckkräfte.

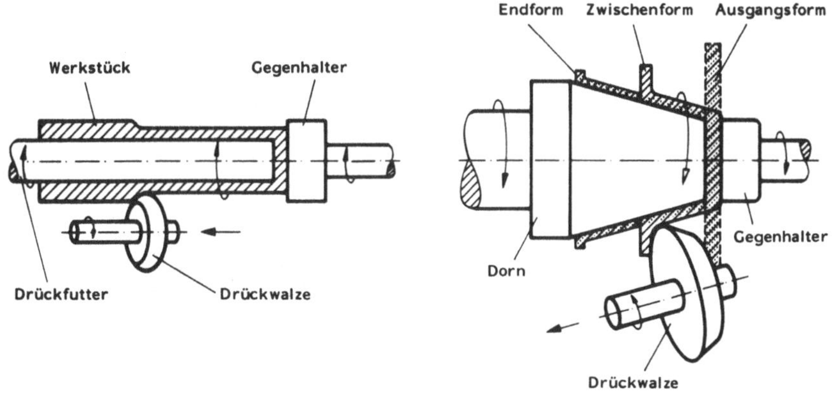

Bild 3.10: Drückwalzen von zylindrischen und kegelförmigen Hohlkörpern
[3.1]

3.2.2 Gesenkformen

Gesenkformen ist Druckumformen mit gegeneinander bewegten Formwerk-
zeugen (Gesenken), die das Werkstück ganz oder zu einem wesentlichen Teil
umschließen und dessen Form enthalten (abformende Gestalterzeugung, im
Gegensatz zur kinematischen Gestalterzeugung beim Freiformen) (*DIN
8583*).

Gesenkformen (alte Bezeichnung: Gesenkschmieden) ist ein Fertigungsverfahren, das mit dem Gießen konkurriert. Geschmiedete Teile haben i.a. eine
wesentlich höhere Festigkeit, besonders bei wechselnder Beanspruchung
(Schmiedestahl besitzt gegenüber lamellarem Grauguß eine drei- bis fünffa-
che Zugfestigkeit; es gibt jedoch auch Gießverfahren, die sehr nahe an die
Festigkeit geschmiedeter Werkstücke herankommen).
Jährlich werden in der Bundesrepublik Deutschland etwa 1 Mio. t Gesenk-
schmiedestücke hergestellt. Hauptabnehmer sind die Automobilindustrie, ihre
Zulieferbetriebe und der allgemeine Fahrzeugbau. Geschmiedet werden dort
die meisten hochbeanspruchten Teile wie Achsschenkel, Pleuelstangen und
Kurbelwellen.

Vor dem eigentlichen Umformvorgang werden die Schmiederohteile vorgewärmt (beim Stahl liegen die Temperaturen zwischen 850 und 1200 °C). Die
vorgewärmten Rohteile werden in das Untergesenk (Matrize) eingelegt, das
Obergesenk fährt herab und der Formhohlraum wird ausgefüllt. Dabei wird
zwischen Gesenkformen **mit** und **ohne** Grat unterschieden.

Beim Gesenkformen mit Grat
(Bild 3.11) breitet sich das Roh-
teil während des Schließens der
beiden Werkzeughälften so lange
aus, bis es den Gratspalt erreicht
hat. Durch die Fließbehinderung
im Gratspalt baut sich ein hydro-
statischer Druck auf. Der Werkstoff steigt und füllt die Form
aus. Gleichzeitig steigt die
Schmiedekraft stark an. Über-
schüssiger Werkstoff wird durch
den Gratspalt nach außen ge-

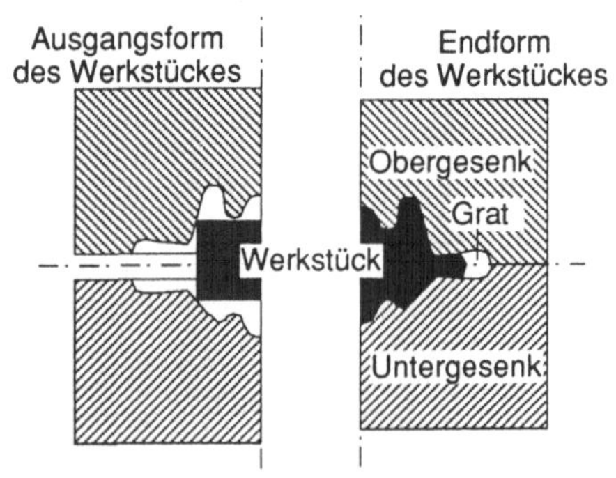

Bild 3.11: Gesenkformen mit Grat [3.1]

drückt. Nach dem Auseinanderfahren der Gesenkhälften wird das fertige Werkstück entnommen und das Werkzeug mit Druckluft ausgeblasen, der ggf. ein Gleit- und Kühlmittel zugesetzt ist. Anschließend wird der Grat in einem Schneidevorgang abgetrennt (Entgraten).

Beim Gesenkformen ohne Grat entspricht das Rohteilvolumen dem Endvolumen des Werkstücks. Hier besteht die Schwierigkeit darin, das Rohteilvolumen so zu bemessen, daß der Formhohlraum einerseits vollständig ausgefüllt wird, daß andererseits aber nicht zu viel Werkstoff verwendet wird, da sonst die Form nicht geschlossen werden kann. Im übrigen gleicht der Schmiedevorgang ohne Grat demjenigen mit Grat.

Neben dem Gesenkformen mit einem vom Werkzeug ganz umschlossenen Werkstück ist das Anstauchen im Gesenk ein häufiges Verfahren. Hierbei wird das in einer Klemmvorrichtung eingespannte Werkstück (meistens stabförmig) an seinem Ende örtlich ohne Grat umgeformt (Bild 3.12). Auf diese Weise werden viele Kleinteile wie Schraubenrohlinge, Bolzen, Niete, Nägel und Ventile für Verbrennungsmotoren hergestellt.

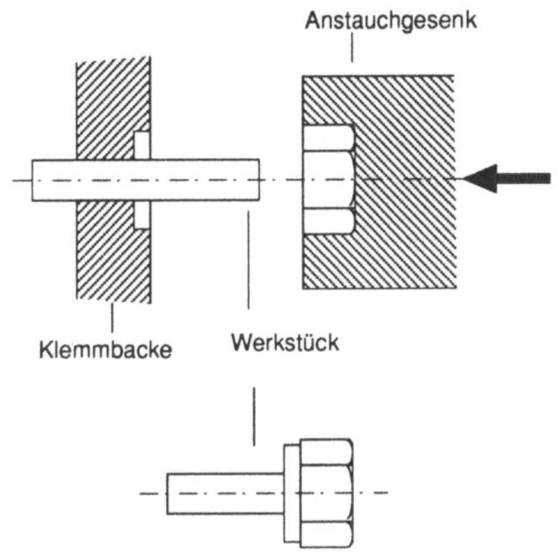

Bild 3.12: Kopfanstauchen im Gesenk

Die Zahl der Bearbeitungsschritte beim Gesenkformen richtet sich nach Maschinenart und Werkstückgröße. Die Maschinen lassen sich in drei Gruppen einteilen, in

- weggebundene Maschinen (Exzenter- und Kurbelpressen),
- kraftgebundene Maschinen (hydraulische Pressen) und
- energiegebundene Maschinen (Fall-, Gegenschlaghammer usw.).

Bei den Pressen erfolgt das Umformen in einem Arbeitshub, bei den energiegebundenen Maschinen sind dazu mehrere Hammerschläge erforderlich.

Die Gesenke sind hohen mechanischen und thermischen Belastungen ausgesetzt (Spannungen bis 1000 N/mm^2, Adhäsionsverschleiß durch Gleitbewegungen zwischen Werkzeug und Werkstück mit Gleitgeschwindigkeiten bis zu 50 m/s, Temperaturen bis zu 1000 °K mit Temperaturgradienten von max. 3000 °K/s). Durch Werkzeugwechsel bedingte Rüstzeiten betragen 20 % aller Maschinenstillstandszeiten. Der Anteil der Werkzeugkosten an den Herstellkosten eines Schmiedestücks liegt bei etwa 10 %. Daher kommt der Konstruktion und der Fertigung von Schmiedegesenken im Hinblick auf eine Standzeiterhöhung eine wichtige Bedeutung zu.

Bei der Konstruktion von Gesenken und Schmiedestücken werden heute vielfach Simulationsmethoden, z.B. FEM (Finite-Elemente-Methode) eingesetzt, um die komplexen Vorgänge im Gesenk zu optimieren [3.10, 3.11].

Die Herstellung der Gesenke erfolgt mit unterschiedlichen Fertigungsverfahren. Der Gesenkblock (Stahl mit Ni, Cr, Mo, V und W legiert) wird entweder direkt gegossen oder aus einem vorgegossenen Block gewalzt oder geschmiedet. Die Gravur (Innenkontur des Gesenkes) wird durch Drehen, Fräsen, Erodieren (besonders bei gehärteten Werkstoffen), Warm- und Kalteinsenken oder durch chemisches Abtragen hergestellt. Oberflächenbehandlung wie Nitrieren (siehe Kap. 7.3.1), Hartverchromen oder Strahlläppen erhöht die Standzeit. Je nach Fertigungsverfahren erreichen die Gesenke Standzeiten zwischen 20 000 (bei kalteingesenkten Werkzeugen) und 6000 (bei spanend hergestellten Werkzeugen) Schmiedezyklen [3.3].

3.2.3 Eindrücken

Eindrücken ist Druckumformen mit einem Werkzeug, das örtlich in ein Werkstück eindringt (*DIN 8583*). Zum Eindrücken gehören Verfahren wie Körnen, Einprägen, Einsenken, Rändeln und Kordeln.

Für die Fertigungstechnik ist das Kalteinsenken von Bedeutung. Bei diesem Verfahren wird ein gehärteter Stempel mit hoher Oberflächengüte unter stetig ansteigendem Druck mit geringer Geschwindigkeit (bis 0,3 mm/s)

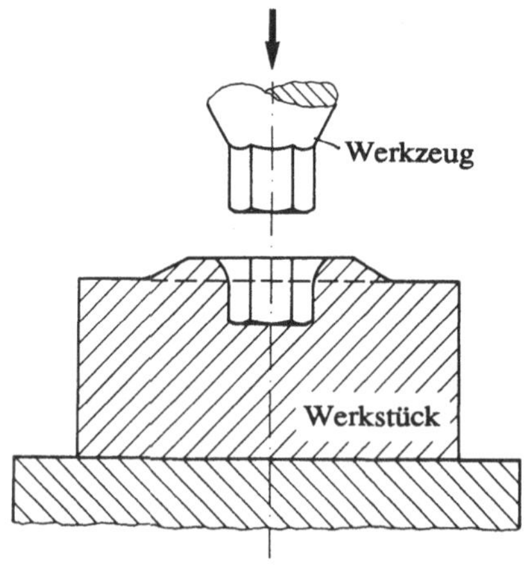

Bild 3.13: Herstellung von Gesenken durch Kalteindrücken

in ein Werkstück aus weichgeglühtem Stahl auf eine bestimmte Tiefe einge-
drückt (Bild 3.13). Das Kalteinsenken wird auf hydraulischen Pressen zur
Herstellung von Werkzeugen für das

- Spritzgießen, Blas- und Preßformen von Kunststoffen,
- Prägen von Münzen,
- Druckgießen von Zink, Messing und Leichtmetallen,
- Kalt- und Warmpressen von Schrauben, Muttern, Nieten usw.

eingesetzt. Die Innenform der auf diese Weise hergestellten Werkzeuge erfordert meistens keine Nachbearbeitung mehr. Gegenüber anderen Verfahren
bringt das Kalteinsenken die Vorteile der Wirtschaftlichkeit, der hohen Maßgenauigkeit und der hohen Festigkeit und Oberflächengüte.

3.2.4 Durchdrücken

Durchdrücken ist Druckumformen eines Werkstückes durch teilweises oder
vollständiges Hindurchdrücken durch eine formgebende Werkzeugöffnung
unter Verminderung des Querschnittes oder des Durchmessers (*DIN 8583*).
Durchdrücken wird in die Fertigungsverfahren Verjüngen, Strangpressen und
Fließpressen unterteilt.

Das bekannteste Verfahren des Durchdrückens ist das **Vorwärts-Strangpres-
sen** mit Werkstofffluß in Wirkrichtung der Maschine. Es können Voll- und
Hohlprofile mit den unterschiedlichsten Querschnitten erzeugt werden. Als
Preßwerkstoffe können Werkstoffe auf Fe-, Al-, Cu-, Ni- und Ti-Basis verarbeitet werden. Der am häufigsten verwendete Werkstoff ist Aluminium und
seine Legierungen.
Ein auf Umformtemperatur (ca. 350 bis 550 °C bei Aluminiumlegierungen)
erwärmter Gußblock wird in einen Rezipienten eingelegt und von einem meist
hydraulisch angetriebenen Preßstempel durch eine Preßmatrize durchgepreßt
(Bild 3.14). Dabei wird der Preßblock i.a. nicht vollständig ausgepreßt, sondern es bleibt ein Rest zurück, der nach Ablauf des Preßvorganges vom
Strang abgetrennt werden muß. Werkstoffabhängig wird mit einer Preßschei-
be gearbeitet, die einen kleineren Durchmesser als der Rezipient aufweist, so
daß nach dem Preßvorgang eine Hülse im Rezipient verbleibt. Dadurch wird
z.B. verhindert, daß die Oxidhaut des Preßblocks in den Strang eingepreßt
wird.

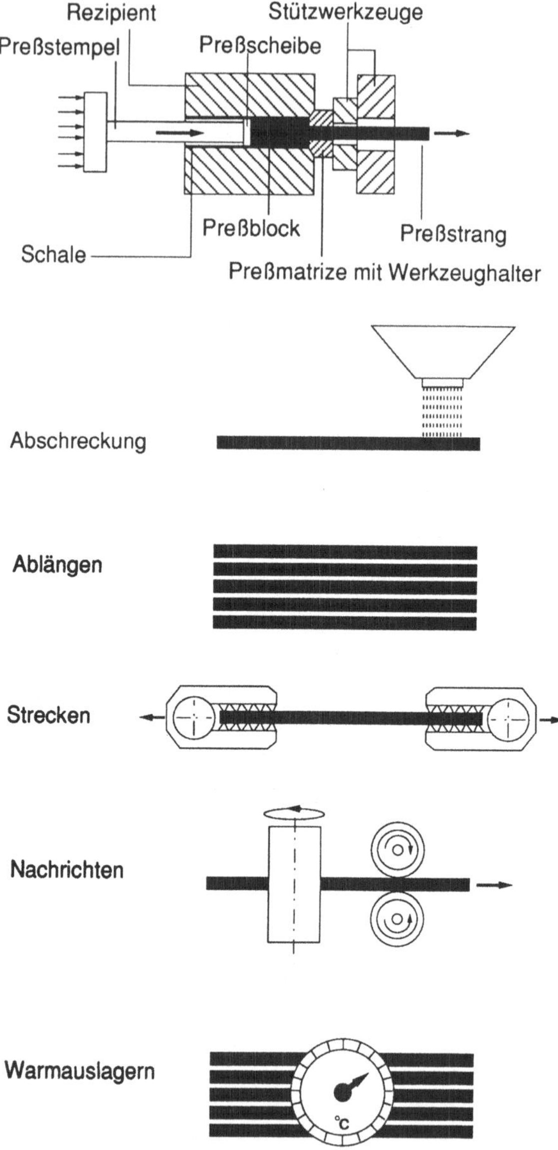

Bild 3.14: Schematische Darstellung des Voll-Vorwärts-Strangpressens von Aluminiumwerkstoffen [3.3]

Durch die Reibungsverhältnisse beim Pressen nimmt die Temperatur des Werkstoffes zu, wenn keine besonderen Maßnahmen getroffen werden. Der Temperaturanstieg im hinteren Bereich des Stranges kann bei empfindlichen Werkstoffen (manche Aluminiumlegierungen) zu Grobkornbildung und zu Rissen führen. Als Gegenmaßnahme werden die Preßblöcke mit einem Temperaturprofil versehen (der Block ist hinten kälter als vorn). Darüber hinaus wird die Preßgeschwindigkeit während der Pressung laufend zurückgenommen. Die Preßstranggeschwindigkeiten betragen bei leicht preßbaren Aluminiumwerkstoffen bis zu 100 m/min, bei schwer preßbaren Aluminiumlegierungen 1 bis 15 m/min (bei Stahlwerkstoffen erreichen die Geschwindigkeiten bis zu 350 m/min, bei Umformtemperaturen von ca. 1100 bis 1300 °C).

Beim Pressen von Hohlprofilen aus Aluminiumwerkstoffen werden ein- oder zweiteilige Spezialwerkzeuge (Kammer- oder Brückenwerkzeuge) eingesetzt, deren Durchbruch für die Außenkontur des Profils einen Einsatz für die Innenkontur enthält. Das im plastischen Zustand befindliche Metall wird im Innern des Werkzeuges in mehrere Teilströme geteilt, die den Werkzeugeinsatz umfließen und im Spalt, der den Profilquerschnitt bildet durch die dort auftretenden Kräfte zu einem Hohlprofil verschweißen.

Die das Werkzeug verlassenden Stränge müssen vor dem Strecken und Richten abgekühlt und abgelängt werden. Bestimmte Aluminiumwerkstoffe werden einem Warm- oder Kaltaushärtungsprozeß unterzogen. Die Oberflächenqualität der Profile hat heute einen Stand erreicht, der eine nachfolgende spanende Bearbeitung überflüssig macht. Bild 3.15 zeigt einige Beispiele von stranggepreßten Profilen.

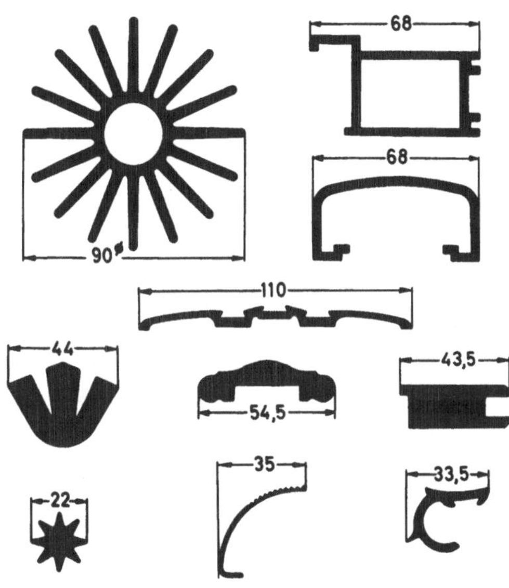

Bild 3.15: Beispiele stranggepreßter Profile

Das **Fließpressen** ist nach *DIN 8583* definiert als ein Durchdrücken eines zwischen Werkzeugteilen aufgenommenen Rohlings (z.B. Stababschnitt, Blechausschnitt) vornehmlich zum Erzeugen einzelner Werkstücke.

Die einzelnen Fließpreßverfahren werden unterteilt nach dem Aufbau der verwendeten Werkzeuge (Fließpressen mit starren Werkzeugen bzw. Wirkmedien), nach der Richtung des Werkstoffflusses bezüglich der Wirkrichtung der Maschine (Vorwärts- und Rückwärtsfließpressen, kombiniertes Fließpressen (Bild 3.16), Querfließpressen) und nach der Form der hergestellten Werkstücke (Voll- und Hohlfließpressen).

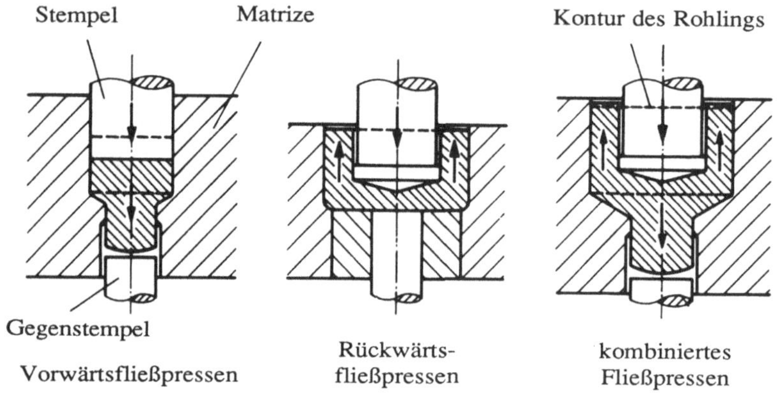

Bild 3.16: Fließpressen

Die Herstellung von Fließpreßteilen erfolgt überwiegend bei Raumtemperatur (hohe Maßgenauigkeit erreichbar) in mehreren Arbeitsschritten. Dabei können die verschiedenen Fließpreßverfahren gleichzeitig oder nacheinander angewandt werden. Die zum Fließpressen geeigneten Werkstoffe müssen eine möglichst geringe Fließspannung und hohes Umformvermögen, eine geringe Neigung zur Kaltverfestigung sowie ein homogenes Gefüge aufweisen. Verarbeitet werden unlegierte und legierte Stähle bis etwa 0,45 % C im weichgeglühten Zustand, Leicht- und Schwermetallegierungen.

Die Werkzeuge (Stempel, Gegenstempel, Matrize) sind vor allem beim Fließpressen von Stahlteilen hohen Belastungen ausgesetzt. Die Matrizen werden deshalb durch außenliegende Schrumpfringe (Armierung) in der Weise verstärkt, daß an den Matrizeninnenseiten Druckspannungen entstehen, die sich erst durch die beim Fließpreßvorgang entgegengesetzt wirkenden Spannungen teilweise oder ganz abbauen, wodurch die Lebensdauer der Matrizen wesentlich verbessert wird.

Die Vorteile des Kaltfließpressens sind optimale Werkstoffausnutzung, hohe Mengenleistung, hohe Maßgenauigkeit und Oberflächengüte, Festigkeitssteigerung infolge Kaltverfestigung und der beanspruchungsgerechte Faserverlauf des Werkstoffgefüges [3.5, 3.6].

Typische Fließpreßteile sind Bolzen, Hülsen, Schraubenrohlinge und Werkstücke mit Außen- und Innenverzahnungen.

3.3 Zugdruckumformen

Zugdruckumformen ist Umformen eines festen Körpers, wobei der plastische Zustand im wesentlichen durch eine Zug- und Druckbeanspruchung herbeigeführt wird (*DIN 8584*). Die wichtigsten Verfahren sind Durchziehen, Tiefziehen und Drücken.

3.3.1 Durchziehen

Durchziehen ist Zugdruckumformen durch Ziehen eines Werkstückes durch eine in Ziehrichtung verengte Werkzeugöffnung (*DIN 8584*). Das Durchziehen wird in zwei Verfahren unterteilt, das Gleitziehen und das Walzziehen.
Das Gleitziehen wird überwiegend als Kaltumformverfahren zur Herstellung von Draht, Stäben, Rohren (meist mit Verwendung von Dornen) und Profilen unterschiedlichster Art aus Fe- und NE-Metallwerkstoffen angewendet. Das Ziehwerkzeug (Ziehstein, Ziehring) ist hohen Belastungen durch Druck- und Reibungskräfte und durch hohe Temperaturen ausgesetzt, so daß nur hochfeste Werkstoffe wie Hartmetall, Diamant und Keramik eine ausreichende Verschleißfestigkeit bieten. Zur Verringerung der Reibungskräfte zwischen Werkzeug und Werkstück werden Schmierstoffe eingesetzt, die meist auch eine Oberflächenverbesserung bewirken.

Der Ziehvorgang erfolgt in der Regel in mehreren Stufen. Die möglichen Formänderungen je Stufe, die Umformgrade φ ($\varphi = \ln A_0/A_1$, A_0 ist der Querschnitt vor, A_1 der Querschnitt nach dem Umformen), sind werkstoffabhängig und liegen zwischen 0,2 und 0,3. Vor allem bei Stahlwerkstoffen erfolgt eine

Kaltverfestigung des Werkstoffes, so daß fast nach jedem Zug eine Warmbehandlung (Rekristallisationsglühen, siehe Kap. 7.2.1) durchgeführt werden
muß.

Bei der Drahtherstellung können Feinstdrähte mit Durchmessern bis zu 0,003
mm gezogen werden. Die Ziehgeschwindigkeiten betragen bis zu 20 m/s. Bei
der Rohrherstellung im Gleitziehverfahren sind grundsätzlich drei Verfahrensvarianten im Einsatz (Bild 3.17). Beim **Hohlzug** kann nur eine Durchmesserreduktion erfolgen. Beim **Stopfenzug** wird neben der Durchmesser-
auch eine Wanddickenreduktion erzielt. Der **Stangenzug** ist nur für die
Wanddickenreduktion geeignet, da der Innendurchmesser durch die im Rohr
befindliche Stange fest vorgegeben ist.

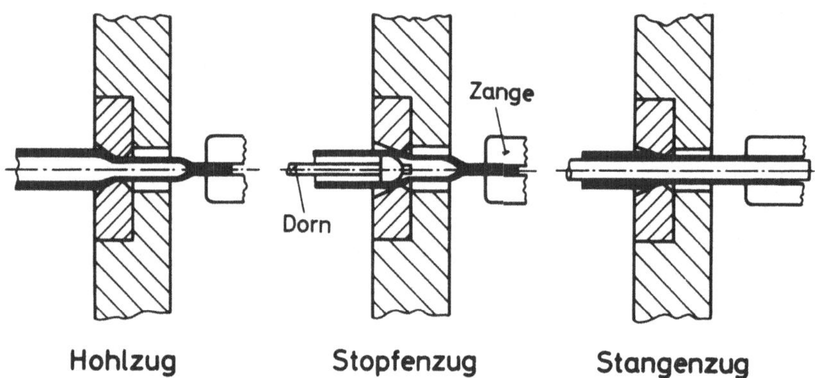

Bild 3.17: Herstellung von Rohren im Gleitziehverfahren

3.3.2 Tiefziehen

Tiefziehen ist Zugdruckumformen eines Blechzuschnittes zu einem Hohlkörper (Erstzug) oder Zugdruckumformen eines Hohlkörpers zu einem Hohlkörper mit kleinerem Umfang (Weiterzug) ohne beabsichtigte Veränderung der
Blechdicke (*DIN 8584*). Das Tiefziehen kann mit starren Werkzeugen (Matrize und Ziehstempel), mit nachgiebigem Werkzeug (Ziehstempel und Gummikissen), mit Wirkmedium (Flüssigkeiten, Gase) und mit Wirkenergie (magnet.
Feld) erfolgen.

Das Tiefziehen mit starren Werkzeugen wird am Beispiel eines zylindrischen
Hohlkörpers (Napf) erläutert. Die Ausgangsform für das Werkstück mit dem

Durchmesser d_1 ist eine ebene Blechronde mit dem Durchmesser d_0. Über den Stempel, den Napfboden und die Zarge wird die Ziehkraft in die eigentliche Umformzone zwischen Matrize und Blechhalter (der Blechhalter verhindert die Faltenbildung) eingeleitet (Bild 3.18). Die Umformung geschieht durch Stauchen des Werkstoffes in der Randzone (im Flansch des Napfes) und durch Strecken im zylindrischen Bereich. Zwischen Matrizenoberseite und Blechhalter wirken radiale Zug- und tangentiale Druckspannungen, zwischen Ziehkante und Napfboden axiale Zugspannungen. Die axiale Zugspannung darf den Betrag der Reißfestigkeit des Werkstoffes nicht überschreiten. Die radiale Zugspannung im Flansch erreicht an der Ziehkante ihren Maximalwert und geht am Rondenrand auf Null zurück (Bild 3.18).

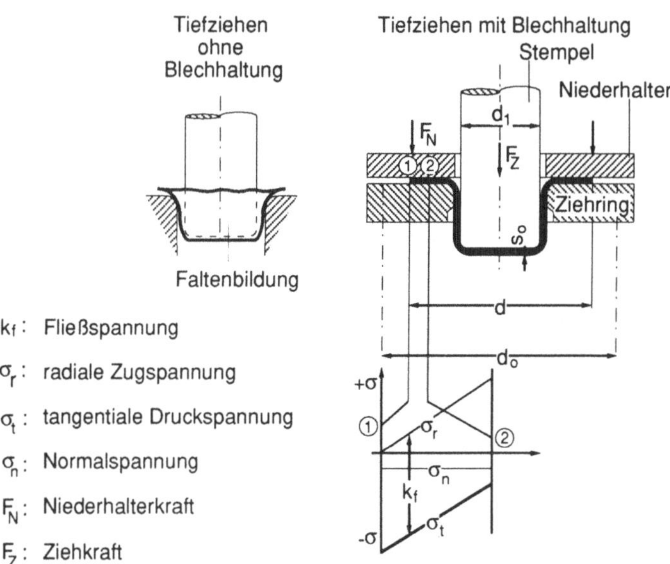

Bild 3.18: Prinzip des Tiefziehens mit starren Werkzeugen [3.4]

Werkstoffe zum Tiefziehen müssen einem breiten Anforderungsprofil genügen. Die Eigenschaften metallischer Werkstoffe hinsichtlich ihres Verhaltens beim Tiefziehen werden meist mit aus Zugversuchen gewonnenen Größen charakterisiert. Darüber hinaus muß noch die Richtungsabhängigkeit der Werkstoffeigenschaften (Anisotropie), die sich aus der Tatsache ergibt, daß

die zum Tiefziehen verwendeten Werkstoffe gewalzte Bleche sind, in Form
eines Anisotropiekennwertes ermittelt werden. Durch verfahrensbezogene
Prüfverfahren (z.B. Napfziehen) kann die Tiefziehtauglichkeit eines Werkstoffes beurteilt werden. Sie wird durch das Grenzziehverhältnis β_{max} angegeben.

Das Ziehverhältnis β ist definiert als das Verhältnis des Rondendurchmessers
d_0 zum Ziehstempeldurchmesser d_1 ($\beta = d_0/d_1$). Bei zu groß gewähltem Ziehverhältnis wird die zur Umformung erforderliche Ziehkraft so groß, daß sie
vom Werkstoff nicht mehr übertragen werden kann. Der Werkstoff reißt am
Napfboden. Das Ziehverhältnis bei dem gerade noch kein Bodenreißer auftritt
wird als das Grenzziehverhältnis β_{max} ($\beta_{max} = d_{0,\,max}/d_1$) bezeichnet [3.4].

Die Werkzeuge zum Tiefziehen werden nach der Gesamtstückzahl der zu fertigenden Werkstücke und damit nach dem erforderlichen Automatisierungsgrad in vier Güteklassen eingeteilt. Ein Werkzeug der Güteklasse IV z.B. ist
für die Produktion von über 500 000 Teilen ausgelegt. Bei dieser Stückzahl
ist das Werkzeug einem adhäsiven Verschleiß ausgesetzt, insbesondere dann,
wenn der Gitteraufbau von Werkstück- und Werkzeugwerkstoff ähnlich ist.
Durch eine entsprechende Materialpaarung oder durch eine Oberflächenbehandlung kann der Verschleiß gemindert werden.

Das Tiefziehen ist für die Blechumformung ein wichtiges Verfahren. Die
meisten Blechteile, die im Fahrzeugbau verwendet werden wie Karosserieteile, Achs- und Getriebeteile, Ölwannen, Filtergehäuse usw. sind durch Tiefziehen hergestellt. Darüber hinaus werden auch Teile wie Badewannen, Spülen, Töpfe, Konservendosen usw. gezogen.

3.3.3 Drücken

Drücken ist Zugdruckumformen eines Blechzuschnittes zu einem Hohlkörper
oder Verändern des Umfangs eines Hohlkörpers, wobei ein Werkzeugteil
(Drückform, Drückfutter) die Form des Werkstückes enthält und mit diesem
umläuft, während das Gegenwerkzeug (Drückwalze, Drückstab) nur örtlich
angreift. Eine Veränderung der Blechdicke ist nicht beabsichtigt. In besonderen Fällen kann auf eine Drückform verzichtet werden (*DIN 8584*). Beim
Drücken werden die Verfahrensvarianten **Drücken von Hohlkörpern**, **Weiten
durch Drücken** und **Engen durch Drücken** unterschieden.

Das Drücken von Hohlkörpern erfolgt auf CNC-gesteuerten Drückmaschinen

(Bild 3.19), die im Aufbau Drehmaschinen ähnlich sind. Aus meist ebenen Ronden werden je nach Werkstoff und Umformgrad in einem Arbeitsgang oder schrittweise Hohlkörper mit nahezu beliebiger Mantellinie geformt. Die Spannungsverteilung in der Umformzone entspricht derjenigen beim Tiefziehen. Analog zum Ziehverhältnis kann das Drückverhältnis als $\beta = d_o/d_1$ (d_o: Ausgangsdurchmesser der Blechronde, d_1: Durchmesser eines zylindrischen Werkstückes nach dem Umformvorgang) definiert werden. Das maximale Drückverhältnis β_{max} liegt bei Tiefziehstahlblechen zwischen 1,6 und 1,7 und wird durch drei Versagensmöglichkeiten des Werkstoffes bestimmt:

- Faltenbildung, die wegen eines fehlenden Blechhalters leichter entsteht als beim Tiefziehen,

- Bildung von Tangentialrissen am Übergang Flansch-Zarge bei großem β und

- Bildung von Radialrissen im äußersten Teil des Flansches als Folge von Biegewechselspannungen beim Überwalzen bereits vorhandener Falten.

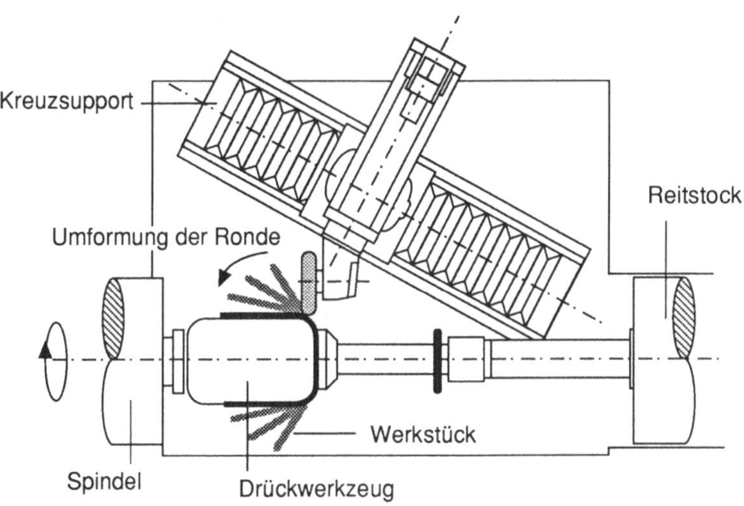

Bild 3.19: Schematische Darstellung einer CNC-Drückmaschine [3.8]

Die Leistungsfähigkeit moderner Drückmaschinen ermöglicht eine flexible und wirtschaftliche Fertigung rotationssymmetrischer Werkstücke (Fässer,

Pkw- und Lkw-Felgen, Trommeln, Lampenschirme, Töpfe, Hülsen usw.) aus Fein- und Mittelblechen im Bereich kleiner und mittlerer Durchmesser und aus Dickblechen im Bereich von großen Durchmessern (bis zu 5 m). Beim Drücken von Dickblech-Stahlronden für Behälterbauteile für die chemische Industrie und den Reaktorbau kann eine partielle Erwärmung durch Gasbrenner (Warmumformen) erfolgen. Vor allem in der Fertigung von großen Bauteilen ist das Drücken ohne Konkurrenz.

3.4 Zugumformen

Zugumformen ist Umformen eines festen Körpers, wobei der plastische Zustand im wesentlichen durch ein- oder mehrachsige Zugbeanspruchung herbeigeführt wird (*DIN 8585*). Die Verfahren des Zugumformens werden in Längen, Weiten und Tiefen unterteilt. Die wichtigsten Verfahren des Zugumformens sind das **Streckziehen** und das **Hohlprägen**. Sie gehören beide zur Untergruppe Tiefen.

3.4.1 Streckziehen

Nach *DIN 8585* ist das Streckziehen Tiefen eines Blechzuschnittes mit einem starren Stempel, wobei das Werkstück am Rand fest eingespannt ist. Das Werkstück kann entweder zwischen starren Werkzeugteilen oder mit Hilfe von Spannzangen eingespannt werden (einfaches Streckziehen, Bild 3.20a). Die Spannzangen können eine zusätzliche Zugbeanspruchung aufbringen (Tangentialstreckziehen, Bild 3.20b).

Beim einfachen Streckziehen wird das Blech in drehbar gelagerten Spannzangen eingespannt. Die Zugbeanspruchung wird indirekt von einem hydraulisch angetriebenen Stempel aufgebracht. Je nach den auftretenden Reibungsverhältnissen kommt es dabei zu unterschiedlichen Dehnungsverhältnissen im Werkstück. Beim Tangentialstreckziehen erfolgt die Umformung in zwei Schritten. Das eingespannte Blech wird zunächst bis in den plastischen Bereich direkt gestreckt (gleichmäßige Dehnung von ca. 20 %) und dann bei der anschließenden Formgebung so an das Werkzeug angelegt, daß eine Relativbewegung zwischen Werkzeug und Werkstück weitgehend vermieden wird.

Das Streckziehen findet seine Anwendung hauptsächlich im Karosseriebau bei der Herstellung von flachen Teilen wie Türen, Dächern sowie Aufbauten für Lkw und Busse und Blechteilen für die Luftfahrtindustrie. Wegen der billigen und einfachen Werkzeuge (Holz, Kunststoff, Grauguß) ist das Verfahren auch für mittlere und kleine Stückzahlen (Sonderkarosseriebau, Bau von Prototypen usw.) geeignet.

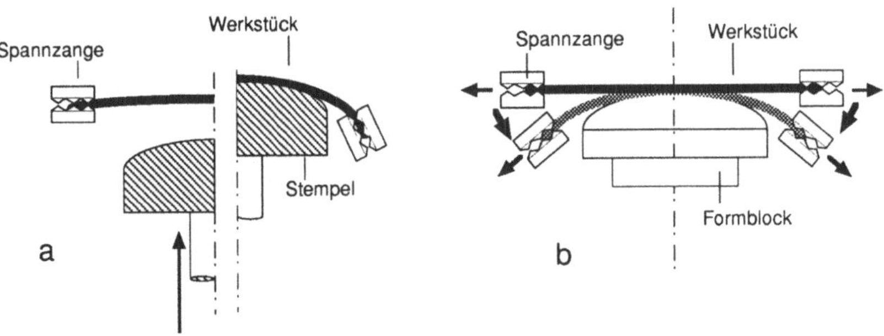

Bild 3.20: Einfaches Streckziehen (a) und Tangentialstreckziehen (b) [3.1]

3.4.2 Hohlprägen

Hohlprägen ist Tiefen mit einem starren beweglichen Stempel in ein Gegenwerkzeug (Matrize) hinein, wobei die Vertiefung gegenüber der Abmessung des Werkstückes klein ist (*DIN 8585*). Die Matrize kann starr oder nachgiebig (Gummikissen) sein. Bei fester Matrize bilden Prägestempel und Matrize im geschlossenen Zustand einen über der gesamten Prägefläche konstanten Zwischenraum.

Das Hohlprägen wird z.B. beim Prägen von Schildern oder beim Versteifen von Blechwandungen im Behälterbau eingesetzt.

4 Trennen

Trennen ist Fertigen durch Ändern der Form eines festen Körpers, wobei der Zusammenhalt örtlich aufgehoben, d.h. im ganzen vermindert wird. Dabei ist die Endform des Werkstücks in der Ausgangsform enthalten. Zum Trennen wird auch das Zerlegen zusammengesetzter Körper zugerechnet (*DIN 8580*). Die Hauptgruppe Trennen ist in sechs Gruppen unterteilt (Bild 4.1), von denen die Gruppen Zerteilen, Spanen mit geometrisch bestimmten und unbestimmten Schneiden und Abtragen mit ihren wichtigsten Verfahren in diesem Kapitel behandelt werden. Die in älteren Normblättern enthaltene siebte Gruppe Evakuieren ist ab 1985 nicht mehr enthalten.

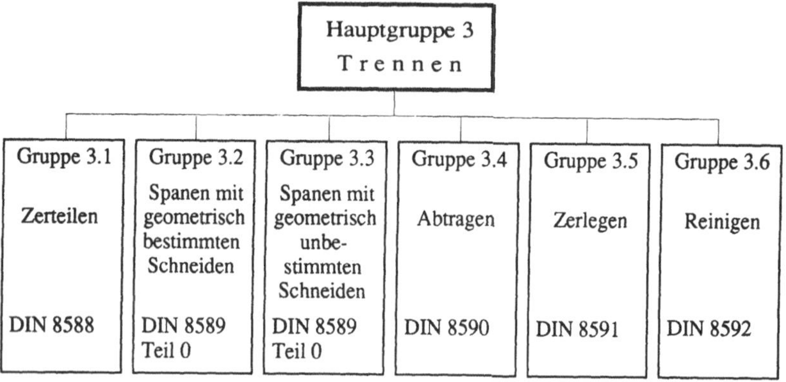

Bild 4.1: Fertigungsverfahren des Trennens (nach *DIN 8580*)

Der eigentliche Vorgang des Trennens erfolgt an einer Stelle, der sog. **Wirkstelle**, wo das Werkzeug auf das Werkstück einwirkt. Das Werkzeug und das Werkstück werden als **Wirkpaar** bezeichnet.

Zum Ablauf des Trennvorgangs sind zwischen Werkzeug und Werkstück Relativbewegungen (Schnitt-, Vorschub- und Zustellbewegungen) erforderlich, die von einem oder beiden Partnern des Wirkpaares ausgeführt werden. Die dem Trennvorgang von außen zugeführte Energie bzw. Leistung wird an der Wirkstelle in Trenn-, Verformungs- und Reibleistung umgewandelt und über das Wirkpaar als Wärme abgeführt.

4.1 Zerteilen

Nach *DIN 8588* ist Zerteilen mechanisches Trennen von Werkstücken ohne Entstehen von formlosem Stoff, also auch ohne Späne. Die Gruppe Zerteilen wird in die Untergruppen Scherschneiden, Messerschneiden, Beißschneiden, Spalten, Reißen und Brechen unterteilt. Von diesen Verfahren hat das Scherschneiden die größte wirtschaftliche Bedeutung und kommt hauptsächlich in der Blechbearbeitung zum Einsatz. Die Verfahren Messerschneiden (Werkzeug besteht aus einer keilförmigen Schneide) und Beißschneiden (Werkzeug besteht aus zwei keilförmigen Schneiden) werden nur bei weichen Werkstoffen wie Leder, Gummi, Kunststoffe oder beim Entgraten von gesenkgeformten Werkstücken angewandt. Spalten, Reißen und Brechen haben für die Fertigungstechnik eine untergeordnete Bedeutung, da mit diesen Verfahren i.a. keine geometrisch definierte Gestalt erzeugt werden kann.

4.1.1 Einfaches Scherschneiden

Scherschneiden ist Zerteilen von Werkstücken zwischen zwei Schneiden, die sich aneinander vorbeibewegen (*DIN 8588*). Die Verfahren des Scherschneidens lassen sich nach den Kriterien Aufbau und Geometrie der Werkzeuge sowie Lage der Schnittfläche zur Werkstückbegrenzung unterteilen.

Nach ihrer Geometrie werden die Werkzeuge in Scherschneidmesser, die den Werkstoff durch eine oder mehrere Hubbewegungen trennen und in Rollschneidmesser, die den Werkstoff fortlaufend durch eine Drehbewegung trennen eingeteilt. Nach der Form der Schneiden in der Projektion auf die Werkstückoberfläche unterscheidet man bei den Scherschneidmessern Werkzeuge zum **Offenschneiden** und zum **Geschlossenschneiden**. Beim Offenschneiden wird das Werkstück durch eine offene Schnittlinie getrennt (Beispiel: Hebelschere), während beim Geschlossenschneiden das Werkzeug eine geschlossene Kontur besitzt und aus dem Werkstück ein Teil mit geschlossener Kontur ausschneidet.

Die Schneiden können auf zwei unterschiedliche Weisen zueinander angeordnet werden. Beim Vollkantig-Schneiden haben die Schneiden in der Schnittebene überall den gleichen Abstand, so daß sie entlang der ganzen Schnittlinie zum Eingriff kommen. Beim Kreuzend-Schneiden kreuzen sich die Schneiden in der Schnittebene, so daß sie nur allmählich in das Werkstück eindringen. Im Bild 4.2 ist das Vollkantig- und Kreuzend-Schneiden am Bei-

spiel des Offen- und Geschlossenschneiden dargestellt. Beim Geschlossenschneiden ist zusätzlich der Schneidkraftverlauf über dem Stempelweg in Abhängigkeit der Schneidkantenausbildung qualitativ aufgezeichnet. Beim
Kreuzend-Schneiden ist die maximale Schneidkraft wesentlich geringer. Es
entsteht allerdings auch eine Kraftkomponente, die das Schnitteil verformt.

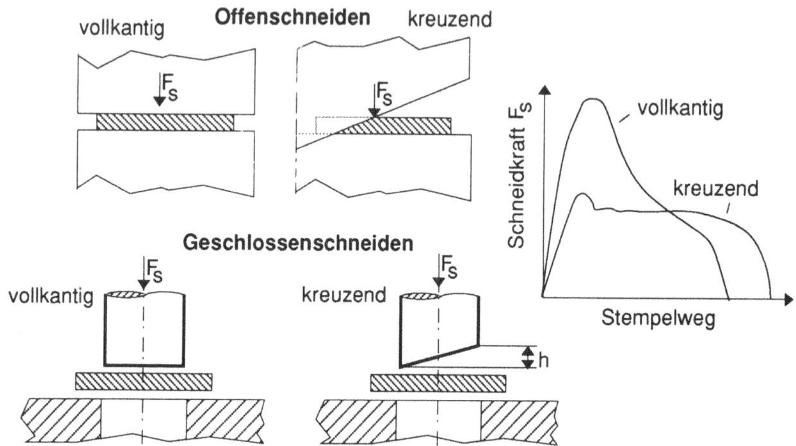

Bild 4.2: Verfahrensvarianten des Scherschneidens nach Werkzeuggeometrie
[0.1, 4.2]

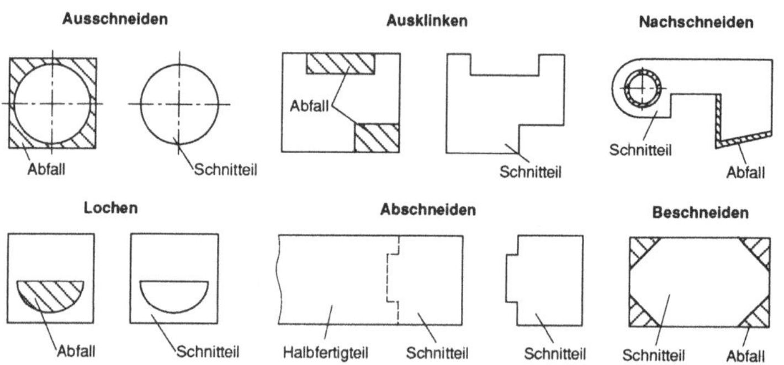

Bild 4.3: Schneidverfahren nach Lage der Schnittfläche zur Werkstückbegrenzung

Nach Lage der Schnittfläche zur Werkstückbegrenzung werden u.a. die Verfahren Ausschneiden, Lochen, Abschneiden, Ausklinken, Nachschneiden und
Beschneiden unterschieden (Bild 4.3). Oberstes Gebot, vor allem beim Aus-

schneiden, ist die optimale Werkstoffausnutzung. Sie kann z.B. durch eine flächenschlüssige Anordnung der Schnitteile und der damit verbundenen Abfallminimierung erreicht werden.

Schneidvorgang und Kräfte

Der Schneidvorgang ist im Bild 4.4 dargestellt. Beim Aufsetzen des Werkzeuges erfolgt zunächst ein elastisches und dann ein plastisches Verformen des Bleches. Das Werkzeug dringt in den Werkstoff ein, wobei beiderseits des Bleches ein Kanteneinzug und eine Schnittzone entstehen. Mit fortschreitendem Eindringen nimmt die Schneidkraft zu und die Schubspannung im Werkstoff steigt. Beim Erreichen der maximalen Schubspannung reißt der Werkstoff ausgehend von beiden Schneidkanten; es bildet sich eine Bruchzone und auf jeder Seite des getrennten Bleches ein scharfkantiger Grat.

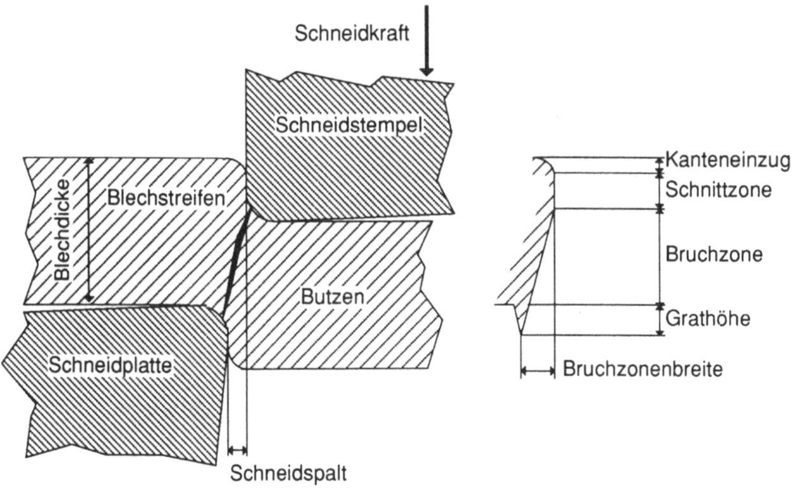

Bild 4.4: Schneidvorgang beim Scherschneiden [4.2]

Die maximale Schneidkraft $F_{s,max}$ ist für die Auswahl der Presse eine wichtige Kenngröße. Sie wird beeinflußt durch die Blechdicke (s), die Schnittlinienlänge (l_s) und den Schneidwiderstand (k_s). Der Schneidwiderstand k_s ist keine konstante Größe, sondern eine Funktion von Schneidspalt (mit zunehmendem Schneidspalt nimmt k_s ab), Werkstoffeigenschaften, Blechdicke, Werkzeugverschleiß, Schnittlinienform und Schmierung. Die Berechnung der maximalen Schneidkraft erfolgt nach folgender Formel:

$$F_{s,max} = l_s \cdot s \cdot k_s \quad [N]$$

Unter Berücksichtigung aller Einflußgrößen kann die maximale Schneidkraft für Stahlwerkstoffe wie C 10 oder C 35 näherungsweise mit:

$$F_{s,max} = 1,6 \cdot l_s \cdot s \cdot k_s \quad [N] \quad \text{mit}$$

$k_s = 0,8 \cdot R_m \quad [N/mm^2], \quad R_m :$ Zugfestigkeit des Blechwerkstoffes

bestimmt werden. Der Faktor 1,6 berücksichtigt einen bereits vorhandenen Werkzeugverschleiß [4.2].

Maschinen und Werkzeuge

Beim Offenschneiden werden Maschinenscheren mit Kurbel-, Exzenter- oder ölhydraulischem Antrieb eingesetzt. Beliebige Formen können mit Nibbelmaschinen (Knabbermaschinen) durch kurze, schnell aufeinanderfolgende Scherhübe mit Kurzmessern geschnitten werden.

Beim Geschlossenschneiden werden die Werkzeuge nach ihrer Führungsart unterschieden (Bild 4.5).

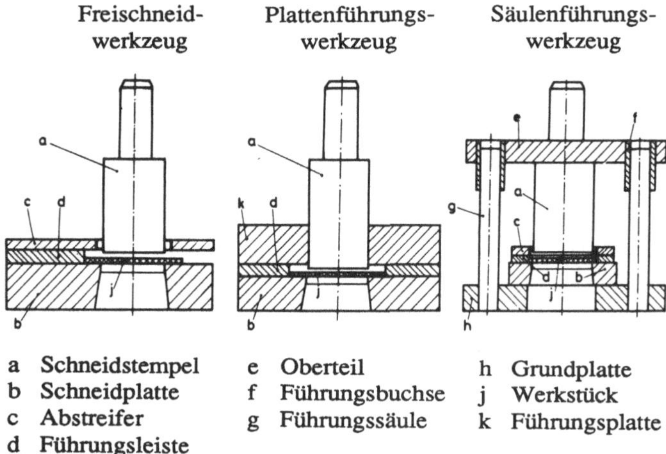

a	Schneidstempel	e	Oberteil
b	Schneidplatte	f	Führungsbuchse
c	Abstreifer	g	Führungssäule
d	Führungsleiste		

h	Grundplatte
j	Werkstück
k	Führungsplatte

Bild 4.5: Bauarten von Schneidwerkzeugen zum Geschlossenschneiden

Das **Freischneidwerkzeug** wird nur durch den Stössel der Presse geführt. Die erreichbaren Toleranzen hängen von der Genauigkeit der Führung des Werkzeugträgers im Gestell und von seiner Steifigkeit ab. Das Werkzeug ist billig, schneidet jedoch ungenau und unsauber (starke Gratbildung). Es eignet sich deshalb nur für kleine Stückzahlen. Beim **Plattenführungswerkzeug** wird der Stempel durch eine Platte geführt, die den gleichen Durchbruch wie die Schneidplatte hat. Die Führungsplatte verhindert ein Aufsetzen der Schneidkanten, ein Ausknicken dünner Stempel und dient gleichzeitig als Abstreifer. Das Werkzeug zeichnet sich durch eine höhere Standzeit aus. Beim **Säulenführungswerkzeug** wird der Stempel mit einer Führungsplatte durch Kugelführungsbuchsen auf Säulen spielfrei geführt. Die präzise Führung ermöglicht eine hohe Standzeit des Werkzeuges bei sehr genauen Werkstücken. Die Einstellung des Schneidspaltes erfolgt im Werkzeug und nicht in der Maschine, deren Genauigkeit bei diesem Verfahren von untergeordneter Bedeutung ist. Obwohl die Säulenführungsgestelle genormt sind, ist das Werkzeug teuer und deshalb nur für große Stückzahlen oder beim Nach- und Feinschneiden wirtschaftlich.

4.1.2 Sonderverfahren des Scherschneidens

An Schnitteile, deren Schnittflächen als Funktionsflächen ausgebildet sind (z.B. Verzahnungen), werden hohe Anforderungen hinsichtlich Maßgenauigkeit und Schnittflächenqualität (glatt, riß- und gratfrei) gestellt. Solche Teile müssen entweder nachgearbeitet oder mit Hilfe von Sonderverfahren ausgeschnitten werden.

Beim **Nachschneiden** werden die ausgeschnittenen Werkstücke in einem zweiten Arbeitsgang durch eine Schneidplatte hindurchgepreßt, deren Durchbruchmaße um ca. die zweifache Dicke der abzutrennenden Schicht kleiner als das Werkstück sind.

Das **Konterschneiden** ist ein Verfahren, bei dem der Werkstoff mit zwei oder drei gegenläufigen Schneidbewegungen gratfrei getrennt wird. In der ersten Stufe wird soweit angeschnitten, daß gerade noch kein Anriß auftritt. Mit einem zweiten gegenläufigen Vorgang erfolgt der Anschnitt bzw. das Durchtrennen von der Gegenseite des Werkstücks. Sofern in der zweiten Stufe nur ein Anschnitt erfolgte, wird in der dritten Stufe das Werkstück getrennt.

Das **Feinschneiden** hat gerade in letzter Zeit in der Serienfertigung von Blechteilen große Bedeutung gewonnen. Die Werkzeugkosten betragen zwar ein Vielfaches der Kosten herkömmlicher Schneidwerkzeuge, es werden jedoch Schnitteile mit einem Arbeitshub hergestellt, deren Schnittflächen ohne

Nacharbeit als Funktionsflächen (z.B. Zahnflanken) zu verwenden sind. Die erreichbaren Toleranzen liegen zwischen IT 7 und IT 8.

Das Prinzip des Feinschneidens ist im Bild 4.6 a dargestellt. Mit einer Druckplatte wird in den Werkstoff zunächst eine im konstanten Abstand zur Schnittlinie verlaufende Ringzacke eingepreßt. Die Ringzacke verhindert beim Schneidvorgang ein Nachfließen (Hineinziehen) des Werkstoffs in den Schneidspalt und bewirkt durch die entstehenden Druckspannungen, daß die zum Reißen erforderliche Schubbruchspannung größer wird als die Schubfließspannung, die den Fließ-Schervorgang herbeiführt. Ein Gegenstempel, der gleichzeitig als Auswerfer dient, verhindert das Durchbiegen des Schnittteils während des Schneidvorgangs.

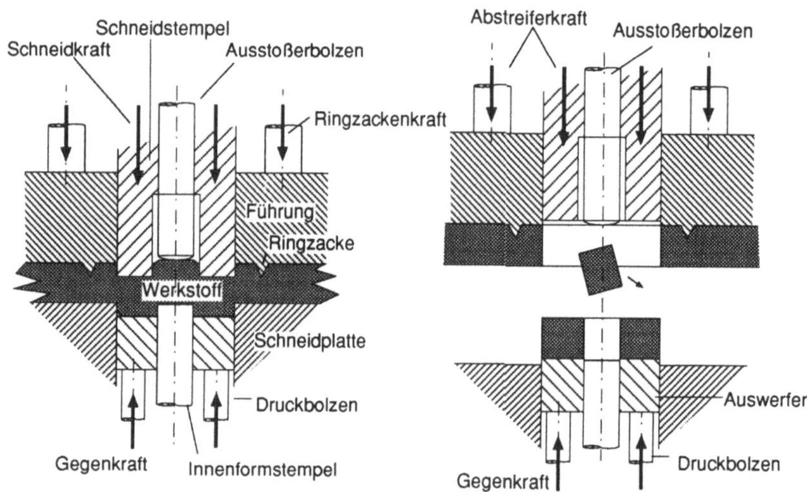

Bild 4.6 a: Schematische Darstellung des Feinschneidens [4.2]

Die Schneidgeschwindigkeit wird je nach Werkstoffdicke relativ niedrig gehalten, damit der Werkstoff Zeit zum Fließen hat. Die Maße und die Anzahl der Ringzacken sind ebenfalls von der Dicke des zu schneidenden Werkstoffes abhängig. Der Schneidspalt ist sehr gering und beträgt z.B. bei Blechdicken von 1 mm nur 0,01 mm. Die Schneidkraft ist jedoch wesentlich höher als beim herkömmlichen Schneiden. Gewöhnlich können mit dem Verfahren Bleche mit einer Dicke von bis zu 16 mm geschnitten werden.

Das Feinschneiden läßt sich mit dem Umformen kombinieren. Hergestellt werden Teile mit komplizierter Geometrie in großen Stückzahlen (z.B. Getriebeteile, Kupplungsteile, Beschläge für Fahrzeugsitze mit Verzahnungen usw.), die früher als Dreh- und Frästeile konzipiert waren. In einzelnen Fällen betragen die Fertigungskosten der feingeschnittenen und umgeformten Teile nur noch 20 - 25 % der ursprünglichen Kosten bei einer deutlichen Gewichtsreduzierung und Materialeinsparung. Die Werkzeuge sind als Folgeverbund- (Werkstück wird in mehreren Schritten hintereinander geschnitten) oder Gesamtschneidwerkzeuge (Werkstück wird mit einem Hub geschnitten) ausgeführt und mit einem oder mehreren Umformwerkzeugen ergänzt [4.7, 4.8]. Die hohe Qualität der durch Feinschneiden erzeugten Schnittfläche im Vergleich zu anderen Trennverfahren zeigt das Bild 4.6 b.

Scherschneiden

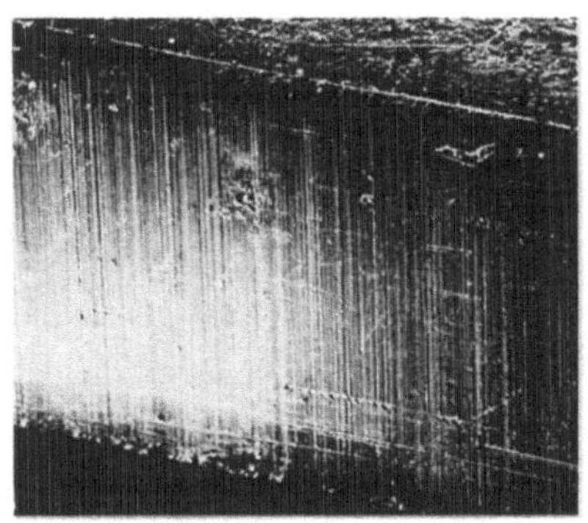

Feinschneiden

Konterschneiden

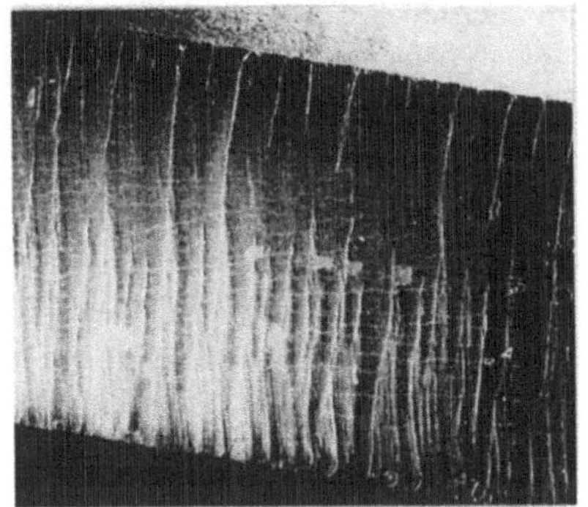

Laserstrahlschneiden

Bild 4.6 b: Schnittflächen mit unterschiedlichen Trennverfahren erzeugt
Werkstoff: Stahl St14, 1,5 mm dick (Quelle: Fa. Feintool, Lyss)

4.2 Spanen mit geometrisch bestimmten Schneiden

Spanen mit geometrisch bestimmten Schneiden ist Spanen, bei dem ein Werkzeug verwendet wird, dessen Schneidenanzahl, Geometrie der Schneidkeile und Lage der Schneiden zum Werkstück bestimmt sind. Hierbei werden von einem Werkstück Werkstoffschichten in Form von Spänen zur Änderung der Werkstückform und/oder der Werkstückoberfläche mechanisch abgetrennt (*DIN 8589*). Eine Übersicht der Verfahren ist im Bild 4.7 dargestellt.

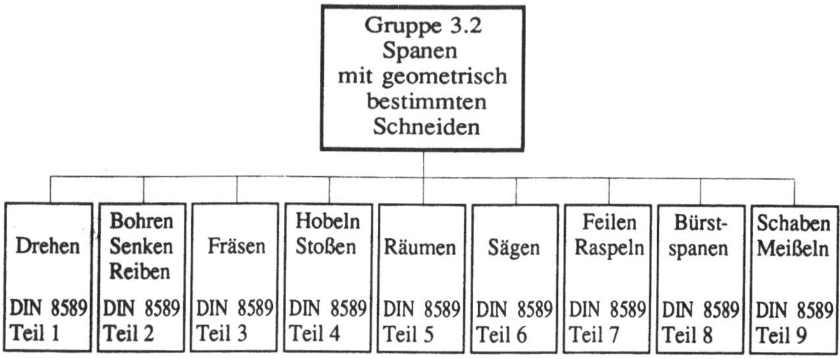

Bild 4.7: Einteilung der Fertigungsverfahren Spanen mit geometrisch bestimmten Schneiden (nach *DIN 8589*)

Die Verfahren des Spanens mit geometrisch bestimmten Schneiden werden zur Fertigbearbeitung von Werkstücken nach dem Ur- und Umformen eingesetzt. Dabei sind geringe Form-, Lage- und Maßtoleranzen erreichbar. Die Festigkeit der Werkstücke wird jedoch durch Zerteilen der Werkstoffasern gemindert. Die verschiedenen Werkstoffe weisen eine unterschiedliche Zerspanbarkeit auf. Die Zerspanbarkeit drückt die Eigenschaft eines Werkstoffes aus, einer spanenden Bearbeitung Widerstand entgegenzusetzen und das Ergebnis qualitätsmäßig zu beeinflussen. "Gut zerspanbar" bedeutet i.a.: kurze Bearbeitung durch hohe Schnittgeschwindigkeiten, geringer Energieaufwand, geringer Werkzeugverschleiß, hohe Oberflächengüte, enge Maßtoleranzen, kurze Späne.

4.2.1 Grundlagen der Zerspanung

Die Begriffe der Zerspantechnik, die Kinematik und die Geometrie am Schneidkeil der Werkzeuge sind in *DIN 6580* und *6581* festgelegt. Die wichtigsten Grundlagen werden in diesem Abschnitt in gekürzter Form am Beispiel Drehen dargestellt. Die meisten Grundlagen gelten allgemein und können auch auf andere Verfahren dieser Gruppe übertragen werden.

Werkzeuggeometrie

Das Abtrennen von Spänen erfolgt durch den Schneidkeil mit seiner geometrisch eindeutig definierten Gestalt. Im Bild 4.8 sind die für den Zerspanprozeß wichtigsten Winkel an einem vereinfachten Schneidkeil dargestellt. Auf die exakte Zuordnung der Winkel zu den verschiedenen Bezugssystemen und -ebenen des Werkzeugs wird verzichtet, so daß die Winkel ohne Indizes angegeben werden.

Der **Freiwinkel** α verhindert ein Reiben der Freifläche des Werkzeuges am Werkstück. Er muß bei jedem Schneidkeil vorhanden und ausreichend groß sein. Bei einem Drehwerkzeug beträgt der Freiwinkel je nach Werkzeug- und Werkstückwerkstoff 5 - 10°.

Der **Keilwinkel** β bestimmt die Stabilität des Werkzeuges. Große Keilwinkel sind für eine gute Wärmeableitung von der Wirkstelle vorteilhaft. Der Keilwinkel ergibt sich aus folgendem Zusammenhang:

$$\alpha + \beta + \gamma = 90°.$$

Der **Spanwinkel** γ beeinflußt den Spannungszustand im Schneidkeil und in der Spanwurzel und damit die Spanbildung. Der Spanwinkel kann positive oder negative (bei Wendeschneidplatten) Werte annehmen. Je nach Werkstückwerkstoff beträgt er bei Werkzeugen aus Schnellarbeitsstahl oder bei Hartmetallschneiden 5 - 30°. Mit kleiner werdenden Spanwinkeln steigen die Schnittkräfte an, insbesondere bei negativen Spanwinkeln.

Ein großer **Eckenwinkel** ε trägt zur Stabilität der Schneidecke bei. Er beträgt bei Werkzeugen für das Längs- und Plandrehen häufig 90°.

Der **Einstellwinkel** κ beeinflußt bei gegebener Schnittiefe die belastete Breite der Schneide und geht in die Berechnung der Schnittkraft mit ein.

Bewegungen und Kräfte

Die Bewegungen und Kräfte beim Zerspanen sind im Bild 4.9 dargestellt. Die Schnittbewegung bewirkt eine einmalige Spanabnahme je Umdrehung oder Hub. Die Vorschubbewegung ermöglicht zusammen mit der Schnittbewegung eine stetige Spanabnahme. Die Wirkbewegung ergibt sich als Resultierende der Schnitt- und Vorschubbewegung.

Die Zerspankraft F setzt sich aus der Schnittkraft F_c, aus der Vorschubkraft F_f und aus der Passivkraft F_p zusammen. Die Schnittkraft und die Vorschubkraft ergeben zusammen die Aktivkraft F_a. Die Schnittkraft ist die größte Komponente und bestimmt die Schnittleistung. Sie hängt vom Spanungsquerschnitt und von der spezifischen Schnittkraft ab, die ihrerseits eine Funktion der Schnittbedingungen ist. Die Berechnung der Schnittkraft erfolgt anhand der im Bild 4.10 dargestellten geometrischen Verhältnisse und Gleichungen.

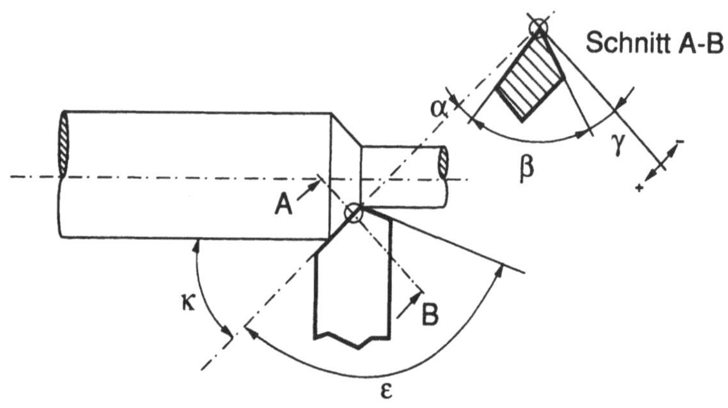

Bild 4.8: Geometrie am Schneidkeil eines Drehwerkzeuges [0.3]

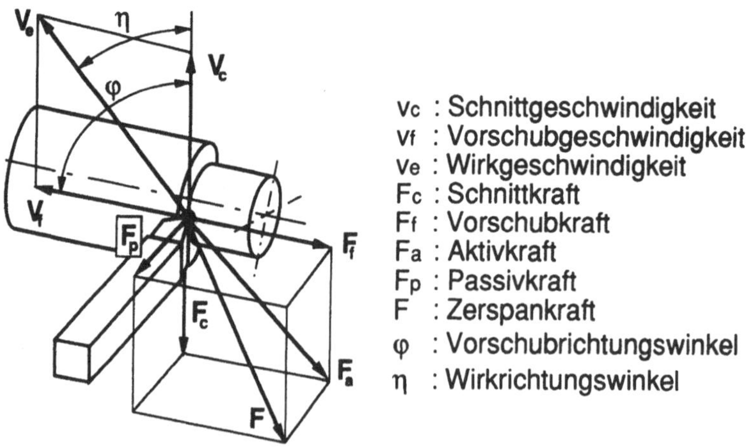

Bild 4.9: Kräfte und Geschwindigkeitsvektoren beim Drehen

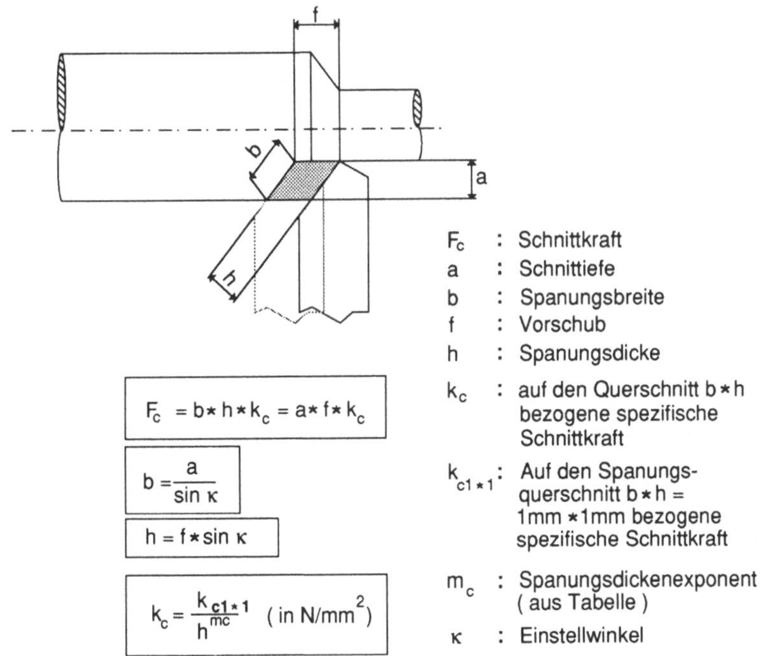

Bild 4.10: Berechnung der Schnittkraft beim Drehen [0.3]

Die beiden Verfahrenskennwerte zur Berechnung der spezifischen Schnittkraft, die bezogene spezifische Schnittkraft $k_{c1 \cdot 1}$ und der Spanungsdickenexponent m_c, sind von vielen Einflußfaktoren wie Werkzeug- und Werkstückwerkstoff, Schneidengeometrie, Schnittgeschwindigkeit, Kühlschmiermittel usw. abhängig und können nur im Versuch ermittelt werden. Sie sind in Tabelle 4.1 für einige Werkstoffe enthalten. Die Werte gelten nur für die dort angegebenen Schnittbedingungen und wurden mit "arbeitsscharfen" Werkzeugen ermittelt. Soll die Schnittkraft für andere Schnittbedingungen als die bei den Zerspanversuchen zugrunde gelegten erfolgen, müssen in der Gleichung für die Schnittkraft entsprechende Korrekturfaktoren berücksichtigt werden.

Die Schnittleistung ergibt sich aus der Schnittkraft und der Schnittgeschwindigkeit nach der Beziehung:

$$P_c = F_c \cdot v_c \quad \text{mit} \quad v_c = \pi \cdot d \cdot n$$

wobei d den Werkstückdurchmesser und n die Drehzahl bedeuten. Die Antriebsleistung der Maschine erhält man aus der Schnittleistung unter Berücksichtigung des Antriebswirkungsgrades.

Werk- stoff Kenn- wert	St 37-2	St 42-2	St 50-2	St 60-2	C 15	C 35	15 CrMo 5	16 MnCr 5	GG 15	GS 45
$k_{c1\cdot1}$ [N/mm^2]	1780	1780	1990	2110	1820	1860	2290	2100	950	1600
m_c	0,17	0,17	0,26	0,17	0,22	0,20	0,17	0,26	0,21	0,17

Die aufgeführten Werte gelten für folgende Bedingungen:
arbeitsscharfe Schneide mit $\alpha_o = 5°$, $\gamma_o = 6°$, $\kappa = 60°$, $v_c = (90\ldots125)$ m/min.

Tabelle 4.1:   Verfahrenskennwerte zur Berechnung der spezifischen Schnittkraft beim Drehen [0.3]

Spanbildung

Der Schneidkeil bewirkt in der Spanwurzel (Scherzone) einen Spannungszustand, der zum Überschreiten der Fließgrenze bzw. der Schubbruchspannung (bei spröden Werkstoffen) und damit zur Spanabtrennung führt. Die entstehenden Späne können zusammenhängend sein (**Fließspan**) oder aus einzelnen Bruchstücken (**Reißspan**) bestehen. Darüber hinaus sind alle Zwischenformen möglich. Die Spanbildung wird von Größen wie Werkstoff, Schnittbedingungen, Schneidstoff, Werkzeugwinkel, Zerspantemperatur usw. beeinflußt. Bild 4.11 zeigt die Spanbildung in Abhängigkeit des Spanwinkels.

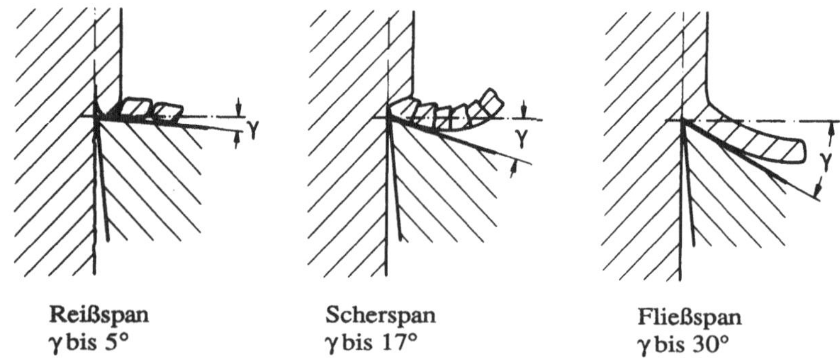

Reißspan   Scherspan   Fließspan
γ bis 5°   γ bis 17°   γ bis 30°

Bild 4.11: Spanarten

Der Reißspan entsteht besonders bei spröden Werkstoffen durch Abreißen der einzelnen Spanteile in der Scherzone. Die Werkstückoberfläche wird rauh. Der **Scherspan** entsteht bei zähen Werkstoffen aus Spanteilen, die nach vorherigem Fließen in der Scherzone getrennt werden. Die schuppenförmigen Spanteile verschweißen teilweise wieder miteinander. Der Fließspan entsteht bei weichen und zähen Werkstoffen durch einen Fließvorgang in der Scherzone, ohne daß dabei eine Trennung des Spanes eintritt. Der Fließspan bewirkt eine gute Werkstückoberfläche, bereitet allerdings Schwierigkeiten bei der Spanabfuhr. Im Bild 4.12 sind verschiedene Spanformen der drei Spankategorien (Reiß-, Scher- und Fließspan) dargestellt.

Bild 4.12: Spanformen

Schneidstoffe

Der Schneidstoff beeinflußt die Qualität des Werkstückes und die Wirtschaftlichkeit des Zerspanvorgangs. Folgende Schneidstoffe sind gebräuchlich [4.3]:

- Werkzeugstähle
Werkzeugstähle (legiert und unlegiert) sind die ältesten, industriell eingesetzten Schneidstoffe. Ihre Härte bekommen sie durch eine gezielte Wärmebehandlung. Der Einsatz ist nur bei niedrigen Temperaturen möglich.

- Hochleistungs- und Schnellarbeitsstähle
Diese Schneidstoffe enthalten Wolfram-, Chrom-, Molybdän- oder Vanadin-Karbide. Sie zeichnen sich gegenüber Werkzeugstählen durch eine verbesserte Anlaßbeständigkeit und eine höhere Härte aus. Beispiele für HSS-Werkzeuge sind Bohrer, Fräser, Räumwerkzeuge. Die möglichen Schnittgeschwindigkeiten sind relativ niedrig (bis ca. 60 m/min beim Fräsen).

- Hartmetalle

Hartmetalle sind Sinterwerkstoffe aus Wolframkarbid, Titankarbid, Tantal-
karbid, Kobalt und Nickel. Hartmetalle bieten den Vorteil hoher Härte und
Verschleißfestigkeit (Hartmetall besitzt bei 1000 °C die gleiche Härte wie
Schnellarbeitsstahl bei Raumtemperatur). Hartmetalle werden als Schneidplatten (geklemmt oder gelötet) bei Dreh-, Fräs-, Hobel- und Räumwerkzeugen eingesetzt. Die Schnittgeschwindigkeiten liegen zwischen 50 und 350
m/min.

- Schneidkeramik

Bei der Schneidkeramik unterscheidet man Keramik auf Aluminiumoxid-Ba-
sis (Al_2O_3, engl. Bezeichnung: ceramics) und Mischkeramik aus Aluminiumoxid mit einem relativ hohen Anteil an Metallkarbiden (engl. Bezeichnung;
cermets). Die Herstellung von Schneidkeramik erfolgt durch Sintern. Bei
Verwendung von Schneidkeramik sind hohe Schnittgeschwindigkeiten möglich (bis über 1000 m/min). Aufgrund der sehr geringen Wärmeleitfähigkeit
bleibt die Schneidplatte während des Zerspanvorgangs nahezu kalt. Die entstehende Wärme wird über das Werkstück und die Späne abgeführt. Schneidkeramik ist stoßempfindlich. Es wird ohne Kühlschmierung gearbeitet.

- Diamant

Monokristalline (natürliche oder synthetische) Diamanten werden zur Feinbearbeitung von NE-Werkstoffen eingesetzt. Polykristalline Diamanten als
Schichten auf Hartmetallträgern aufgebracht dienen zum Leistungszerspanen
von NE-Werkstoffen.

Viele Werkzeuge aus HSS und Hartmetall werden mit dünnen Karbid-, Oxid-
und Nitridschichten zur Standzeiterhöhung überzogen (wenige μm, durch
Kathodenzerstäuben aufgebracht, siehe Kap. 6.3.1).

Kühlschmierstoffe

Bei der spanenden Bearbeitung (Spanen mit geometrisch bestimmten und unbestimmten Schneiden) werden große Mengen von Kühlschmierstoffen (Öle,
Emulsionen und Lösungen) eingesetzt. Die Art und Zusammensetzung des anzuwendenden Kühlschmierstoffes richtet sich nach Faktoren wie zu bearbei-
tender Werkstoff, Werkzeugwerkstoff, Schnittgeschwindigkeit, Zerspanungs-
volumen und zunehmend nach der Umweltverträglichkeit.

Vereinfacht lassen sich drei Hauptaufgaben der Kühlschmierstoffe darstellen:
- Kühlung von Werkzeug und Werkstück
- Schmierung zur Herabsetzung der Reibungswärme, der Schnittkräfte und des Werkzeugverschleißes (Standzeiterhöhung)
- Reinigung des zu bearbeitenden Werkstückes sowie des Werkzeuges durch Wegspülen der Späne und Verunreinigungen.

Beim Einsatz einer Emulsion zur Kühlschmierung übernimmt das Öl die Aufgabe der Schmierung, während das Wasser primär für die Kühlung verantwortlich ist.

Ein genereller Verzicht auf Kühlschmierstoffe erscheint derzeit kaum realisierbar, insbesondere wegen der ständig steigenden Anforderungen an die Fertigungsprozesse. Dennoch gibt es Bereiche (z.B. Zerspanung von Grauguß oder Einsatz von Schneidkeramik), in denen die Trockenbearbeitung angewendet wird [4.17].

Verschleiß und Standzeit der Werkzeuge

Die für die Zerspanung aufgewendete mechanische Energie wird fast vollständig in Wärmeenergie umgewandelt. Obwohl der größte Anteil der Wärme vom Span und Werkstück abgeführt wird ist der Schneidkeil hohen thermischen und mechanischen Belastungen ausgesetzt. Während des Zerspanvorgangs treten am Schneidkeil Verschleißerscheinungen auf, die sich je nach Belastungsart und -dauer unterschiedlich ausbilden. Bild 4.13 zeigt hauptsächlich am Drehwerkzeug vorkommende Verschleißformen.

Die Standzeit T eines Werkzeuges ist definiert als diejenige Zeit in Minuten, während der ein Werkzeug vom Anschliff bis zum Unbrauchbarwerden aufgrund eines vorgegebenen Standkriteriums unter bestimmten Zerspanbedingungen Zer-

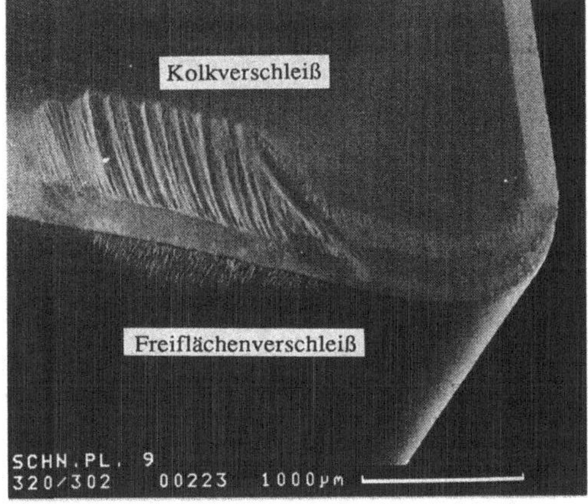

Bild 4.13: Verschleißformen am Drehwerkzeug
(Quelle: IFW, Universität Hannover)

spanarbeit leistet. Die Standzeitwerte werden in Versuchen ermittelt (Temperatur-Standzeitversuch, Verschleiß-Standzeitversuch).

Die heutigen Bearbeitungszentren stellen hohe Investitionen dar. Der wirtschaftliche Einsatz solcher Maschinen erfordert eine hohe Mengenleistung und entsprechend hohe Schnittgeschwindigkeiten. Dabei wird eine kurze Standzeit der Werkzeuge bewußt in Kauf genommen. Die Ermittlung der kostenoptimalen Schnittgeschwindigkeit ist im Bild 4.14 dargestellt.

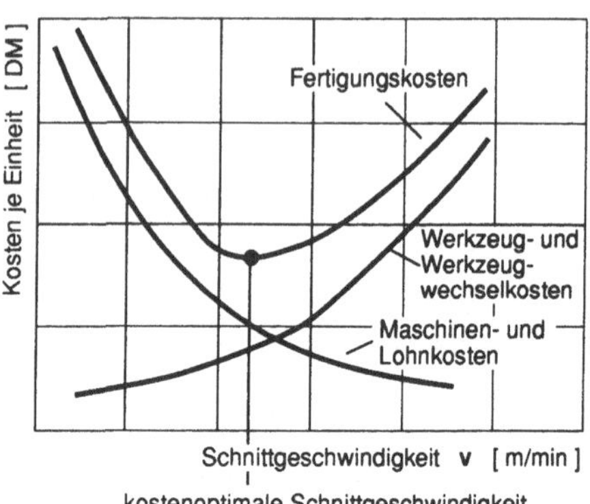

Bild 4.14:   Kostenoptimale Schnittgeschwindigkeit

4.2.2 Drehen

Nach *DIN 8589* ist Drehen Spanen mit geschlossener, meist kreisförmiger Schnittbewegung und beliebiger, quer zur Schnittrichtung liegender Vorschubbewegung. Die Drehachse der Schnittbewegung behält ihre Lage zum Werkstück unabhängig von der Vorschubbewegung bei (Drehachse ist werkstückgebunden). Die Definition läßt offen, ob die Schnittbewegung durch ein sich drehendes Werkstück oder durch ein umlaufendes Werkzeug ausgeführt wird und hat somit allgemeine Gültigkeit.

Verfahren

Die Vielzahl der Drehverfahren kann nach Form, Lage und Güte der zu bearbeitenden Oberfläche sowie nach der Kinematik des Zerspanvorgangs eingeteilt werden (Bild 4.15).

Nach Form der Oberfläche unterscheidet man das Plandrehen (Erzeugung einer ebenen, senkrecht zur Drehachse des Werkstücks liegenden Fläche), Runddrehen (Erzeugung einer kreiszylindrischen, zur Drehachse des Werkstücks koaxial liegenden Fläche), Schraubdrehen (Erzeugung von Schraubflächen mit einem Profilwerkzeug), Wälzdrehen (Erzeugung von rotationssymmetrischen Wälzflächen, wobei das Profilwerkzeug eine mit der Vorschubbewegung simultane Wälzbewegung ausführt), Profildrehen (das Profilwerkzeug wird im Werkstück abgebildet) und das Formdrehen (Werkstückform wird durch Steuerung der Vorschub- und Schnittbewegung erzeugt).

Nach Lage der Oberfläche unterscheidet man das Außen- und Innendrehen. Nach der Oberflächengüte werden die Drehverfahren in Schrupp-, Schlicht- und Feindrehen eingeteilt.

Nach der Kinematik des Zerspanvorganges werden die Verfahren Längsdrehen, Querdrehen, Formdrehen, Wälzdrehen sowie Rund- und Unrunddrehen unterschieden.

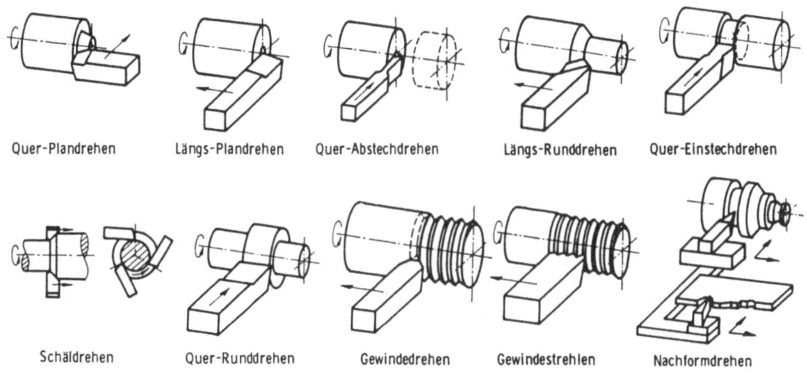

Bild 4.15: Drehverfahren beim Außendrehen [4.1]

Werkzeuge

Zum Einsatz kommen Außen- und Innendrehwerkzeuge aus Werkzeugstahl, bzw. auf Werkzeugschaft geklebte, gelötete oder geklemmte Schneidplatten aus Hartmetall, Oxidkeramik oder Diamant in verschiedenen Formen. Werkzeugformen sind in DIN-Blättern und VDI-Richtlinien genormt. Bild 4.16 zeigt zwei wendeschneidplattenbestückte Werkzeuge zum Außen- und Innendrehen.

Maschinen

Die Auswahl einer Drehmaschine erfolgt hauptsächlich nach wirtschaftlichen Gesichtspunkten. Für kleine Losgrößen und eine werkstattorientierte Fertigung ist die Universaldrehmaschine (Bild 4.17) die am häufigsten vertretene Fertigungseinrichtung. Für große Stückzahlen kommen Revolverdrehmaschinen, Nachformdrehmaschinen sowie Ein- und Mehrspindeldrehautomaten in Betracht. Als flexible Fertigungssysteme werden Bearbeitungszentren (Bild

4.18) für Dreh-, Bohr- und Fräsarbeiten mit Werkzeugmagazinen und Handhabungssystemen eingesetzt.

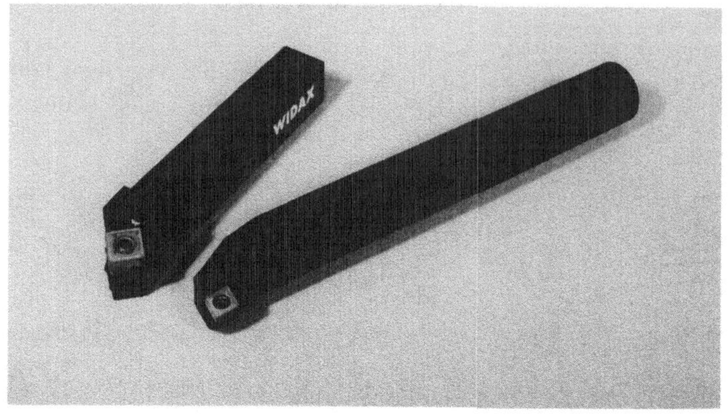

Bild 4.16: Werkzeuge für Außen- (links) und Innendrehen (rechts)

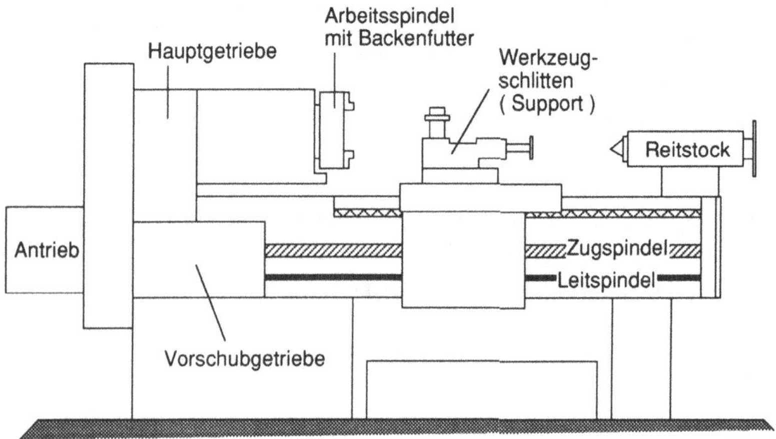

Bild 4.17: Aufbau einer Universaldrehmaschine

Der Aufbau einer Universaldrehmaschine geht aus Bild 4.17 hervor. Das Maschinenbett dient zur Aufnahme und Führung von Antrieb, Haupt- und Vorschubgetriebe, Arbeitsspindel, Leit- und Zugspindel, Werkzeugschlitten, Reitstock und sonstigen Zusatzeinrichtungen. Die Arbeitsspindel mit der Spanneinrichtung für das Werkstück wird zur Erzeugung der Schnittbewegung über das Hauptgetriebe angetrieben. Der Werkzeugschlitten dient zur Aufnahme des Werkzeuges und wird zur Erzeugung der Vorschub- und Zustellbewegung von Hand oder durch das Vorschubgetriebe über die Zug- und Leitspindel angetrieben. Dabei übernimmt die Zugspindel den Vorschubantrieb bei normalen Genauigkeitsanforderungen; die Leitspindel dient dem Vorschubantrieb beim Gewindeschneiden. Der Reitstock ist eine auf dem Maschinenbett verschieb- und klemmbare Zentrier- und Spannvorrichtung. Bei Bohrarbeiten nimmt er das Bohrfutter mit dem Bohrer auf. Der Gesamtdrehzahlbereich der Universaldrehmaschinen liegt zwischen 50 und 2000 min^{-1} und ist in der Regel geometrisch gestuft.

Revolverdrehmaschinen besitzen drehbare Werkzeugmagazine (Revolver), deren Werkzeuge nacheinander zum Eingriff gebracht werden.

Nachformdrehmaschinen dienen zur selbständigen Bearbeitung von Werkstücken nach einer vorgegebenen Form (Schablone), die von einem Nachformsystem abgetastet und auf das Werkstück übertragen wird.

Ein- und Mehrspindeldrehautomaten sind für Stangenarbeiten mit automatischem Arbeitsablauf und Massenfertigung geeignet. Sie werden mit CNC-Bahnsteuerungen ausgerüstet. Die Werkzeuge können in Revolvermagazinen aufgenommen werden.

Bild 4.18: Bearbeitungszentrum für Dreh-, Bohr- und Fräsarbeiten (Komplettbearbeitung)

4.2.3 Bohren, Senken, Reiben

Bohren ist Spanen mit kreisförmiger Schnittbewegung, bei dem die Drehachse des Werkzeuges und die Achse der zu erzeugenden Innenfläche identisch sind und die Vorschubbewegung in Richtung dieser Achse verläuft. Die Drehachse der Schnittbewegung behält ihre Lage zum Werkzeug unabhängig von der Vorschubbewegung bei.

Senken ist Bohren zur Erzeugung von senkrecht zur Drehachse liegenden Planflächen oder symmetrisch zur Drehachse liegenden Kegelflächen, bei meist gleichzeitiger Erzeugung von zylindrischen Innenflächen.

Reiben ist Aufbohren mit geringer Spanungsdicke zur Erhöhung der Oberflächengüte (*DIN 8589*).

Verfahren

Bohrverfahren werden entsprechend der zu erzeugenden Oberfläche, Werkzeugform und Kinematik des Zerspanvorgangs geordnet (Bild 4.19).

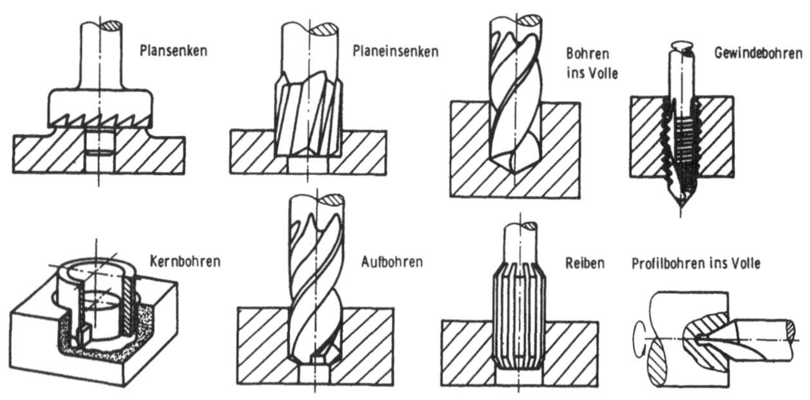

Bild 4.19: Bohrverfahren [4.1]

Rundbohren ist ein Vorgang zur Erzeugung einer kreiszylindrischen Innenfläche, die koaxial zur Drehachse des Werkzeugs liegt. Es wird unterschieden zwischen Bohren ins Volle, Vorbohren, Aufbohren und Reiben. Beim Bohren ins Volle, insbesondere bei größeren Durchmessern, ist zu beachten, daß die Schnittgeschwindigkeit in der Bohrerachse gleich Null ist, so daß die Schneide an dieser Stelle nicht schneidet, sondern den Werkstoff durch Umformen verdrängt, wodurch die Vorschubkräfte stark ansteigen.

Kernbohren ist Bohren, bei dem das Werkzeug den Werkstoff ringförmig zerspant, wobei gleichzeitig mit der Bohrung ein kreiszylindrischer Kern entsteht. Da nicht der gesamte Werkstoff zerspant werden muß, ist die Zerspanleistung geringer als beim Bohren ins Volle (bei gleichem Durchmesser). Das Verfahren kann nur bei Durchgangsbohrungen angewendet werden.

Unter Aufbohren versteht man einen Bohrvorgang zur Durchmesservergrößerung vorgebohrter oder vorgegossener Löcher.

Plansenken (Planan- und Planeinsenken) ist das mit einem Flachsenker durchgeführte Bohrverfahren zur Herstellung senkrecht zur Drechachse der Schnittbewegung liegender ebener Flächen. Planeinsenken wird zum Versenken von Innensechskantschrauben verwendet.

Schraubbohren dient zur Erzeugung von Innenschraubflächen (z.B. Gewinden). Dabei sind Vorschubgeschwindigkeit und Schnittgeschwindigkeit miteinander gekoppelt.

Profilbohren ist ein Verfahren zur Erzeugung rotationssymmetrischer Innenflächen, die durch das Hauptschneidenprofil des Werkzeugs bestimmt sind. Hierzu gehört z.B. das Herstellen von Zentrier- und Stufenbohrungen sowie das Versenken von Linsensenkschrauben.

Reiben ist ein Aufbohren mit geringer Spanungsdicke zur Herstellung maß- und formgenauer Innenflächen (z.B. Passungen) mit hohen Oberflächengüten (erreichbare Rauhtiefe R_z beim Bohren: 250 - 16 µm; beim Reiben: 25 - 0,4 µm).

Werkzeuge

Je nach Bohrverfahren und Verwendungszweck haben die Bohrwerkzeuge die unterschiedlichsten Formen. Für das Bohren ins Volle, das Vor- und Aufbohren werden Wendelbohrer eingesetzt. Der Schneidenteil des Bohrers entsteht durch einen geeigneten Anschliff des wendelförmigen Grundkörpers (abhängig von zu bearbeitendem Werkstoff). Jeder Schneidenteil besitzt eine Haupt- und Nebenschneide. Die Werkzeuggeometrie ist in *DIN 6581* genormt. Die Bezeichnung der einzelnen Elemente eines Wendelbohrers ist aus Bild 4.20 ersichtlich.

Die serienmäßig gefertigten Bohrer lassen sich unterteilen nach:

- Art der Einspannung (Zylinderschaft, Morsekegel),

- Größe des Spitzenwinkels σ (Stahl $\sigma = 118°$, Aluminium $\sigma = 140°$, Kunststoffe $\sigma = 60 - 80°$),
- Drallrichtung (rechts- oder linksschneidend),
- Schneidstoff (Werkzeugstahl, HSS, Hartmetall).

Daneben gibt es noch eine Reihe von Sonderwerkzeugen wie Wendelbohrer mit innerer Kühlmittelzufuhr, Wendeschneidplattenbohrer, überlange Bohrer usw.; Bild 4.21 zeigt verschiedene Bohrerarten.

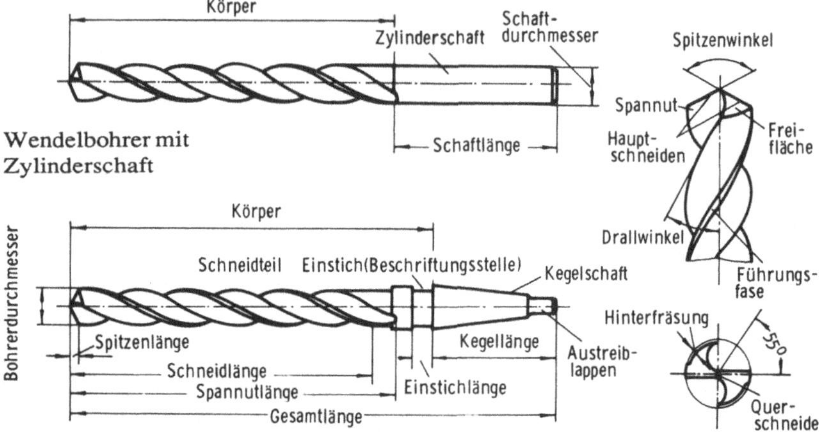

Bild 4.20: Wendelbohrer

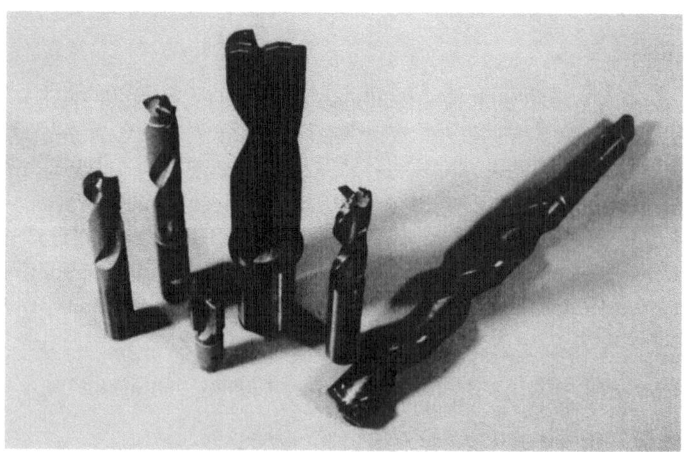

Bild 4.21: Verschiedene Bohrerarten für das Rundbohren

Maschinen

Die Maschinenauswahl erfolgt nach Gesichtspunkten wie: Spann- und Arbeitsbereich, Nennbohrleistung, Drehzahl- und Vorschubbereich, Genauigkeit, Zahl- und Lage der Bohrungen und Automatisierungsgrad. Es werden folgende Maschinenarten unterschieden: Tisch-, Säulen-, Ständer-, Revolver-, Mehrspindel-, Schwenk-, Koordinaten-, Fein-, Tief- und Sonderbohrmaschinen.

4.2.4 Fräsen

Fräsen ist Spanen mit kreisförmiger, einem meist mehrzahnigen Werkzeug zugeordneter Schnittbewegung und mit senkrecht oder auch schräg zur Drehachse des Werkzeuges verlaufender Vorschubbewegung zur Erzeugung beliebiger Werkstückoberflächen (*DIN 8589*). Die Vorschub- und Zustellbewegung werden je nach Bauart der Fräsmaschine vom Werkzeug und/oder Werkstück durchgeführt. Die Schneiden der Werkzeuge befinden sich intermittierend im Eingriff. Dabei entstehen Späne mit nicht konstanter Spanungsdicke, sog. Kommaspäne. Eine Besonderheit der Fräsverfahren ist die Änderung des Winkels zwischen Schnittgeschwindigkeits- und Vorschubgeschwindigkeitsvektor während des Zerspanvorgangs.

Verfahren

Die Fräsverfahren können nach der zu erzeugenden Werkstückgeometrie eingeteilt werden in:

- Planfräsen mit geradliniger Vorschubbewegung zur Erzeugung ebener Flächen,

- Rundfräsen mit kreisförmiger Vorschubbewegung zur Erzeugung kreiszylindrischer Flächen,

- Schraubfräsen mit wendelförmiger Vorschubbewegung zur Erzeugung von schraubenförmigen Flächen (z.B. Gewinde und Schneckenräder),

- Wälzfräsen, bei dem ein Fräswerkzeug mit Bezugsprofil während des Zerspanvorgangs eine mit der Vorschubbewegung simultane Wälzbewegung ausführt (Herstellung von Zahnrädern),

- Profilfräsen, bei dem sich das Profil des Fräsers im Werkstück abbildet

(Herstellung von Nuten aller Art),

- Formfräsen mit gesteuerter Vorschubbewegung (Kopierfräsen, z.B. im Formenbau).

Beim Planfräsen werden je nach Stellung der Werkzeugachse bzw. danach, ob die am Umfang liegenden Hauptschneiden oder die an der Stirnseite liegenden Nebenschneiden im Eingriff sind, zwei grundsätzliche Fräsverfahren, das **Umfangsfräsen** (Walzenfräsen) und das **Stirnfräsen** unterschieden (Bild 4.22). Das Umfangsfräsen kann im **Gleich-** und **Gegenlauf** erfolgen.

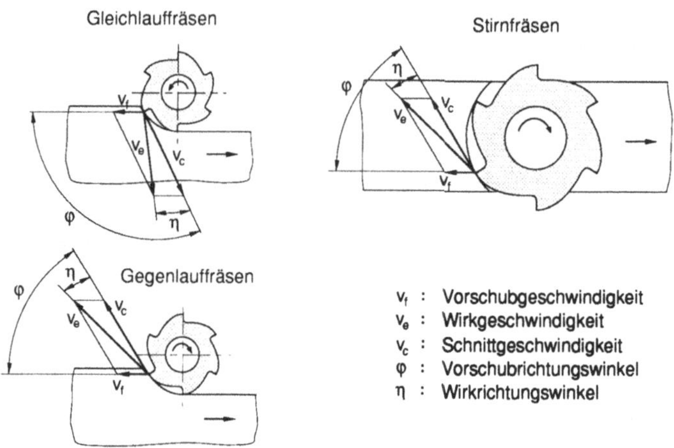

Bild 4.22: Grundlegende Verfahren beim Fräsen

Beim Gleichlauffräsen sind die Drehrichtung des Fräsers und die Vorschubrichtung des Werkstücks gleichgerichtet. Der Vorschubrichtungswinkel nimmt Werte zwischen $90° \leq \varphi \leq 180°$ an. Die Zerspanung beginnt mit der maximalen Spanungsdicke, was beim Bearbeiten härterer Oberflächen (Guß- und Schmiedehaut) zum erhöhten Fräserverschleiß führt. Die Ratterneigung ist geringer als beim Gegenlauffräsen. Das Gleichlauffräsen wird hauptsächlich zur Bearbeitung dünner, leicht verformbarer Werkstücke (kein Anheben) angewendet. Der Vorschubantrieb muß bei diesem Fräsverfahren spielfrei sein.

Beim Gegenlauffräsen ist die Drehrichtung des Fräsers und die Vorschubrichtung des Werkstücks entgegengerichtet. Der Vorschubrichtungswinkel nimmt Werte zwischen $0° \leq \varphi \leq 90°$ an. Der Span wird am dünnen Ende angeschnitten (theoretische Spanungsdicke h = 0). Dies führt zu einem Gleiten der anschneidenden Schneide und zu einer Verfestigung im Werkstück. Der Reib-vorgang erzeugt Wärme und Verschleiß am Fräser. Der Fräser versucht das Werkstück vom Maschinentisch abzuheben.

Beim Stirnfräsen erfolgt gleichzeitiges Gegenlauf- und Gleichlauffräsen (sofern der Fräser beiderseits seiner Drehachse im Eingriff ist). Der Vorschub-richtungswinkel kann Werte zwischen $0° \leq \varphi \leq 180°$ annehmen. Die Maschi-nenbelastung ist gleichmäßiger als beim Walzenfräsen, was zu einem ruhigen Lauf, besserer Maßhaltigkeit (IT 8 beim Walzenfräsen, IT 6 beim Stirnfrä-sen), besserer Oberflächengüte und höherer Standzeit der Fräser führt.

Werkzeuge

Die Wahl des Werkzeuges richtet sich nach der er-wünschten Geometrie der Arbeitsfläche (Bild 4.23). Verschiedene Profile können mit gefrästen Umfangsfrä-sern oder mit entsprechend zusammengesetzten, mit Wendeschneidplatten be-stückten Satzfräsern erzeugt werden. Durch den unterbro-chenen Eingriff der Schnei-den muß der Schneidstoff zäh und temperaturwechsel-beständig sein. Bild 4.24 zeigt einen Schaftfräser und einen Messerkopf, die beide mit beschichteten Wende-schneidplatten ausgerüstet sind.

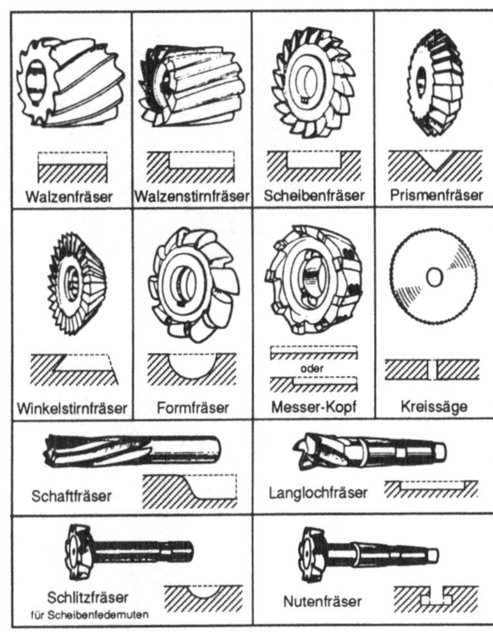

Bild 4.23: Gebräuchliche Fräserformen

Maschinen

Die Maschinen werden in Konsol- und Bettfräsmaschinen eingeteilt. Bei Konsolmaschinen ist die Frässpindel ortsfest fixiert, wobei der Tisch alle translatorischen Bewegungen ausführt. Konsolmaschinen werden als Hori-zontal-, Vertikal- (Bild 4.25) und Universalfräsmaschinen ausgeführt. Die

Universalmaschine bietet durch ein Baukastensystem die Möglichkeit, neben
fräsen auch bohren, drehen und schleifen zu können. Bei Bettfräsmaschinen
wird die Vertikalbewegung durch die Spindel ausgeführt. Bettfräsmaschinen
(Ein- und Zweiständermaschinen) sind für große und schwere Werkstücke geeignet. Nachformfräsmaschinen eignen sich zur Herstellung komplizierter
Raumformen, die von einem Modell mit einem Taster abgetastet und auf das
Werkzeug übertragen werden.

Bild 4.24: Fräser mit Wendeschneidplatten

Bild 4.25: Vertikalfräsmaschine (Quelle: Maho)

4.2.5 Räumen

Räumen ist Spanen mit einem mehrzahnigen Werkzeug, dessen Schneidzähne hintereinander liegen und jeweils um eine Spanungsdicke gestaffelt sind. Die Vorschubbewegung wird durch die Staffelung der Schneidzähne ersetzt. Die letzten Zähne haben das am Werkstück gewünschte Profil. Der Arbeitsvorgang ist nach einem Durchlauf des Räumwerkzeuges beendet und die Werkstückoberfläche gleichzeitig fertig bearbeitet (*DIN 8589*).

Verfahren

Je nach Lage und Form der bearbeiteten Oberfläche unterscheidet man die Verfahren Außen- und Innenräumen sowie Planräumen, Rundräumen, Schraubräumen, Profilräumen und das Formräumen. Das Außen-Planräumen (Bild 4.26) ist das einfachste Räumverfahren. Es wird z.B. im Motorenbau beim Räumen der Trennflächen zwischen Motorblock und Zylinderkopf angewendet. Das Rundräumen wird relativ selten angewendet. Das Schraubräumen wird als Innen- und Außenräumen zur Erzeugung von schraubenförmigen Flächen angewandt. Dabei wird die Translationsbewegung durch das Werkzeug, die Rotationsbewegung durch das Werkstück oder das Werkzeug ausgeführt. Das Profilräumen zur Fertigung nahezu beliebiger Außen- und Innenprofile (Bild 4.27) ist das häufigste Räumverfahren.

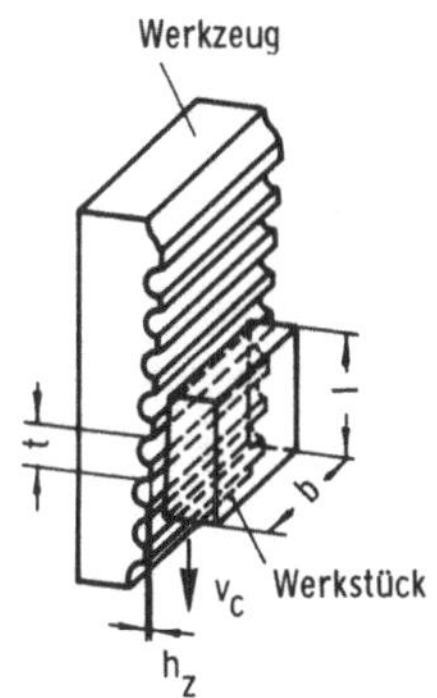

l : Länge
b : Breite
t : Zahnteilung
h_z : Spanungsdicke je Zahn
v_c : Schnittgeschwindigkeit

Bild 4.26: Außen-Planräumen

Die Ausgangsform für das Innen-Profilräumen ist eine Bohrung, durch die das Werkzeug hindurchgezogen wird (es können nur durchgehende Bohrungen bearbeitet werden). Bei bestimmten Außenprofilen wird das Tubusräumen (Bild 4.28) mit vom Werkzeug allseitig umschlossenen Werkstück angewandt. Beim Formräumen wird durch eine kreisförmige Schnittbewegung eine Formfläche erzeugt. Ein Verfahren des Formräumens ist das neu entwickelte Drehräumen. Dabei wird ein sich drehendes Werkstück von einem sich ebenfalls drehenden Werkzeug bearbeitet. Anwendung findet das Verfahren beim

Drehräumen der Hauptlager von Kurbelwellen, die alle zur gleichen Zeit bearbeitet werden [4.10].

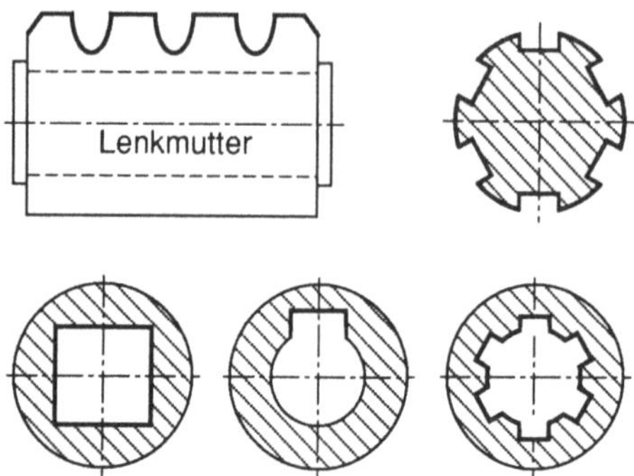

Bild 4.27: Beispiele für geräumte Außen- und Innenprofile [4.4]

Werkzeuge

Räumwerkzeuge werden vorwiegend aus
Schnellarbeitsstahl als Vollwerkzeuge hergestellt. Es sind jedoch auch gebaute
Werkzeuge mit Hartmetallschneiden oder
diamantbelegte Räumwerkzeuge im Einsatz
[4.9]. Räumwerkzeuge für das Innenräumen (Räumnadeln) sind stabförmige Werkzeuge mit Schrupp-, Schlicht- und Reser-
vezähnen. Der Aufbau und die Schneidengeometrie gehen aus Bild 4.29 hervor. Die
Spanabnahme je Schneide ist begrenzt, da
der Span während der Bearbeitung nicht
abgeführt werden kann. Die Spanungsdicke
h liegt zwischen 0,0025 mm beim Schlich-
ten und 0,04 mm beim Schruppen. Räumwerkzeuge sind teuere Präzisionswerkzeu-
ge, die erreichbare Qualität beim Innenräumen beträgt IT 7.

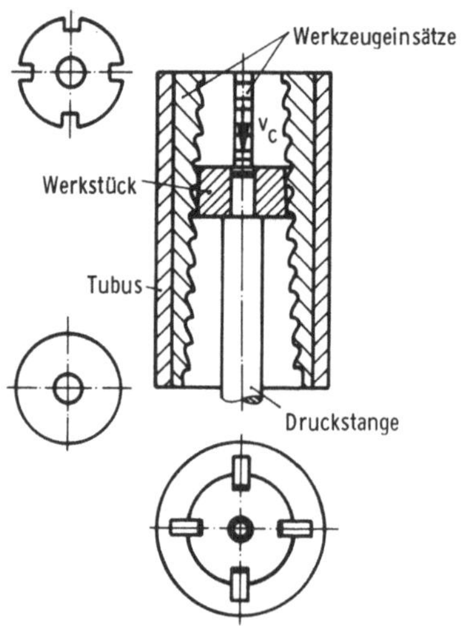

Bild 4.28: Tubusräumen

Maschinen

Die Kinematik der Räummaschinen ist verhältnismäßig einfach und dient der
Erzeugung der meist linearen Relativbewegung zwischen Werkzeug und

Werkstück. Nach Lage der Werkzeugachse werden Waagrecht- und Senkrecht-Räummaschinen unterschieden. Kettenräummaschinen sind für große Stückzahlen von nicht zu großen Werkstücken geeignet, die sich gut einspannen lassen. Sie werden an einem Kettenband an feststehenden Werkzeugen vorbeigeführt und bearbeitet [4.11]. Maschinen für das neuentwickelte Verfahren des Drehräumens besitzen zwei Antriebe für die Drehbewegungen des Werkstückes und des Werkzeuges.

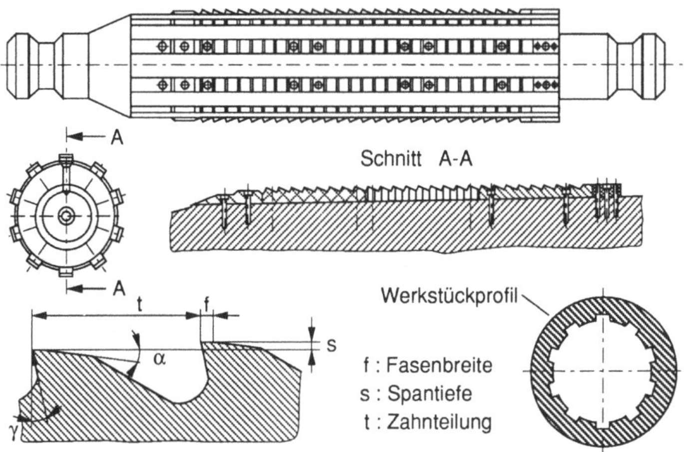

Bild 4.29: Aufbau eines Räumwerkzeuges

4.2.6 Sägen

Sägen ist Spanen mit kreisförmiger oder gerader Schnittbewegung, mit einem vielzahnigen Werkzeug von geringer Schnittbreite, wobei die Schnittbewegung vom Werkzeug ausgeführt wird (*DIN 8589*). Beim Sägen werden nach der Kinematik bzw. nach dem Werkzeugaufbau die Verfahren Kreissägen, Bandsägen, Hubsägen (Bügelsägen, Stichsägen) und Kettensägen unterschieden. Der Einsatzbereich des Sägens in der industriellen Fertigungstechnik liegt in der Vorfertigung.

4.3 Spanen mit geometrisch unbestimmten Schneiden

Spanen mit geometrisch unbestimmten Schneiden ist Spanen, bei dem ein Werkzeug verwendet wird, dessen Schneidenanzahl, Geometrie der Schneidkeile und Lage der Schneiden zum Werkstück unbestimmt sind (*DIN 8589*).

Die Schneidkeile werden durch Schneidkörner gebildet, die entweder in einem Werkzeug gebunden vorliegen (Schleifen, Honen, Gleitspanen) oder in loser Form als Suspension oder Paste eingesetzt werden (Läppen, Strahlspanen).

Als Schneidstoffe werden Kornwerkstoffe mit großer Härte verwendet, die entweder in der Natur vorkommen oder synthetisch hergestellt werden. Gängige Kornwerkstoffe sind (jeweils nach zunehmender Härte geordnet):

- Quarz, Korund und Diamant als natürliche Schneidstoffe,

- Elektrokorund (Al_2O_3), Siliziumkarbid (SiC), Borkarbid (B_4C), kubisches Bornitrid (CBN) und Diamant als synthetische Schneidstoffe.

Die Einteilung der Schleifkörner in Größenklassen erfolgt durch Absieben (*DIN 69100*) oder durch Sedimentation. Die Körnungsnummer entspricht der Maschenzahl je Linear-Zoll. Nach *DIN 69100* unterscheidet man die Körnungen grob (6 - 24), mittel (30 - 60), fein (70 - 180) und sehr fein (220 - 1200). Übliche mittlere Korndurchmesser betragen beim

- Schleifen 80 - 380 μm,
- Honen 30 - 280 μm und
- Läppen 5 - 60 μm [4.12].

Beim Spanen mit gebundenem Korn kann die Bindung an den Anwendungsfall angepaßt werden. Die Aufgabe der Bindung ist es, die Schleifkörper bis zum Erstumpfen festzuhalten. Als Bindungsarten werden keramische, mineralische und metallische Bindungen, Kunstharz-, Gummi- und Leimbindungen eingesetzt.

4.3.1 Schleifen

Schleifen ist ein spanendes Fertigungsverfahren mit vielschneidigen Werkzeugen, deren geometrisch unbestimmte Schneiden von einer Vielzahl gebundener Schleifkörner aus natürlichen oder synthetischen Schleifmitteln gebildet werden und mit hoher Geschwindigkeit, meist unter nichtständiger Berührung zwischen Werkstück und Schleifkorn den Werkstoff abtrennen (*DIN 8589*).

Verfahren

Schleifverfahren werden in der Fertigungstechnik zur Änderung der Form und der Abmessungen von Werkstücken, zur Verbesserung ihrer Oberflächengüte, als Trennverfahren (Trennschleifen), zum Entgraten und zum Scharfschleifen von Werkzeugen eingesetzt. Nach Werkzeugart werden die Schleifverfahren in Schleifen mit rotierendem Werkzeug, Bandschleifen und Hubschleifen unterteilt. Bild 4.30 zeigt einige wichtige Schleifverfahren.

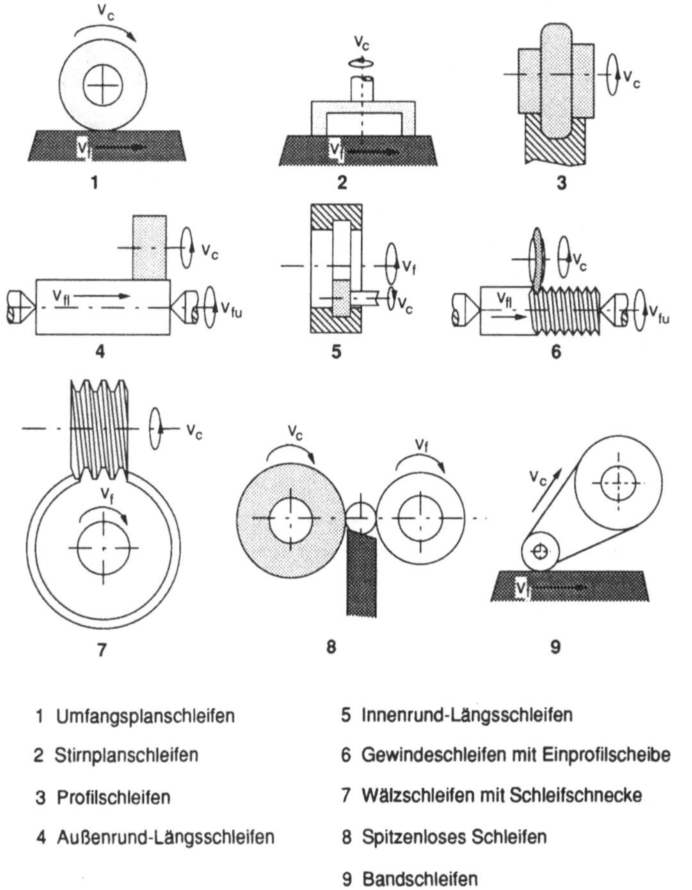

1 Umfangsplanschleifen	5 Innenrund-Längsschleifen
2 Stirnplanschleifen	6 Gewindeschleifen mit Einprofilscheibe
3 Profilschleifen	7 Wälzschleifen mit Schleifschnecke
4 Außenrund-Längsschleifen	8 Spitzenloses Schleifen
	9 Bandschleifen

Bild 4.30: Schleifverfahren [0.2]

Das Planschleifen ist Schleifen zur Erzeugung ebener Flächen. Es kann als Umfang- oder Stirnschleifen durchgeführt werden. Beim Umfangschleifen sind in der Praxis zwei Varianten im Einsatz, das Pendelschleifen (hohe Tischgeschwindigkeit, geringe Zustellung) mit abwechselndem Gleich- und Gegenlauf und das Vollschleifen (geringe Tischgeschwindigkeit und hohe Zustellung), das vorzugsweise im Gegenlauf erfolgen sollte. Das Stirnschleifen ist bei Werkstücken mit größeren Bohrungen, Ausschnitten und Vertiefungen empfehlenswert. Die thermische Belastung der Werkstücke ist beim Stirnschleifen größer als beim Umfangschleifen.

Rundschleifen ist Schleifen zur Erzeugung kreiszylindrischer Außen- und Innenflächen. Die Vorschubbewegung wird durch eine Drehbewegung des Werkstückes durchgeführt. Beim Rund-Längsschleifen wird zusätzlich eine Längsvorschubbewegung überlagert.

Profilschleifen erfordert entsprechend geformte Schleifscheiben, deren Geometrie auf dem Werkstück abgebildet wird.

Das Gewindeschleifen ist ein Schraubschleifen. Es wird mit Ein- oder Mehrprofilwerkzeugen durchgeführt. Längsvorschub und Werkstückdrehzahl müssen im richtigen Verhältnis zueinander stehen.

Das Wälzschleifen ist Schleifen zur Erzeugung von Flächen, die aus einem Bezugsprofil-Werkzeug im Abwälzverfahren entstehen.

Spitzenloses Schleifen ist Rundschleifen, wobei die rotationssymmetrischen Werkstücke ohne feste Einspannung nur durch die Auflage, die Regelscheibe und die Schleifscheibe geführt werden (Drei-Punkt- oder Drei-Linien-Auflage). Die tangentiale Vorschubbewegung erfolgt durch Reibung an der Regelscheibe. Bei einer geringen Schrägstellung der Regelscheibe ergibt sich eine axiale Vorschubbewegung des Werkstückes (spitzenloses Durchgangsschleifen). Die Vorteile des spitzenlosen Schleifens sind eine hohe Form- (Rundheits-) und Maßgenauigkeit der Werkstücke (keine Durchbiegung) und das Entfallen von Zentrierbohrungen [4.13].

Beim Bandschleifen wird ein schleifmittelbesetzter Träger durch Scheiben an das Werkstück angedrückt. Vorteilhaft sind die erreichbaren hohen Schnittgeschwindigkeiten bei kleinen bewegten Massen und die verhältnismäßig geringen Schleifmittelkosten.

Schleifverfahren arbeiten mit Schnittgeschwindigkeiten zwischen 25 und 60 m/s (bei Stahl). Die entstehende Wärme wird nicht mit den Spänen abgeführt, sondern verbleibt im Werkstück, so daß in den meisten Fällen eine intensive Kühlschmierung erforderlich ist (vgl. Kap. 4.2.1).

Werkzeuge

Da die Werkzeuge durch das Ausbrechen der Körner einem Verschleiß unterliegen, der zu Maß- und Formabweichungen führt, ist ein Abrichten der Schleifscheiben nach einer gewissen Zeit erforderlich. Das Abrichten muß aber auch dann erfolgen, wenn die Schleifscheibe durch ungünstig gewählte Zerspanbedingungen mit Werkstückwerkstoff zugesetzt ist, so daß ein einwandfreier Zerspanprozeß nicht mehr gewährleistet ist. Das Abrichten erfolgt mit diamantbesetzten, entsprechend profilierten Werkzeugen, die ein gezieltes Absplittern und Herausbrechen von Schneidkörnern herbeiführen. Dadurch wird die Schleifscheibe wieder auf ihre Soll-Geometrie gebracht.

Maschinen

Für die verschiedenen Schleifverfahren stehen entsprechende Maschinen zur Verfügung. Hauptgesichtspunkt zur Einteilung der Maschinen ist die zu erzeugende Fläche am Werkstück. Als weiteres Ordnungskriterium wird die Außen- oder Innenbearbeitung herangezogen. Flachschleifmaschinen gibt es mit horizontaler und vertikaler Anordnung der Arbeitsspindel und mit einem Längs- oder Drehtisch. Bei spitzenlosen Rundschleifmaschinen ist ein hoher Automatisierungsgrad erreicht worden. Die Einführung des Hochgeschwindigkeitsschleifens erfordert höhere Steifigkeit der Maschinen, hohe Antriebsleistungen, verbesserte Spindellagerungen, Kühlschmiersysteme und Sicherheitseinrichtungen. Die Lagerung der Arbeitsspindeln wird häufig als hydrodynamische Gleitlagerung ausgeführt.

4.3.2 Honen

Nach *DIN 8589* ist Honen ein Spanen mit geometrisch unbestimmten Schneiden, wobei die vielschneidigen Werkzeuge eine aus zwei Komponenten bestehende Schnittbewegung ausführen, von denen mindestens eine Komponente hin- und hergehend ist, so daß die bearbeitete Oberfläche sich definiert überkreuzende Spuren aufweist.

Verfahren

Die Verfahren werden nach der Form und Lage der Werkstückoberfläche (Außen -, Innenhonen, Planhonen, Rundhonen usw.) und nach der Kinematik (Langhub- und Kurzhubhonen) eingeteilt.
Zur Maß- und Oberflächenverbesserung wird das Honen mit formschlüssig in

Honwerkzeugen eingelegten Honsteinen durchgeführt. Mit kraftschlüssigen Honsteinen kann nur eine Oberflächenverbesserung erzielt werden.

Beim Langhub-Innenhonen führt das Werkzeug, die Honahle (Bild 4.31), eine Dreh- und Längsbewegung aus, mit einer daraus resultierenden Schnittgeschwindigkeit von etwa 30 m/min. Die erzielbare Genauigkeit beträgt IT 3. Das Langhub-Innenhonen wird z.B. bei der Fertigbearbeitung von Zylindern für Verbrennungsmotoren (die dabei entstehenden Riefen sind erwünscht und unterstützen eine Schmierfilmbildung) und bei Hydraulik- und Pneumatikzylindern eingesetzt.

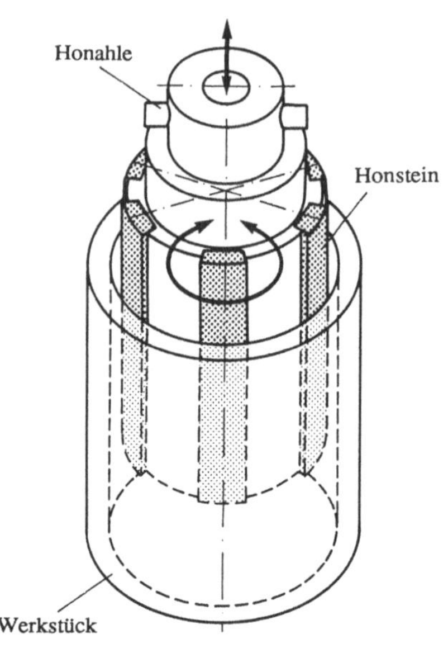

Bild 4.31: Innen-Honahle mit formschlüssig gelagerten Honsteinen

Beim Kurzhubhonen (Superfinish) wird der rotierenden und hin- und hergehenden Bewegung des Langhubhonens noch eine Schwingbewegung (Frequenz bis 250 Hz, geringe Amplitude) überlagert. Die Bearbeitungszugaben sind geringer als beim Langhubhonen, die spiegelnde Oberfläche weist allerdings einen hohen Traganteil auf. Die Anwendungen des Kurzhubhonens sind kurze Bohrungen z.B. bei Zahnrädern, Wälzlagern, Pleueln usw..

4.3.3 Läppen

Läppen ist Spanen mit losem, in einer Paste oder Flüssigkeit verteiltem Korn, dem Läppgemisch, das auf einem meist formübertragenden Gegenstück (Läppwerkzeug) bei möglichst ungeordneten Schneidbahnen der einzelnen Körner geführt werden (*DIN 8589*).

Der Werkstoffabtrag beruht beim Läppen nicht auf einem Zerspanprozeß der einzelnen Körner, sondern darauf, daß die Läppkörner den Werkstückwerkstoff bei ihrem Abrollen unter hohen Flächenpressungen plastisch verformen, bis er sich verfestigt und versprödet. Weiteres Abrollen der Läppkörner führt dann zu Mikroausbrüchen aus der Werkstückoberfläche.

Läppwerkzeuge bestehen meist aus feinkörnigem Grauguß. Sie werden ebenso bearbeitet wie die Werkstücke. Bei entsprechender Formgebung der Werkzeuge können Werkstücke wie Wellen, Bohrungen, Ventilsitze, Wälzlager-Laufflächen und Wälzkörper (z.B. Kugeln für Kugellager, Bild 4.32) geläppt werden. Mit dem Läppen sind Toleranzen bis IT 1 und gemittelte Rauhtiefen unter 0,1 µm erreichbar.

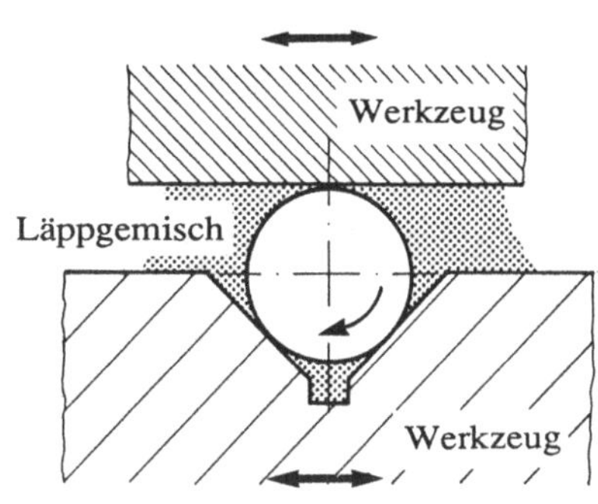

Bild 4.32: Kugelläppen

Sonderverfahren des Läppens sind das Schwingläppen und das Druckfließläppen. Beim Schwingläppen führt das Werkzeug Ultraschallschwingungen aus, die auf das Läppmittel übertragen werden. Das Druckfließläppen wird zur Innenbearbeitung enger Bohrungen eingesetzt. Dabei wird das Läppmittel in einem Arbeitszylinder von zwei gegenläufigen Kolben durch die Bohrungen des in einer Vorrichtung eingespannten Werkstückes alternierend hindurchgepreßt.

4.3.4 Strahlspanen

Nach *DIN 8200* ist Strahlspanen (Strahlen) ein Fertigungsverfahren, bei dem Strahlmittel (als Werkzeuge) in Strahlgeräten unterschiedlicher Strahlsysteme beschleunigt und zum Aufprall auf die zu bearbeitende Oberfläche eines Werkstückes (Strahlgut) gebracht werden. Beim Strahlen ändern feste Strahlmittel ihre Korngröße, Kornform und ggf. ihre mechanischen Eigenschaften. Die Strahlgeräte unterliegen dabei einem Verschleiß durch die Strahlmittel.

Aus der Menge der Strahlverfahren soll hier die Anwendung des Hochdruckwasserstrahls zum Trennen behandelt werden.

Die zum Wasserstrahl-Schneiden erforderlichen hohen Drücke (je nach Werkstoff bis zu 4000 bar) werden überwiegend mit Druckübersetzerpumpen erzeugt. Die Wirkungsweise von Hochdruckwasserstrahl-Schneidanlagen geht aus Bild 4.33 hervor. In einem offenen Ölkreislauf wird durch eine Kolbenpumpe abwechselnd, durch ein Vier-Wege-Ventil gesteuert, Drucköl den beiden Seiten eines Stufenkolbens zugeführt. Je nach Verhältnis der Flächen des Stufenkolbens im Druckübersetzer wird dort das drucklos angesaugte Wasser auf den eingestellten Arbeitsdruck verdichtet. Die von der diskontinuierlichen Kolbenbewegung hervorgerufenen Druckschwankungen in der Hochdruckleitung werden in einem Druckspeicher geglättet. Die im Wasser gespeicherte Druckenergie wird in der Düse (Düsendurchmesser 0,1 - 0,6 mm) in kinetische Energie umgewandelt. Es bildet sich ein Freistrahl, der zum Schneiden eingesetzt werden kann.

Die Vorteile dieses Verfahrens sind die relativ niedrige mechanische und thermische Belastung des Werkstückes beim Trennvorgang und die Vermeidung von Staubentwicklung und Dämpfen. Die Düse kann zur 3D-Bearbeitung von einem Industrieroboter geführt werden. Das Verfahren wird zum Schneiden in der Papier-, Holz- und Textilindustrie (Schneiden von z.B. Wellpappe, Sperrholz, Kunstleder), im Automobil- und Flugzeugbau (Beschneiden von Kunststoffteilen) sowie in anderen Industriezweigen eingesetzt [4.6].

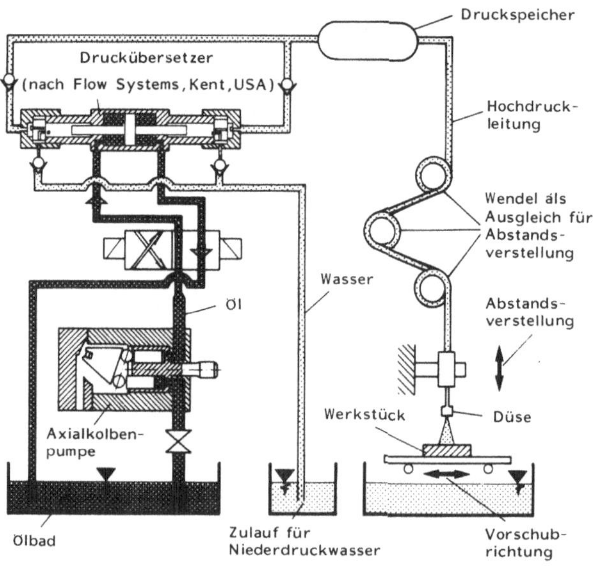

Bild 4.33: Funktionsschema einer Hochdruckwasserstrahl-Schneidanlage [4.6]

4.4 Abtragen

Abtragen ist Fertigen durch Abtrennen von Stoffteilchen von einem festen Körper auf nichtmechanischem Wege. Das Abtragen bezieht sich sowohl auf das Entfernen von Werkstoff-Schichten, als auch auf das Abtrennen von Werkstückteilen (*DIN 8590*). Das Abtragen wird nach dem Vorgang in der Wirkzone in die drei Untergruppen thermisches, chemisches und elektrochemisches Abtragen unterteilt.

4.4.1 Thermisches Abtragen

Thermisches Abtragen ist Abtrennen von Werkstoffteilchen in festem, flüssigem oder gasförmigem Zustand durch Wärmevorgänge sowie Entfernen dieser Teilchen durch mechanische und/oder elektromagnetische Kräfte (*DIN 8590*). In diesem Abschnitt werden die Verfahren funkenerosives Abtragen und Abtragen mit Elektronen- und Laserstrahl behandelt.

Funkenerosives Abtragen

Das Prinzip des funkenerosiven Abtragens beruht auf der erodierenden Wirkung periodischer, räumlich und zeitlich getrennter, elektrischer Entladungsvorgänge zwischen zwei Elektroden in einer dielektrischen Flüssigkeit.
Die Funktionsweise des Verfahrens ist im Bild 4.34 dargestellt. In einem Behälter mit einer elektrisch nichtleitenden (dielektrischen) Flüssigkeit werden ein Werkzeug und ein Werkstück einander soweit angenähert, bis durch die angelegte Spannung die Durchbruchfeldstärke des Dielektrikums erreicht und eine Entladung ausgelöst wird. Die Entladung kann in drei Phasen unterteilt werden, in:

- eine Zündphase, während der eine Ionisation der Entladestrecke erfolgt,

- eine Phase, bei der ein Plasmakanal gebildet wird und die Umsetzung der elektrischen in thermische Energie erfolgt, die zum Schmelzen und Verdampfen des Werkstückwerkstoffes führt und

- eine Abschaltphase, die zum Zusammenbruch des Plasmakanals und zum Herausschleudern des Werkstoffes führt.

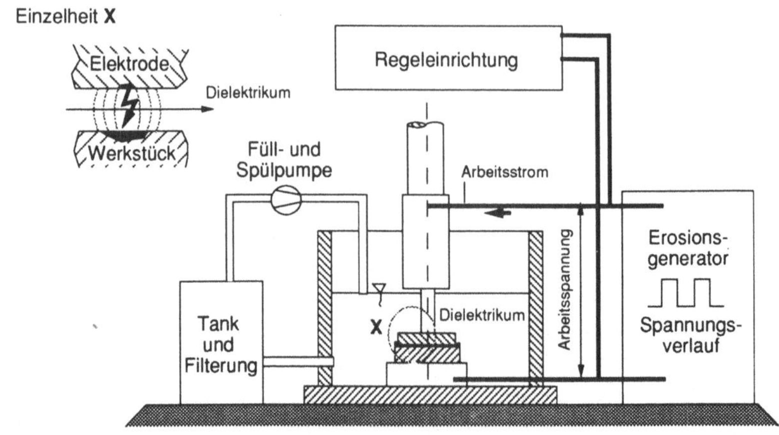

Bild 4.34: Aufbau einer Anlage zur funkenerosiven Bearbeitung (funkenerosives Senken)

Die Impulsfrequenz der einzelnen, über die gesamte Bearbeitungsfläche verteilten Einzelentladungen liegt in einem Bereich zwischen 0,2 und 500 kHz,
bei einer Arbeitsspannung zwischen 60 und 300 V und einem Arbeitsstrom
bis 400 A. Der Arbeitsspalt beträgt 0,005 bis 0,5 mm und wird durch einen
Werkzeugvorschub geregelt. Das abgetragene Material wird durch das Dielektrikum aus dem Arbeitsspalt herausgespült. Die spezifischen Abtragsleistungen sind von den Bearbeitungsparametern abhängig und liegen zwischen
5 und 15 mm^3/A min [4.5].

Beim funkenerosiven Senken können nahezu beliebige Werkzeugkonturen
im Werkstück abgebildet und profilierte Durchbrüche erzeugt werden. Je
nach Polarität (Werkstück wird meist als Anode geschaltet) und Werkstoffpaarung wird die Werkzeugelektrode unterschiedlich stark abgetragen. Mit
Rücksicht auf diesen Verschleiß werden die Werkzeugelektroden aus leicht
bearbeitbaren Werkstoffen wie Graphit oder Elektrolytkupfer gefertigt. Graphitelektroden werden z.B. durch Kopierfräsen, Kupferelektroden elektrolytisch durch Galvanoformung hergestellt.
Das funkenerosive Senken findet seine Hauptanwendung im Formenbau zur
Herstellung von Druckgießformen, Gesenken, Spritzgießformen für Kunststoffteile usw.. Besonders vorteilhaft ist hier die Tatsache, daß harte (gehär-

tete) Werkstoffe bearbeitet werden können. In der Randschicht des Werkstückes nimmt, bedingt durch die Wärmevorgänge, die Härte noch zu. Dabei können jedoch Mikrorisse entstehen. Die Oberflächenrauhigkeit kann in weiten Grenzen gesteuert werden. Wird dem Erodierwerkzeug neben der vertikalen Vorschubbewegung zusätzlich eine horizontale Bewegung überlagert oder wird das Werkzeug in eine Drehbewegung versetzt, kann das Verfahren zum **funkenerosiven Schleifen** oder **Polieren** eingesetzt werden.

Beim **funkenerosiven Schneiden** wird als Werkzeug eine vertikal ablaufende Drahtelektrode (Durchmesser zwischen 0,02 und 0,25 mm) eingesetzt. Die Drahtelektrode wird vom Dielektrikum umspült. Der Drahtverschleiß spielt keine Rolle, da er durch das Abwickeln von einer Rolle ständig erneuert wird. Das Werkstück wird zur Erzeugung einer beliebigen Schnittlinie (in der zum Draht senkrechten Ebene) mit einer Bahnsteuerung bewegt. Moderne Anlagen erlauben eine Schrägstellung des Drahtes zur Erzielung schräger Schnitte. Das Verfahren findet z.B. bei der Herstellung von Schneidplatten zum Geschlossenschneiden Anwendung.

Abtragen mit Laserstrahlen

Der Laserstrahl (Laser: Light Amplification by Stimulated Emission of Radiation) gewinnt in der Fertigungstechnik eine zunehmende Bedeutung. Er kann als Werkzeug zum Trennen, Fügen (Kap. 5.1.2) und Stoffeigenschaftändern (Kap. 7.2.2) eingesetzt werden.
Die verschiedenen Lasertypen können nach Art der Lasersubstanz in Festkörperlaser und Gaslaser unterteilt werden. Nach atomarem Aufbau der Lasersubstanz, der bei der Entstehung der Laserstrahlen eine wichtige Rolle spielt unterscheidet man Drei- und Vier-Niveau-Laser (Niveau: Energieniveau). Die für den industriellen Einsatz geeigneten Lasertypen sind in Tabelle 4.2 zusammengestellt.

Die Erzeugung von Laserstrahlen erfolgt durch Anregung der aktiven Substanz des Lasermediums mit Hilfe von Blitzlampen oder Elektronenstoß (Gasentladung). Wie im Bild 4.35 dargestellt, werden dadurch die Atome der aktiven Lasersubstanz (z.B. Chromionen beim Rubinkristall) in den angeregten Energiezustand E_2 überführt (optisches Pumpen). Die Verweilzeit auf E_2 ist sehr kurz (10^{-9} s); von dort gehen die Atome ohne Ausstrahlung von Licht in den metastabilen Zustand E_3 über. Die Verweilzeit dort ist wesentlich länger, so daß eine Besetzungsumkehr (Inversion) zwischen dem Grundzustand E_1 und E_3 erfolgen kann. Der Laserübergang bei dem ein Lichtstrahl entsteht, erfolgt zwischen E_3 und E_1 (Dauer: 3.10^{-3} s), bzw. zwischen E_3 und E_4 bei den Vier-Niveau-Lasern in einer Kettenreaktion, die durch einen Quant ausgelöst wird. Die Energieabgabe erfolgt ohne Phasenverzug (induzierte Emission).

Das periodisch entstehende Licht muß noch verstärkt werden. Dies geschieht durch eine Verspiegelung der Enden des Laserstabs mit einem vollreflektierenden und einem teildurchlässigen Spiegel (optisch stabiler Resonator). In diesem Resonanzraum bilden sich durch Interferenzen stehende Wellen, die bei jedem Durchgang verstärkt werden. Beim Überschreiten eines Schwellenwertes, der die im teildurchlässigen Spiegel auftretenden Verluste übersteigt, wird ein räumlich und zeitlich hochkohärenter Lichtstrahl ausgekoppelt.

Bei Hochleistungslasern (Vier-Niveau-Laser, z.B. CO_2-Laser) wird der Laserstrahl wegen der thermischen Belastung nicht durch einen teildurchlässigen Spiegel ausgekoppelt, sondern um einen vollreflektierenden Auskoppelspiegel herum (optisch instabiler Resonator, Bild 4.36). Vier-Niveau-Laser zeichnen sich durch einen höheren Wirkungsgrad aus, da sie weniger Pumpleistung zur Inversion benötigen.

Lasertyp	Medium[1]	Anregung	Wellenlänge [μm]	Betriebsart
Eximer	KrF	Elektronenstoß	0,248	Impuls
Rubin	Al_2O_3/Cr^{+++}	Xe-Lampe Hg-Lampe	0,6943	Impuls
Neodym-YAG[2]	$Y_3Al_5O_2/Nd^{+++}$	W-Lampe Kr-Lampe	1,06	Dauerstrich/ Impuls
CO_2	N_2, He/CO_2	Elektronenstoß	10,6	Dauerstrich

[1] Wirtskristall bzw. Pumpgas/aktives Atom bzw. Molekül
[2] YAG = Ytrium-Aluminium-Granat

Tabelle 4.2: Lasertypen [4.5]

Die Wirkung der Laserstrahlen beruht auf der hohen Leistungsdichte (Leistung/Fläche), die sich bei der Fokussierung der Strahlen auf einen sehr kleinen Durchmesser ergibt. Laserstrahlen lassen sich auf einen Durchmesser von 3 bis 20 µm fokussieren. Die Leistungsdichte beträgt dann 10^9 W/cm^2 (zum Vergleich: kleinster Fokusdurchmesser beim Lichtbogen beträgt 100 µm und die Leistungsdichte $5 \cdot 10^5$ W/cm^2). Die Energieabgabe bewirkt ein Schmelzen und Verdampfen des Werkstoffes an der Wirkstelle [4.5].

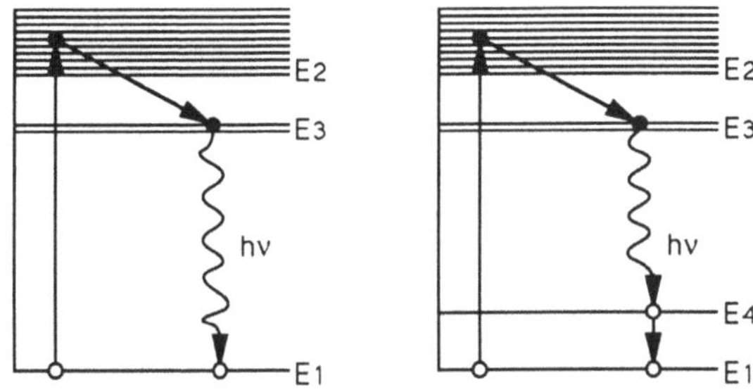

Bild 4.35: Entstehung von Laserstrahlen bei einem Drei- und Vier-Niveau-Laser [4.5]

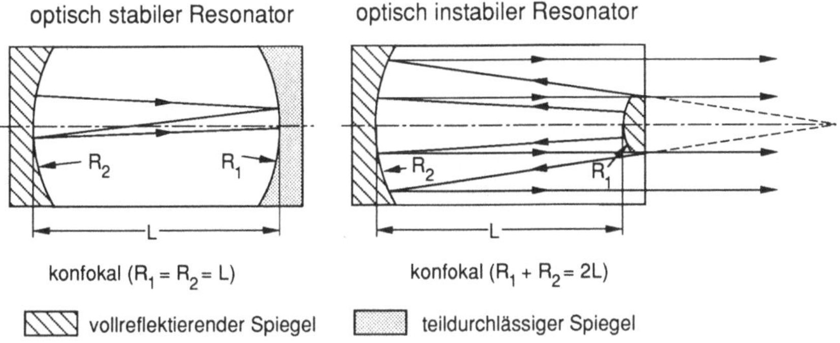

Bild 4.36: Schematischer Strahlverlauf in einem stabilen und in einem instabilen Resonator [4.18]

Da es sich beim Laserstrahl jedoch um eine Lichtwelle handelt, ist die Energieabgabe von der Absorption des Lichtes und somit von der Wellenlänge des Laserlichtes und den Eigenschaften des Werkstückwerkstoffes wie Absorptionskoeffizient, elektrische Leitfähigkeit usw. abhängig. Bei Werkstoffen wie Glas (Absorptionskoeffizient k = 0) erfolgt keine Absorption, die Laserstrahlen zeigen keine Wirkung. Bei Werkstoffen mit einem Absorptionskoeffizienten k > 1 wie bei Metallen wird der eindringende Teil der Welle auf kürzester Wegstrecke absorbiert. Der größte Teil der Lichtwelle wird allerdings reflektiert. Damit kann der Laser als eine flächenhafte Wärmequelle behandelt werden. Die Tiefenwirkung beim Bearbeiten beruht auf Wärmeleitungsvorgängen im Werkstückwerkstoff.

Mit dem Laserstrahl können die verschiedensten Werkstoffe wie Metalle (Stahl, Aluminium, Titan), organische und anorganische Werkstoffe (Keramik) wirtschaftlich geschnitten werden. Die Materialdicken betragen bei Metallen bis zu 10 mm (in Einzelfällen auch mehr). Vorteile bietet die 3D-Laserbearbeitung an Teilen mit komplexer Geometrie (Bild 4.37). Der Laserstrahl kann zur Herstellung von Bohrungen mit kleinen Durchmessern in harten Werkstoffen eingesetzt werden, z.B. beim Bohren von Diamantziehsteinen. In der Halbleiterindustrie hat der Laserstrahl beim Abgleichen (Trimmen) von Dünn- und Dickschichtwiderständen durch Oberflächenabtragen große Bedeutung erlangt [4.5, 4.14, 4.15, 4.16]. Bild 4.38 zeigt schematisch den Aufbau einer Laserstrahl-Bearbeitungsanlage mit einem CO_2-Laser. Das aktive Gas dieses Lasers wird mit einer Pumpe umgewälzt und in einem Wärmetauscher gekühlt.

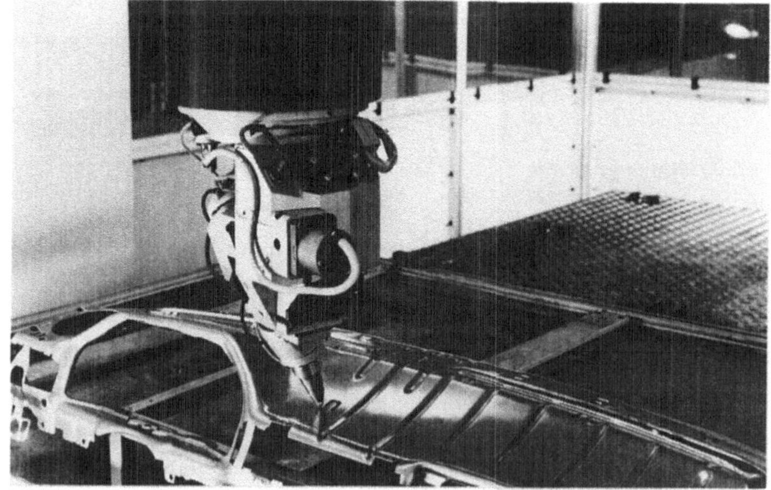

Bild 4.37: Dreidimensionale Blechbearbeitung mit dem Laserstrahl (Quelle: Fa. Trumpf)

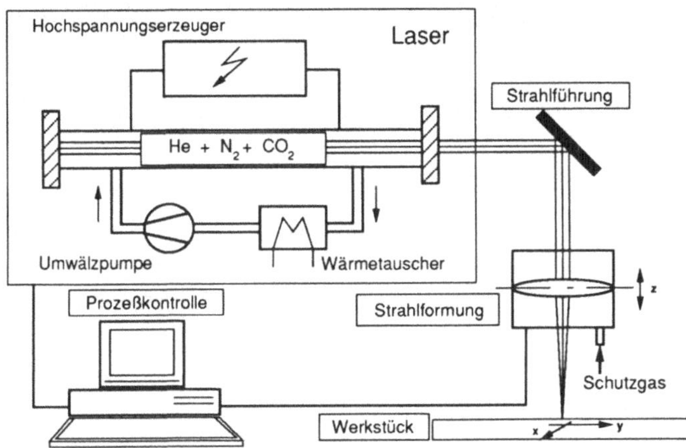

Bild 4.38: Laserstrahl-Bearbeitungsanlage (nach W. König, RWTH Aachen)

Abtragen mit Elektronenstrahlen

Als Strahlerzeuger werden in Elektronenstrahl-Bearbeitungs-anlagen (Bild 4.39) meist Drei-Elektroden-Systeme eingesetzt. Die Elektronen werden von einer Glühkathode emittiert, von einer gegenüber der Kathode negativ vorgespannten Steuer-elektrode vorfokussiert und zu einer durchbohrten Anode beschleunigt. Die Beschleunigungsspannung beträgt 25 bis 150 kV. Die Elektronen gelangen zum Werkstück, wo sie ihre hohe kinetische Energie abgeben. Die Strahlleistungsdichte und der kleinste Fokusdurchmesser sind mit den Werten der Laserstrahlanlagen vergleichbar.

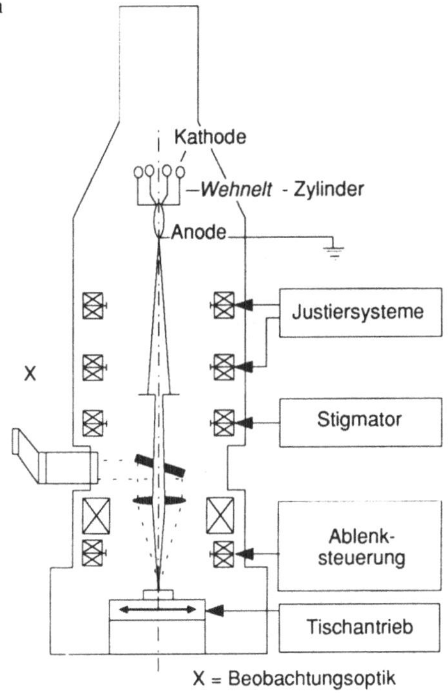

Bild 4.39: Schema einer Elektronenstrahlanlage [4.5]

Da Elektronen, verglichen mit Photonen, eine Masse ($m_e = 9{,}108 \cdot 10^{-31}$ kg) und eine elektrische Ladung ($e = 1{,}602 \cdot 10^{-19}$ As) besitzen, ergibt sich ein zu Laserstrahlen unterschiedliches Verhalten hinsichtlich Energietransport und Wirkung an der Werkstückoberfläche. Um eine vorzeitige Energieabgabe durch Zusammenstöße der Elektronen mit Gasmolekülen zu verhindern, müssen die Elektronenstrahl-Bearbeitungsanlagen evakuiert werden. Das Fokussieren erfolgt mit Hilfe von Magnetfeldern, die von stromdurchflossenen Spulen, sog. Magnetlinsen erzeugt werden. Elektronenstrahlen dringen wesentlich tiefer in das Werkstück ein als Laserstrahlen. Sie geben ihre Energie durch Kollisionen mit den Hüllenelektronen ab.

Verglichen mit Laserstrahlanlagen sind Elektronenstrahl-Bearbeitungsanlagen aufwendiger und eignen sich durch die Begrenzung des Arbeitsraumes auf die Strahlkammer nur für spezielle Anwendungen, wo die Vorteile der Tiefenwirkung, der hohen Impulsfrequenz und der Möglichkeit der schnellen Strahlablenkung durch gezielte Steuerung der Magnetfelder zur Geltung kommen. Dies ist beim Bohren der Fall, wo sehr viele Bohrungen mit kleinen Durchmessern (Bohrungsdurchmesser mit wenigen μm sind möglich) pro Zeiteinheit hergestellt werden können, ohne daß eine Bewegung des Werkstückes erforderlich ist (max. Perforationsraten bei dünnen Folien und kleinen Bohrungsdurchmessern betragen 10 000 Bohrungen/s). Typische Arbeitsbeispiele sind Brennkammerköpfe für Flugzeugtriebwerke (schwer bearbeitbare Kobaltlegierung, mehrere Tausend Bohrungen) oder Spinnköpfe für die Glasfaserherstellung, in deren 5 mm dicke Wandungen 6000 Bohrungen mit 0,8 mm Durchmesser in nur 40 min gebohrt werden [4.5]. Nachteilig wirkt sich bei den Anlagen die Entstehung von Röntgenstrahlen (über 80 kV Beschleunigungsspannung) aus, die abgeschirmt werden müssen.

4.4.2 Chemisches Abtragen

Chemisches Abtragen ist ein Fertigungsverfahren, bei dem die Werkstoffteilchen dadurch abgetrennt werden, daß sich der Werkstoff des Werkstückes in einer chemischen Reaktion mit dem Wirkmedium zu einer Verbindung umsetzt, die flüchtig ist oder sich leicht entfernen läßt. Mindestens eine der Komponenten (Werkstück oder Wirkmedium) ist elektrisch nichtleitend. Die chemische Umsetzung erfolgt ausschließlich durch direkte Reaktion (*DIN 8590*). Die Verfahren des chemischen Abtragens sind das Ätzabtragen (z.B. Ätzen von Leiterplatten mit einer Säure oder Lauge, Bild 4.40), das thermisch-chemische Entgraten (die Grate werden in einer Kammer durch die Wärme einer Knallgasexplosion abgebrannt) und das chemisch-thermische Abtragen (Brennschneiden mit Sauerstoffüberschuß).

4.4.3 Elektrochemisches Abtragen

Elektrochemisches Abtragen ist ein Fertigungsverfahren, bei dem metallischer Werkstoff unter Einwirkung eines elektrisches Stromes und einer Elektrolytlösung anodisch aufgelöst wird. Der Stromfluß kann entweder durch Anschluß an eine äußere Stromquelle oder aufgrund von Lokalelementbildung am Werkstück (Ätzen) bewirkt werden (*DIN 8590*). Zu dieser Untergruppe gehören die Verfahren elektrochemisches

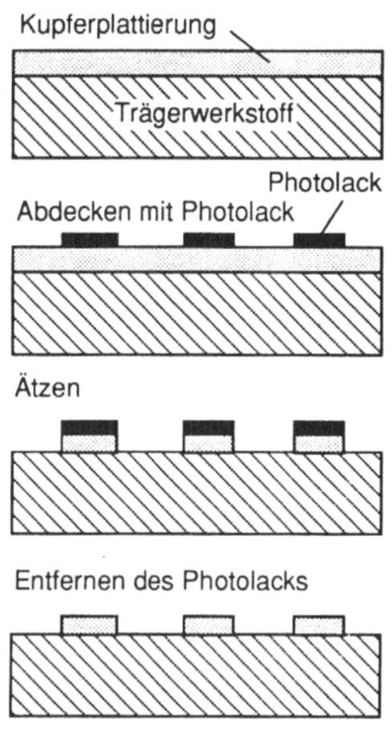

Bild 4.40: Ätzen von Leiterplatten

Formabtragen, elektrochemisches Oberflächenabtragen und elektrochemisches Ätzen.

Beim elektrochemischen Formabtragen (EC-Senken) wird ein kathodisch gepoltes Bearbeitungswerkzeug mit konstanter Vorschubgeschwindigkeit in das anodisch gepolte Werkstück eingesenkt. Durch den Arbeitsspalt zwischen Werkzeug und Werkstück wird eine Elektrolytlösung (z.B. NaCl, $NaNO_3$) mit einem Druck von bis zu 20 bar durchgepreßt. Sie führt dabei die Abtragprodukte ab. Das Werkzeug arbeitet verschleißfrei. Als Werkzeugwerkstoffe werden vorzugsweise Kupfer, Messing, rostfreier Stahl und Titanlegierungen eingesetzt.

Das Verfahren wird bei der Herstellung profilierter Durchbrüche und Bohrungen mit großem l/d-Verhältnis angewendet. Die Arbeitsspannung beträgt 5 - 30 V, die Stromdichte 0,5 - 5 A/mm^2 und die spezifische Abtragleistung 1 - 2,5 mm^3/Amin.

5 Fügen

Fügen ist das auf Dauer angelegte Verbinden oder sonstige Zusammenbringen von zwei oder mehr Werkstücken geometrisch bestimmter Form oder von ebensolchen Werkstücken mit formlosem Stoff. Dabei wird jeweils der Zusammenhalt örtlich geschaffen und im ganzen vermehrt (*DIN 8593*).

Eine durch Fügen hergestellte Verbindung kann lösbar oder unlösbar sein. Lösbare Verbindungen lassen sich ohne Beschädigung der gefügten Teile wieder lösen, bei unlösbaren Verbindungen muß eine Beschädigung oder Zerstörung der gefügten Teile in Kauf genommen werden.

Fügen ist nicht mit Montieren gleichzusetzen. Montieren wird zwar stets unter Anwendung von Fügeverfahren durchgeführt, es schließt jedoch zusätzlich auch alle Handhabungs- und Hilfsvorgänge einschließlich des Messens und Prüfens mit ein. Spannen (Einspannen) zum Zwecke des Bearbeitens oder Vermessens eines Werkstückes ist nicht Fügen im Sinne eines Fertigungsverfahrens.

Die Unterteilung der Fertigungsverfahren der Hauptgruppe Fügen (Bild 5.1) erfolgt nach Art des Zusammenhalts unter Berücksichtigung der Art der Erzeugung (*DIN 8593*). In diesem Kapitel werden nur einige wichtige Verfahren der Gruppen Fügen durch Schweißen, Fügen durch Löten und Kleben behandelt.

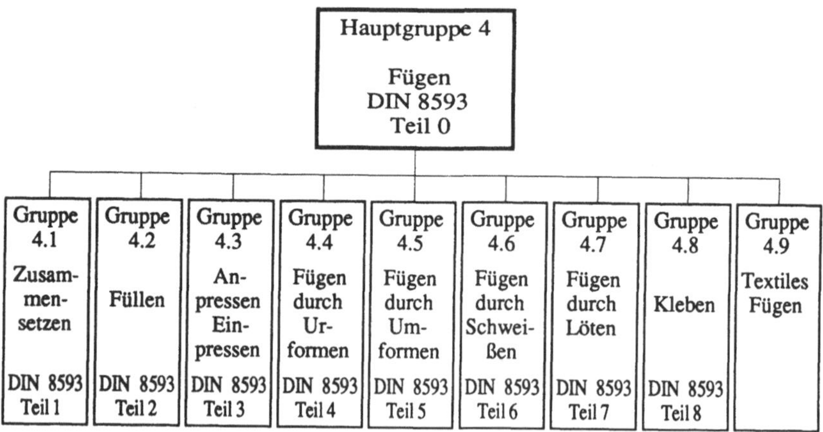

Bild 5.1: Einteilung der Hauptgruppe Fügen (nach *DIN 8593*)

5.1 Fügen durch Schweißen

Schweißen ist das Vereinigen von Werkstoffen in der Schweißzone unter Anwendung von Wärme und/oder Kraft mit oder ohne Schweißzusatz. Es kann durch Schweißhilfsstoffe, z.B. Schutzgase, Schweißpulver oder Pasten ermöglicht oder erleichtert werden. Die zum Schweißen notwendige Energie wird von außen zugeführt (*DIN 1910*).

Die Einteilung der Schweißverfahren erfolgt nach Art des von außen auf das Werkstück einwirkenden Energieträgers (Schweißen durch festen Körper, Flüssigkeit, Gas, elektrische Gasentladung, Strahl, Bewegung oder el. Strom), der Art des Grundwerkstoffes (Schweißen von Metallen oder Kunststoffen), dem Zweck des Schweißens (Verbindungsschweißen, Auftragsschweißen), dem physikalischen Ablauf des Schweißens (Preßschweißen, Schmelzschweißen) und der Art der Fertigung (Handschweißen, teil- und vollmechanisches Schweißen, automatisches Schweißen).

Das Schweißen ist in vielen Bereichen der metallverarbeitenden Industrie das am meisten angewandte stoffschlüssige Fügeverfahren. Es wird im Behälter-, Apparate- und Rohrleitungsbau (Lichtbogen-, Gas- und Schutzgasschweißen), im Stahlhoch- und Brückenbau (Lichtbogenschweißen), im Schiffbau (Metall-Aktivgasschweißen (MAG), im Fahrzeugbau (Widerstandspunktschweißen), in der Luft- und Raumfahrtindustrie (Elektronenstrahl- (EB), Reib- und Diffusionsschweißen), im Kernreaktorbau (EB, Wolfram-Inertgasschweißen (WIG)) und in der Feinwerk- und Elektrotechnik (Laserstrahlschweißen) eingesetzt.

Bei der Konstruktion und Herstellung von geschweißten Bauteilen steht die Schweißbarkeit im Vordergrund. Die Schweißbarkeit eines Bauteils aus metallischem Werkstoff ist vorhanden, wenn der Stoffschluß durch Schweißen mit einem gegebenen Schweißverfahren bei Beachtung eines geeigneten Fertigungsablaufes erreicht werden kann. Dabei müssen die Schweißungen hinsichtlich ihrer örtlichen Eigenschaften und ihres Einflusses auf die Konstruktion, deren Teil sie sind, die gestellten Anforderungen erfüllen. Die Schweißbarkeit hängt von den drei Einflußgrößen Werkstoff, Konstruktion und Fertigung ab (*DIN 8528*).

Zwischen den Einflußgrößen und der Schweißbarkeit eines Bauteils stehen die Eigenschaften (Bild 5.2):

- Schweißeignung des Werkstoffes,
- Schweißsicherheit der Konstruktion,
- Schweißmöglichkeit der Fertigung.

Jede dieser Eigenschaften hängt wiederum von Werkstoff, Konstruktion und Fertigung ab [5.2].

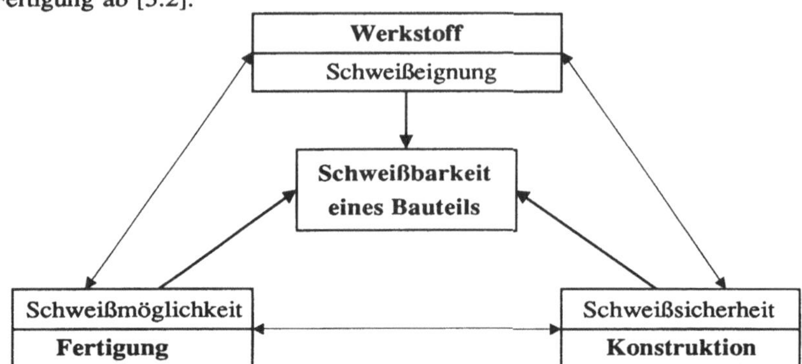

Bild 5.2:   Darstellung der Schweißbarkeit (nach *DIN 8528*, [0.4])

Die **Schweißeignung** eines Werkstoffes wird wesentlich beeinflußt durch seine chemische Zusammensetzung sowie (vor allem bei Eisenwerkstoffen) durch die Erschmelzungs- und Vergießungsart.

Baustähle nach *DIN 17 100* weisen in der Gütegruppe 3 und bei manchen Stahlsorten auch in der Gütegruppe 2 eine gute Schweißeignung auf (z.B. St 37-3, St 52-3, RSt 37-2, St 44-3 und St 44-2). Eingeschränkt schweißbar sind die Sorten St 37-2 und USt 37-2. Besondere Maßnahmen wie Vorwärmung und Nachbehandlung müssen bei den Stählen St 50-2 und St 60-2 getroffen werden. St 70-2 ist kaum schweißbar.

Niedrig legierte Stähle sind gut schweißbar, wenn ihr Kohlenstoffgehalt unter 0,22 % und ihr Phosphor- und Schwefelgehalt unter 0,06 % liegt. Die Schweißbarkeit wird durch Legierungselemente wie Chrom, Mangan und Nickel erschwert.

Bei den hochlegierten Stählen sind austenitische Stähle besser schweißbar als ferritische Stähle. Vorwärmen und Spannungsarmglühen ist erforderlich.

Unter Einhaltung bestimmter Bedingungen lassen sich bei GGL Reparaturschweißungen, bei GGG und GTW außerdem auch Festigkeitsschweißungen durchführen. GTS ist nicht schweißbar.

Nachteilig für die Schweißbarkeit von Aluminiumlegierungen wirkt sich die Oxidschicht (Al_2O_3) mit ihrem hohen Schmelzpunkt (2050 °C) aus. Aluminiumlegierungen wie AlMg3, AlMg5, AlMgMn, AlMg3Si usw. sind gut schweißbar.

Kupfer und Kupferlegierungen sind gut schweißbar. Probleme können durch die gute Wärmeleitfähigkeit von Kupfer und sich daraus ergebende Dehnungen und Schrumpfungen entstehen. Bei Messing nimmt die Schweißbarkeit mit zunehmendem Zinkgehalt ab [0.2].

Die **Schweißsicherheit** erfordert bei der Konstruktion der Bauteile die Beachtung verschiedener Gestaltungsrichtlinien. Die wichtigsten Richtlinien betreffen:

- die Nahtanordnung und den Kraftfluß (z.B. Nahtkreuzungen und -anhäufungen vermeiden, möglichst wenige und dünne Nähte verwenden, Naht nicht in hoch beanspruchte Bereiche legen),

- die Beanspruchungen (mechanische, thermische und korrosive),

- die Werkstoffeigenschaften (Änderungen des Gefüges und der Werkstoffeigenschaften wie Grobkornbildung und Aufkohlen beachten) sowie

- die Verformungs- und Eigenspannungszustände (Behinderung der Ausdehnung bzw. Schrumpfung).

Die **Schweißmöglichkeit** ist dann gegeben, wenn die an einer Konstruktion aus gegebenem Werkstoff vorgesehenen Schweißverbindungen unter den gegebenen Fertigungsbedingungen fachgerecht ausgeführt werden können. Die Schweißmöglichkeit wird u.a. durch die Faktoren Nahtvorbereitung, Schweißposition, Zugänglichkeit, Schweißtechnologie und Wärmevor- bzw. -nachbehandlung beeinflußt.

Alle Angaben, die zur Herstellung eines geschweißten Bauteils erforderlich sind, können einem **Schweißfolgeplan** entnommen werden. Dieser stellt die örtliche und zeitliche Reihenfolge des Schweißens von Bauteilen und Baugruppen dar. Der Schweißfolgeplan enthält Angaben über Grundwerkstoff, Abmessungen und Gewicht, Nahtart- und -vorbereitung, Schweißverfahren, Schweißzusatzwerkstoff, Prüfgruppe des Schweißers, Reihenfolge des Zusammenbaus, Schweißfolge und -richtung, Schweißposition, Schweißvorrichtung und Schweißnahtprüfung.

Um eine möglichst hohe Qualität der Schweißnaht zu erzielen, ist in vielen Fällen eine Schweißnahtvorbereitung erforderlich. Sie beinhaltet neben der Entfernung von Rost, Zunder und Schmutz im wesentlichen die Herstellung einer geeigneten Fugenform (siehe z.B. *DIN 8551*). Eine Nachbearbeitung der Schweißnaht durch Abschleifen der Nahtüberhöhung und der Einbrandkerben oder eine Wärmebehandlung (Spannungsarmglühen) führt zum Aufbau günstigerer Eigenspannungszustände.

5.1.1 Preßschweißen

Preßschweißen ist Schweißen unter Anwendung von Kraft ohne oder mit Schweißzusatz; örtlich begrenztes Erwärmen (u.U. bis zum Schmelzen) ermöglicht oder erleichtert das Schweißen (*DIN 1910*). Wichtige Preßschweißverfahren sind das Widerstandspreßschweißen, Lichtbogen- und Gaspreßschweißen, Reibschweißen, Ultraschallschweißen und das Kaltpreßschweißen.

Widerstandspreßschweißen

Die zum Schweißen erforderliche Wärme wird durch Stromfluß über den elektrischen Widerstand der Schweißzone erzeugt (Widerstandswärme, Joulesche Wärme). Die Verfahren können nach Art der Stromübertragung (konduktiv über Elektroden oder induktiv durch Induktoren), nach Art des Stromes (Gleich- oder Wechselstrom) und nach dem zeitlichen Verlauf von Strom und Kraft eingeteilt werden (*DIN 1910, Teil 5*). Zum Widerstandspreßschweißen gehören u.a. die Verfahren Punktschweißen, Rollennahtschweißen, Stumpfschweißen, Buckelschweißen und induktives Widerstandspreßschweißen.

Das wichtigste Verfahren ist das **Punktschweißen.** Je nach Art der Stromzufuhr unterscheidet man das einseitige Punktschweißen (Stromzufuhr durch zwei nebeneinander stehende Elektroden) und das zweiseitige Punktschweißen (Stromzufuhr durch zwei gegeneinander stehende Elektroden von beiden Werkstückseiten, Bild 5.3). Die Stromzufuhr kann mit einem oder mehreren Impulsen erfolgen. Der Schweißstrom und die Kraft wird mit wassergekühlten Elektroden auf einer kleinen, meist runden Berührungsfläche auf das Werkstück übertragen. Nach Aufbringen der Elektrodenkraft wird der Schweißstrom eingeschaltet. Das Werkstück erwärmt sich aufgrund des Kontakt- und Stoffwiderstandes an der Berührungsstelle der zu verbindenden Teile auf Schmelztemperatur. Es entsteht eine linsenförmige Verbindung, die als

Schweißpunkt bezeichnet wird. Nach der Schweißung wird zuerst der Schweißstrom abgeschaltet und dann, nach dem Erstarren des Schweißpunktes, die Elektrodenkraft aufgehoben.

Um die Energieverluste und die Wärmeeinflußzone im Werkstück gering zu halten, wird mit hohen Strömen (bis zu 100 kA, bei Spannungen im Sekundärkreis von bis zu 20 V) und möglichst kurzen Schweißzeiten gearbeitet. Die Schweißzeiten liegen in der Regel bei einigen Zehntel Sekunden. Bei Verwendung von Wechselstrom wird die Schweißzeit als Anzahl der stromführenden Perioden (Per) angegeben [5.2].

An Punktschweißelektroden werden hohe Anforderungen hinsichtlich guter elektrischer Leitfähigkeit, Festigkeit, geringer Legierungsneigung zum Werkstückwerkstoff usw. gestellt. Diese Anforderungen werden am besten von Kupferwerkstoffen erfüllt.

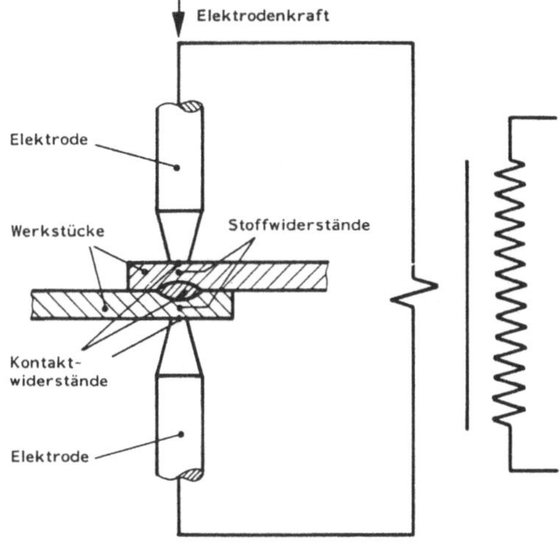

Bild 5.3: Zweiseitiges Punktschweißen

Das Punktschweißen ist prinzipiell bei allen Werkstoffen anwendbar, die sich beim Stromdurchgang erwärmen. Gut schweißbar sind niedriglegierte Stähle mit weniger als 0,12 % C, z.B. Tiefziehbleche. Verzinkte Stahlbleche führen zur Legierungsbildung an den Elektroden und erfordern ihr häufiges Nacharbeiten. Mit Einschränkungen lassen sich auch Aluminium- und Kupferlegierungen schweißen. Die schweißbaren Dicken (Gesamtdicken) betragen bei Stahl bis zu 20 mm und bei Buntmetallen bis zu 5 mm. Aufgrund der guten Automatisierbarkeit und der hohen Flexibilität hat das Punktschweißen einen wichtigen Platz in der modernen Fertigung, hauptsächlich in der Fahrzeugindustrie gefunden. Hier werden Karosserien mit Vielpunktschweißmaschinen und Industrierobotern (Bild 5.4) geschweißt.

Beim **Rollennahtschweißen** verwendet man anstelle von Punktelektroden Rollenelektroden, die durch schnell aufeinanderfolgende Stromimpulse viele Schweißpunkte setzen. Bei sich überlappenden Schweißpunkten erhält man eine Dichtnaht, bei größeren Punktabständen eine sog. Rollenpunktnaht. Rollennaht-Dichtschweißen findet z.B. im Behälterbau sowie beim Schweißen von Heizungsradiatoren und Zargen für Fässer Anwendung.

Bild 5.4: Punktschweißen von Pkw-Karosserien mit Industrierobotern

Beim **Stumpfschweißen** werden die Verfahren **Preßstumpfschweißen** und **Abbrennstumpfschweißen** unterschieden. Preßstumpfschweißen erfordert saubere, parallel ausgerichtete Werkstückteile, damit eine gleichmäßige Stromverteilung erzielt werden kann. Die Werkstückteile werden mit einem hohen Druck zusammengepreßt. Anschließend wird der Strom eingeschaltet, die Teile erwärmen sich und verschweißen unter Bildung eines starken Wulstes. Beim Erreichen eines bestimmten Stauchwegs wird der Strom abgeschaltet. Der Wulst muß abgearbeitet werden. Das Verfahren wird bei Vollprofilen mit verhältnismäßig kleinen Querschnittsflächen angewendet, z.B. beim Verschweißen von Kettengliedern.

Beim Abbrennstumpfschweißen werden die unebenen Stoßflächen der zu verbindenden Teile mit geringem Druck zusammengepreßt. Nach Einschalten des Schweißstromes erfolgt an den einzelnen Kontaktstellen durch die hohe Stromdichte ein starkes Erhitzen und schnelles Schmelzen des Werkstoffes.

Die Kontaktbrücken zerplatzen explosionsartig und werden aus der Stoßfuge herausgeschleudert, wodurch zusammen mit dem Vorschub zahlreiche neue Kontaktstellen entstehen, bis die gesamte Stoßfläche aufgeschmolzen ist. Danach werden die Werkstücke unter hohem Druck zusammengepreßt. Es bildet sich ein scharfkantiger Grat. Das Abbrennstumpfschweißen ist geeignet für kleine und große Querschnittsflächen. Anwendungsbeispiele sind das Verschweißen von Pipelinerohren, Leichtmetallprofilen bei der Türen- und Fensterherstellung, Kettengliedern und Großkurbelwellen aus mehreren Schmiedeteilen.

Beim **Buckelschweißen** wird der Strom über großflächige Elektroden auf die zu verschweißenden Werkstücke übertragen. Die Werkstücke berühren sich an eingeprägten Buckeln, wo die Erwärmung und Verschweißung erfolgt. Dabei werden die Buckel teilweise der ganz eingeebnet. Das Verfahren eignet sich für große Stückzahlen und wird z.B. zum Schweißen von Schweißmuttern und Verstärkungsblechen eingesetzt.

Das **induktive Widerstandsschweißen** wird als Längsnahtschweißverfahren bei der Herstellung von Rohren eingesetzt. Der Strom für die Widerstandserwärmung wird im Werkstück induziert, wobei der stab- oder ringförmige Induktor das Werkstück nicht berührt und deshalb verschleißfrei arbeitet. Die Kraft wird mit Druckrollen übertragen (Bild 5.5).

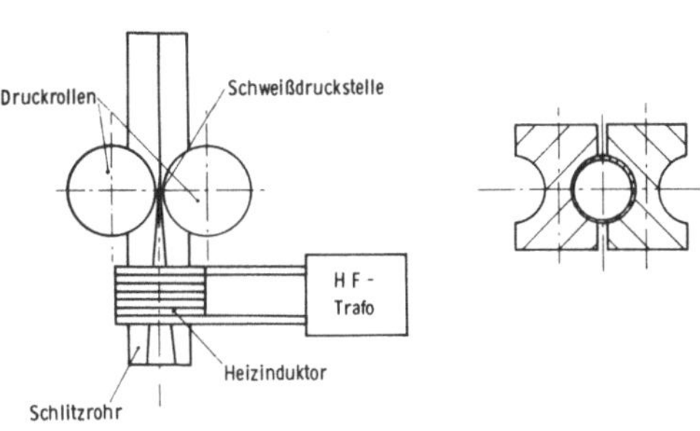

Bild 5.5: Induktives Widerstandspreßschweißen

Lichtbogen- und Gaspreßschweißen

Beim Lichtbogenpreßschweißen wird die Wärme durch einen Lichtbogen erzeugt, der kurzzeitig zwischen den Stoßflächen der Teile brennt und diese anschmilzt. Beim Verschweißen von dünnwandigen Rohren, Hohlwellen und Profilen wird der Lichtbogen unter Schutzgas durch Magnetfelder bewegt. Dabei kann eine hohe Fertigungsgenauigkeit erzielt werden. Eine Variante des Lichtbogenpreßschweißens ist das **Bolzenschweißen**. Das Verfahren dient zum Aufschweißen von bolzen- oder stiftförmigen Teilen mit bis zu 25 mm Durchmesser.

Beim Gaspreßschweißen werden die Werkstücke an den Stoßflächen mit oder ohne Stoßflächenabstand durch Brenngas-Sauerstoff-Flammen erwärmt und unter Anwendung von Kraft geschweißt. Unterschieden werden zwei Verfahren, das offene (Bild 5.6) und das geschlossene Gaspreßschweißen. Die Stauchkräfte werden mit handbedienten mechanischen Einrichtungen oder maschinell in Pressen erzeugt. Die Vorteile sind die geringen Investitionen, die Mobilität und die sehr gute Qualität der Schweißungen. Das Verfahren wird z.B. im Stahlbetonbau, beim Verschweißen von Fahroberleitungen und Eisenbahnschienen eingesetzt.

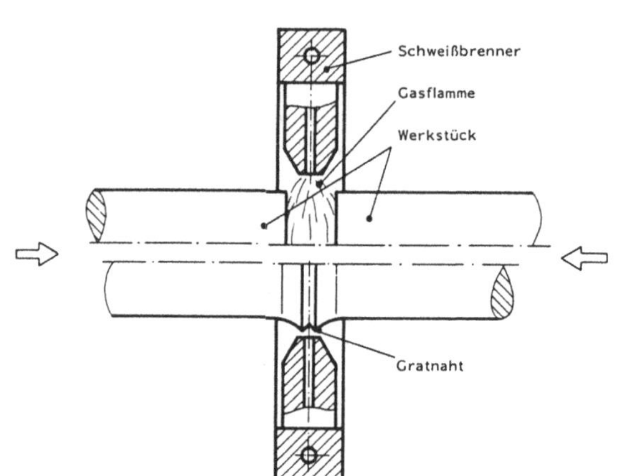

Bild 5.6: Offenes Gaspreßschweißen

Reibschweißen

Die beim Reibschweißen benötigte Wärme wird durch Relativbewegung gegeneinander gepreßter Werkstücke erzeugt. In den meisten Fällen wird dazu das eine Teil in Rotation versetzt, während das andere in einer axial verschiebbaren Vorrichtung fest eingespannt ist und gegen das rotierende Teil gepreßt wird. Beim Erreichen der zum Schweißen erforderlichen Temperatur (örtlich kann Schmelztemperatur auftreten) und Plastizität, wird das rotierende Teil abgebremst und gleichzeitig der Anpreßdruck erhöht (Bild 5.7). In dieser Stauchphase erfolgt die Verbindung und es bildet sich ein Wulst, der anschließend abgedreht wird.

Die Rotationsenergie kann durch einen kontinuierlichen Antrieb, durch ein sich drehendes Schwungrad oder durch die Kombination der beiden Antriebs-

arten erzeugt werden. Das kombinierte Reibschweißen (Hybrid-Reibschwei-
ßen) hat die weiteste Verbreitung gefunden. Bei diesem Verfahren können die
wichtigsten Schweißparameter wie Drehzahl, flächenbezogene Reibkraft,
Reibzeit, Brems- und Stauchzeitpunkt sowie die flächenbezogene Stauchkraft
und Stauchzeit frei gewählt werden. Die Maschinen sind mit CNC-Steuerun-
gen ausgerüstet. Der Schweißvorgang und die Handhabung der Werkstücke
können voll automatisiert werden.

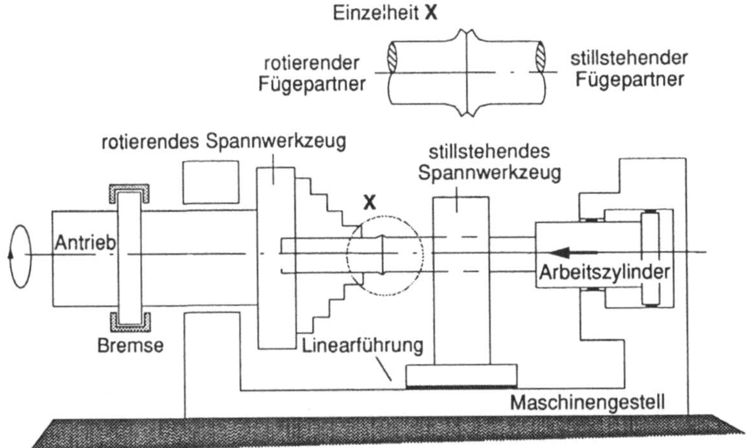

Bild 5.7: Prinzip des Reibschweißens [5.2]

Zum Reibschweißen sind alle rohr-, stab- und scheibenförmigen Werkstücke
geeignet. Schweißbar sind legierte und unlegierte Stähle, Grauguß, Sinterwerkstoffe, NE-Metalle und thermoplastische Kunststoffe. Die Vorteile liegen in der hervorragenden Schweißqualität und in der Möglichkeit unterschiedliche Werkstoffe, die sonst mit kaum einem anderen Verfahren
schweißbar sind, miteinander zu verschweißen, wie z.B. Stahl mit Aluminium
und Stahl mit Kupfer [5.3].
Das Reibschweißen wird zum Verschweißen von Achs-, Gelenk- und An-
triebswellen, Getriebeteilen, Lenkstangen, natriumgekühlten Auslaßventilen
(reibgeschweißt auf Vertikalmaschinen), Hydraulikkolben, Kolbenstangen,
Rotoren für Elektromotoren, Fahrradgabeln und ähnlichen Teilen eingesetzt.

Ultraschallschweißen

Die Werkstücke werden an den Stoßflächen durch Einwirkung von Ultraschall
ohne oder mit gleichzeitiger Wärmezufuhr unter Anwendung von Kraft vor-

zugsweise ohne Schweißzusatz geschweißt. Schwingungsrichtung des Ultraschalls und Kraftrichtung verlaufen zueinander senkrecht, wobei die Stoßflächen der Werkstücke aufeinander reiben. Die Kraft wird i.a. über das schwingende Werkzeug aufgebracht (Bild 5.8). Je nach Ausbildung des Werkzeugs und Art der Berührung können Punkte oder Liniennähte geschweißt werden (*DIN 1910*).

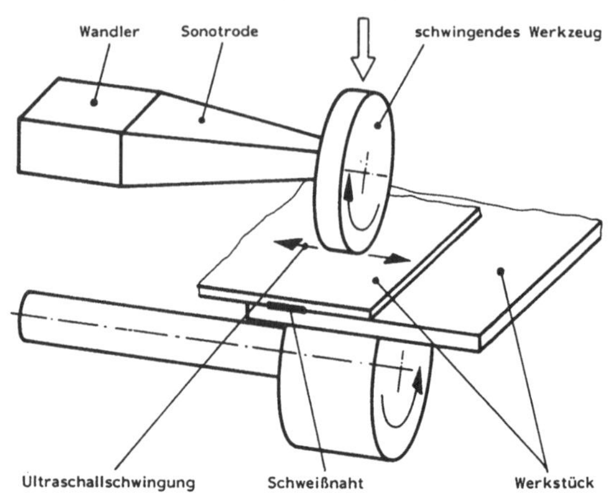

Bild 5.8: Ultraschallschweißen (nach *DIN 1910, Teil 2*)

Die Maschinen zum Ultraschallschweißen bestehen im wesentlichen aus den Komponenten Schweißpresse (meist pneumatisch angetrieben) mit Werkstückaufnahme und ggf. Vorschubsystem, Hochfrequenz-Generator und Schallwandler. Die Arbeitsfrequenzen betragen in der Regel 20 kHz, in Sonderfällen bis 60 kHz. Die Werkzeugamplituden liegen im Bereich zwischen 15 und 40 µm.

Das Ultraschallschweißen wird zum Verbinden von thermoplastischen Kunststoffen und von Metallen eingesetzt. Beispiele von geschweißten Kunststoffteilen sind in allen Industriezweigen zu finden, hauptsächlich aber in der Automobilindustrie (z.B. Schweißen ganzer Instrumententafeln), in der Verpackungsindustrie, in der Feinwerk- und Elektrotechnik. Beispiele von Metallverbindungen sind das Schweißen von Folien und dünnen Blechen aus Aluminium und Kupfer, das Kontaktieren von Drähten und das Verschweißen von Elektrolytkondensatoren.

Kaltpreßschweißen

Prinzipiell ließen sich metallische Werkstoffe im festen Zustand ohne Kraft- und Wärmeanwendung miteinander verschweißen, wenn eine Annäherung von bis zu atomaren Abmessungen (10^{-4} µm) spiegelbildlichen, von Verunreinigungen freien Oberflächen auf atomare Abstände erfolgte. Diese Bedingungen sind bei den technischen Werkstoffen nicht erfüllt, so daß sie unter Druck, bei dem die auf den Oberflächen befindlichen Fremdschichten aufreißen, geschweißt werden. An den freigelegten Metallbereichen können nun die atomaren Bindungskräfte wirksam werden. Bei dem Stauchvorgang treten jedoch erhebliche plastische Verformungen auf.

Der Vorteil des Verfahrens ist die Möglichkeit verschiedene Metalle miteinander verschweißen zu können, bei einer Festigkeit der Verbindung, die über der Ausgangsfestigkeit der Werkstoffe liegt, was auf die Kaltverfestigung zurückzuführen ist. Das Kaltpreßschweißen kann als Stumpf- und Überlappschweißen oder durch einen Fließ- oder Ziehvorgang erfolgen [5.2].

5.1.2 Schmelzschweißen

Schmelzschweißen ist Schweißen bei örtlich begrenztem Schmelzfluß ohne Anwendung von Kraft mit oder ohne Schweißzusatz (*DIN 1910*). Die Schweißverfahren für Metalle werden nach Art der Erwärmung, des Schutzes der Schweißstelle und der Zuführung des Schweißzusatzwerkstoffes unterschieden.

Ein äußerst wichtiger Gesichtspunkt, insbesondere beim Schmelzschweißen, ist die Beachtung der entsprechenden **Unfallverhütungsvorschriften**. Beim Gasschweißen ist die Explosionsgefahr der Gemische von Sauerstoff/Luft mit Wasserstoff/Acetylen zu beachten. Beim Lichtbogenschweißen liegt die Hauptgefahr in der Wirkung der UV-Strahlung auf Augen und Haut. Bei bestimmten Werkstoffen (Zink, Messing, Blei) können giftige Gase entstehen. Beim Schweißen von Behältern sind Rückstände des Inhalts zu entfernen.

Gasschmelzschweißen (Gasschweißen)

Das Schweißbad entsteht durch unmittelbares örtlich begrenztes Einwirken einer Brenngas-Sauerstoff- oder Brenngas-Luft-Flamme. Wärme und Schweißzusatz werden i.a. getrennt zugeführt (*DIN 1910*). Für Eisenwerkstoffe wird als Brenngas Acetylen im Volumenverhältnis 1:1 mit Sauerstoff gemischt. Das Gasschweißen wird meistens als Handschweißen im handwerklichen Bereich eingesetzt. Durch die im Vergleich zum Lichtbogenschweißen niedrigere Temperatur ergeben sich niedrigere Schweißgeschwindigkeiten und größere Wärmeeinflußzonen. Das Gasschweißen bringt jedoch auch eini-

ge Vorteile wie die kontrollierte Wärmeeinbringung durch das Nachlinks-
oder Nachrechts-Schweißen, die Möglichkeit (durch die Wahl des Mischungs-
verhältnisses) der Flamme einen neutralen, oxidierenden oder reduzierenden
Charakter zu geben und die Unabhängigkeit von Versorgungseinrichtungen
und der sich daraus ergebenden Mobilität.

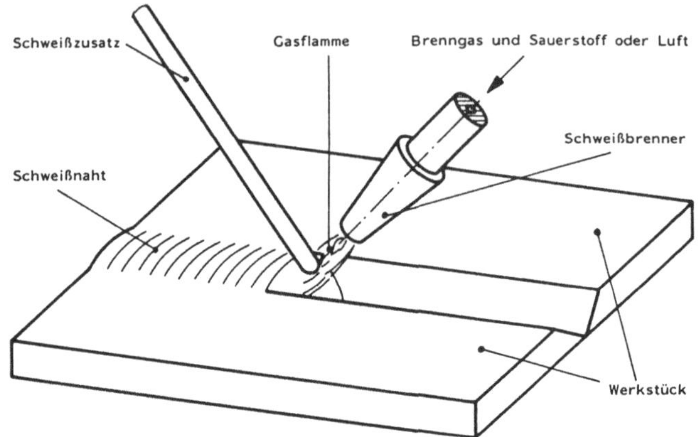

Bild 5.9: Gasschmelzschweißen (Nachrechts-Schweißen)

Beim Nachrechts-Schweißen (NR, Bild 5.9) wird der Schweißzusatz hinter
dem Schweißbrenner zugeführt. Die Schweißflamme ist auf die fertige Naht
gerichtet. Die Wärmeeinbringung ist verhältnismäßig groß, so daß diese Art
des Schweißens bei Wanddicken über 3 mm eingesetzt wird. Beim Nachlinks-
Schweißen (NL) wird der Schweißzusatz vor dem Brenner geführt. Die Flamme bläst in die offene Fuge. Daher ist die Wärmeeinbringung geringer; das
Verfahren eignet sich für dünnere Wanddicken.

Nach dem Zünden der Flamme bilden sich ein Flammkegel und eine Primär-
und Sekundärflamme (Bild 5.10). Im Flammkegel zerfällt das Acetylen
(C_2H_2) in Kohlenstoff und Wasserstoff unter Wärmeabgabe. Der Kohlenstoff
verbrennt in der Primärflamme mit dem zugemischten Sauerstoff zu Kohlenmonoxid (1. Verbrennungsstufe). Diese Zone bildet die eigentliche Schweißzone, in der die höchste Temperatur (3050 - 3200 °C) erreicht wird. In der
Sekundärflamme verbrennt das Kohlenmonoxid mit dem aus der Umgebung
eindiffundierten Sauerstoff zu Kohlendioxid und der Wasserstoff zu Wasser.
Diese zweite Verbrennungsstufe ist zum Schweißen ungeeignet, da hier der
Werkstückwerkstoff oxidiert werden kann. Bei einem Mischungsverhältnis

von 1:1 (neutrale Flamme) können in der Schweißzone durch die Gase CO und H_2 Metalloxide reduziert werden. Ein Sauerstoffüberschuß bewirkt dort eine Oxidation, ein Brenngasüberschuß eine Aufkohlung des Werkstückwerkstoffes.

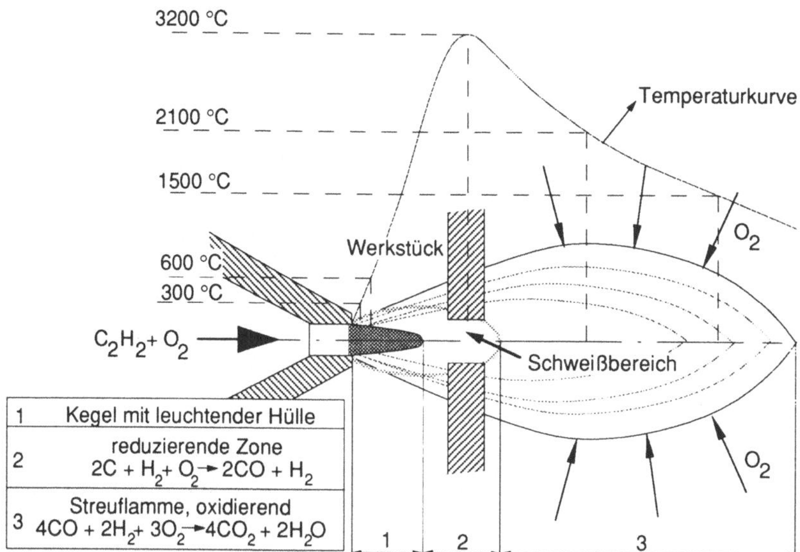

1	Kegel mit leuchtender Hülle
2	reduzierende Zone $2C + H_2 + O_2 \rightarrow 2CO + H_2$
3	Streuflamme, oxidierend $4CO + 2H_2 + 3O_2 \rightarrow 4CO_2 + 2H_2O$

Bild 5.10: Temperaturverlauf und Reaktionen in der Schweißflamme beim Gasschweißen [0.2]

Die Gasversorgung erfolgt aus Stahlflaschen (Rauminhalt meist 40 l). In der Acetylenflasche (Kennfarbe gelb), die vollständig mit einer porösen Masse gefüllt ist, befindet sich das Acetylen (bis zu 8 kg) in Aceton gelöst. Der Druck in der Acetylenflasche beträgt meist 20 bar. Acetylen wird aus Kalziumkarbid und Wasser hergestellt. Gemische mit Luft in Konzentrationen von 2,4 bis 80 % sind explosiv. Die Sauerstoffflasche (Kennfarbe blau) enthält ca. 6 m^3 Sauerstoff bei einem Fülldruck von meistens 150 bar.

Die häufigsten Schweißbrenner sind Wechselbrenner, die nach dem Injektorprinzip arbeiten (Bild 5.11). Der aus der Düse des Injektors mit hoher Geschwindigkeit austretende Sauerstoff erzeugt einen Unterdruck, wodurch das Acetylen angesaugt wird. In der Mischdüse werden die beiden Gase homogen gemischt. Die Arbeitsdrücke (Überdrücke) betragen beim Acetylen 0,2 bar und beim Sauerstoff 2,5 bar. Sie werden durch Druckminderer an den Flaschen eingestellt. Beim Zünden der Flamme wird zuerst das Sauerstoffventil und dann das Acetylenventil geöffnet, beim Löschen der Flamme wird zuerst das Acetylenventil geschlossen.

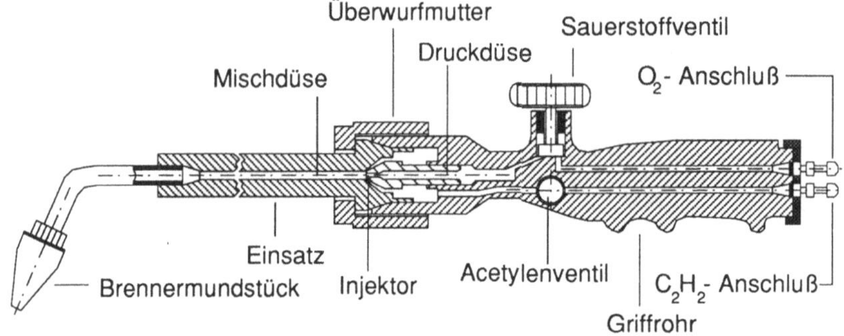

Bild 5.11: Injektorbrenner [5.2]

Lichtbogenschmelzschweißen

Das Schweißbad entsteht durch Einwirken eines oder mehrerer Lichtbögen. Der Lichtbogen brennt zwischen einer Elektrode und dem Werkstück, zwischen zwei Elektroden und/oder zwischen den Werkstücken. Bei Verwendung einer abschmelzenden Elektrode ist diese gleichzeitig Schweißzusatz (*DIN 1910*). Zum Lichtbogenschweißen gehören u.a. die Verfahren Lichtbogenhandschweißen, Schutzgasschweißen und Plasmaschweißen.

Das **Lichtbogenhandschweißen** ist trotz zunehmender Automatisierung noch immer das häufigste Schweißverfahren, was auf die einfache Handhabung und Gerätetechnik zurückzuführen ist.
Der Schweißvorgang ist im Bild 5.12 dargestellt. Durch Aufsetzen der Elektrode und anschlie-

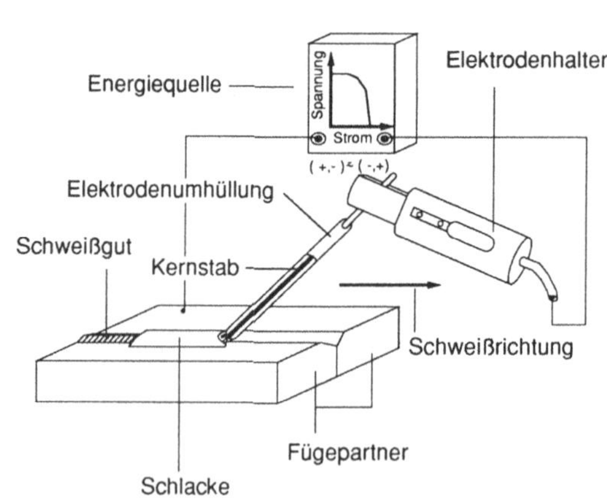

Bild 5.12: Lichtbogenhandschweißen [5.2]

ßendes Abheben wird der Lichtbogen gezündet (Kurzschlußzündung). Er bewirkt ein Aufschmelzen des Grundwerkstoffes und der umhüllten Elektrode. Der flüssige Elektrodenwerkstoff wird durch die im Lichtbogen wirksamen Kräfte zum Werkstück übertragen (auch entgegen der Schwerkraft). Der Lichtbogen brennt in einer lokalen Schutzgasatmosphäre, die durch Verdampfung der Elektrodenumhüllung entsteht. Weitere Aufgaben der Umhüllung sind die Bildung leicht ionisierbarer Elemente zur Stabilisierung des Lichtbogens und die Bildung von Schlacke, die die Schweißnaht vor atmosphärischen Einflüssen schützt.

Die Elektroden weisen verschiedene Zusammensetzungen und Dicken der Umhüllung auf und erlauben dadurch eine große Anpassungsfähigkeit an unterschiedliche Schweißaufgaben. Die Wahl der Elektrode richtet sich nach dem zu schweißenden Grundwerkstoff, der Blechdicke, den geforderten Gütewerten und der Schweißposition. Stabelektroden für das Lichtbogenschmelzschweißen sind in *DIN 1913 T1* genormt.
Zum Lichtbogenhandschweißen werden Gleichstrom- und Wechselstromquellen eingesetzt. Sie müssen Anforderungen wie ungefährliche Leerlaufspannung, begrenzter Kurzschlußstrom, Unterdrückung von Stromspitzen beim Zünden (wegen Vermeidung von Spritzern) und steil fallende statische Kennlinie $U = f(I)$ erfüllen. Bei einer steil fallenden statischen Kennlinie (siehe Bild 5.12) bleibt der Schweißstrom und damit die Abschmelzleistung trotz Spannungsschwankungen bedingt durch Lichtbogen-Längenänderungen, die beim Handschweißen unvermeidbar sind, nahezu konstant. Die zum Schweißen erforderlichen Stromstärken liegen im Bereich zwischen 20 und 500 A bei Lichtbogenspannungen von 15 bis 35 V.

Bei den **Schutzgasschweißverfahren** werden Elektrode, der zwischen Elektrode und Werkstück brennende Lichtbogen und das Schmelzbad gegen die Atmosphäre durch ein zugeführtes inertes oder aktives Schutzgas abgeschirmt. Die Verfahren werden nach Art des Brenners, der Elektrode und des Schutzgases unterschieden.
Beim **Wolfram-Inertgasschweißen (WIG)** brennt der Lichtbogen zwischen einer nichtabschmelzenden Wolframelektrode und dem Werkstück. Ein Hochfrequenzzündgerät macht berührungsloses Zünden des Lichtbogens möglich, wodurch die Elektrodenspitze geschont wird. Durch den wasser- oder luftgekühlten Brenner wird konzentrisch das Schutzgas (meist Argon, bei Leichtmetallen Argon/Helium-Gemisch oder reines Helium) zugeführt. Dünne Ble-

che können ohne Zusatzwerkstoff geschweißt werden; bei dickeren Teilen ist Zusatzwerkstoff erforderlich (Bild 5.13). Da das Verfahren häufig als Handschweißen durchgeführt wird, haben die Stromquellen eine steil fallende statische Kennlinie. Das WIG-Schweißen zeichnet sich durch hohe Schweißqualität aus; die Abschmelzleistung ist jedoch relativ niedrig.

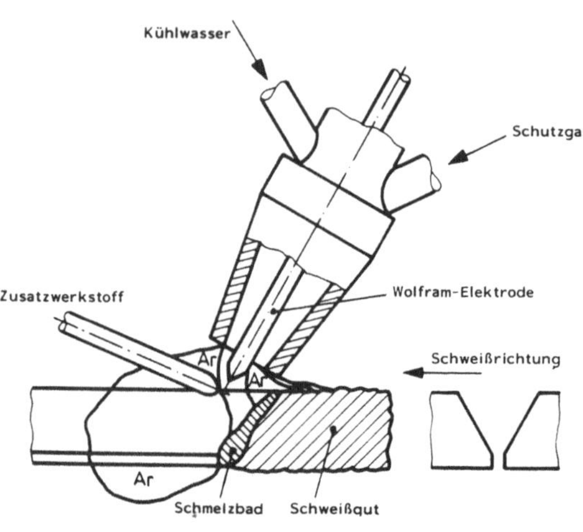

Bild 5.13: WIG-Schweißen

Es wird deshalb vorwiegend beim Dünnblechschweißen, beim Erstellen von Wurzellagen und beim Aluminiumschweißen eingesetzt.

Zum Metall-Schutzgasschweißen (MSG) gehören die beiden Verfahrensvarianten **Metall-Inertgasschweißen (MIG)** und **Metall-Aktivgasschweißen (MAG)**. Bei beiden Verfahren brennt der Lichtbogen zwischen einer abschmelzenden, mit konstantem Vorschub zugeführten Elektrode und dem Werkstück. Der Lichtbogen wird durch Kontakt der positiv gepolten Elektrode mit dem Werkstück gezündet (Kontaktzündung). Als Schweißstromquelle werden Gleichstromquellen verwendet. Die gut automatisierbaren Verfahren (Bild 5.14) zeichnen sich durch hohe Abschmelzleistung aus und gehören zu den Hochleistungs-Schweißverfahren. Aufgrund der hohen Gaskosten wird das MIG-Verfahren nur bei Schweißaufgaben eingesetzt, die mit dem MAG-Schweißen nicht mit ausreichender Qualität auszuführen sind. Dazu zählt das Schweißen von Aluminiumwerkstoffen und austenitischen Stählen. Beim MAG-Verfahren werden je nach Art des Schutzgases die Varianten MAGC (Schutzgas CO_2) umd MAGM (Schutzgas Argon-CO_2-Gemisch) unterschieden. Das CO_2 dissoziiert im Lichtbogen zu CO und O_2, wodurch sich eine aufkohlende und oxidierende Wirkung ergibt. Das MAGC verliert an Bedeutung, während sich das MAGM-Verfahren mehr und mehr durchsetzt. Anwendung findet das MAG-Schweißen im Automobil-, Schienenfahrzeug-, Stahl-,

Brücken- und im allge-
meinen Maschinenbau
[5.2, 5.4]. Bild 5.14 zeigt
einen 6-Achsen-Schweiß-
roboter in Knickarmbau-
weise. Der Roboter ist auf
einer Schiene (7. Achse)
verfahrbar angeordnet und
kann dadurch an mehreren
Schweißzellen arbeiten.
Die Schweißzelle ist mit
einer drehbaren Werk-
stückaufnahmevorrichtung
(8. Achse) ausgerüstet,
die das Bearbeiten von
komplexen Werkstückgeo-
metrien ermöglicht.

Bild 5.14: Bahnschweißen mit einem Industrieroboter (Quelle: Fa. Kuka)

Bei allen Schutzgas-Schweißverfahren muß auf Baustellen dafür gesorgt werden, daß das Schutzgas nicht durch Wind von der Schweißstelle entfernt
wird.

Die Plasmaschweißverfahren stellen eine Weiterentwicklung des Schutzgas-
schweißens dar. Entsprechend dazu gibt es beim Plasmaschweißen die Varianten **Wolfram-Plasmaschweißen (WP)** und **Plasma-Metall-Schutzgas-
schweißen (MSGP)**. Beim WP-Schweißen werden nach Art des Lichtbogens
die Verfahren mit übertragendem (Bild 5.15) und nicht übertragendem Lichtbogen unterschieden. Die Wolfram-Elektrode des WP-Brenners ist von einem
wassergekühlten Düsenkörper umgeben, durch den das Plasmagas (meist Argon) zugeführt und im Lichtbogen ionisiert wird. Durch die enge Düse wird
das Plasma auf eine hohe Geschwindigkeit beschleunigt. Über das äußere
Brennergehäuse wird das Schutzgas (Argon-H_2-Gemisch, Argon-CO_2-Ge-
misch) und eventuell ein Fokussiergas zum Einschnüren des Plasmastrahls
zugeführt. Der übertragende Lichtbogen, der zwischen Wolfram-Elektrode
und Werkstück brennt, wird durch einen mit Hochfrequenz gezündeten Hilfs-
lichtbogen erzeugt. Das WP-Schweißen erweitert den Einsatzbereich des
WIG-Schweißens sowohl auf kleinere (Mikroplasmaverfahren, Blechdicke

0,01 - 1 mm) als auch auf größere (Plasma-Stichlochtechnik, Blechdicken 3 -
10 mm) Blechdicken.

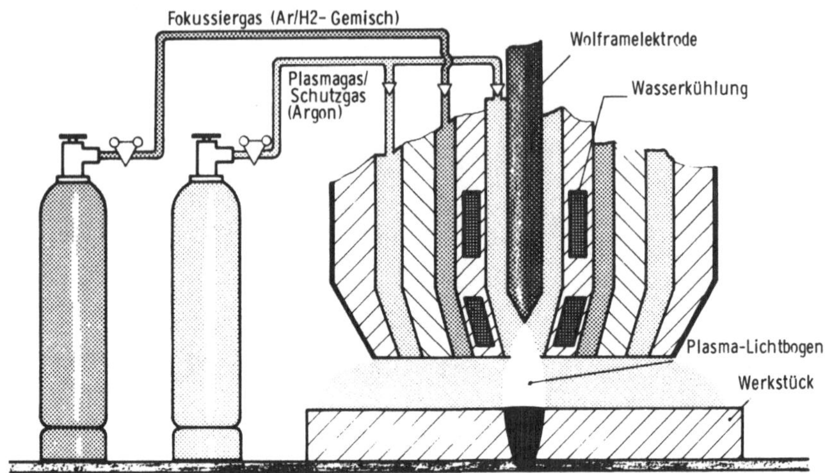

Bild 5.15: Wolfram-Plasmaschweißen

Strahlschweißen

Zu den Strahlschweißverfahren werden die Verfahren Laserstrahlschweißen
und Elektronenstrahlschweißen (EB-Schweißen) gezählt. Da die Entstehung
der Strahlen und der Aufbau der Anlagen bereits im Kap. 4.4.1 ausführlich
besprochen wurden, wird in diesem Abschnitt nur auf Besonderheiten und
Anwendungen beim Fügen eingegangen.

Die Absorption von Laserstrahlen findet bei Metallen in einer etwa 0,1 bis 1
μm dicken Schicht statt. Bei Leistungsdichten von über 2 MW/cm^2 zündet an
der Werkstückoberfläche ein Plasma, das zu einer erhöhten Einkoppelung der
Laserstrahlung und damit zu einem Tiefschweißeffekt führt. Wird die Leistungsdichte weiter gesteigert, verliert das Plasma diese positive Eigenschaft
und beginnt die Laserstrahlung stark zu absorbieren bis zu einer völligen Abschirmung des Werkstückes. Beim Laserstrahlschweißen treten an der Werkstückoberfläche relativ hohe Temperaturen auf, so daß ein Schutzgas erforderlich ist. Der Vorteil beim Laser ist die Bearbeitung von Werkstücken mit
nahezu beliebiger Geometrie. Die Werkstücke können entweder mit einem Industrieroboter (IR) an einem ortsfesten Laser gehandhabt werden oder von

einem IR-geführten Laserstrahl geschweißt werden. Beispiele aus der Automobilindustrie sind das Schweißen von hydraulischen Tassenstößeln zum Ausgleich des Ventilspiels, von Getriebe-Blechteilen, die früher aus Vollmaterial gefertigt wurden, von wasserdichten Nähten an Türen, Dach- und Bodengruppen, die das Abdichten der bisher punktgeschweißten Nähte überflüssig machen und von Bandstahl, wodurch auch die Coilenden zum Tiefziehen verwendet werden können [5.5, 5.6, 5.7, 5.8].

Beim Elektronenstrahlschweißen treffen die auf 2/3 der Lichtgeschwindigkeit beschleunigten Elektronen auf das Werkstück und werden in einer Tiefe von bis zu 50 µm abgebremst. Durch die dabei entstehende Wärme setzt ein Schmelz- und Verdampfungsvorgang ein. Durch den hohen Dampfdruck wird die Schmelze zur Seite gedrückt, so daß der Strahl in der entstandenen Dampfkapillare tiefer eindringen kann. Darauf beruht die große Tiefenwirkung der Elektronenstrahlen (Schweißtiefe bis 200 mm bei einem Tiefe/Breite-Verhältnis von 50:1) [0.5]. Ein Nachteil von Elektronenstrahlanlagen ist die Tatsache, daß meist im Vakuum oder Hochvakuum gearbeitet werden muß. Es sind jedoch auch Anwendungsfälle bekannt, bei denen in der Atmosphäre gearbeitet wird. Dabei werden die Elektronen allerdings stark gestreut, so daß hohe Beschleunigungsspannungen bei geringen Arbeitsabständen erforderlich sind. Mit dem Elektronenstrahlschweißen lassen sich viele verschiedene Metallwerkstoffe miteinander verbinden. Beispiele für elektronenstrahlgeschweißte Werkstücke sind Leichtmetall-Kolben für Verbrennungsmotoren mit einem Kolbenboden aus Grauguß, Getriebeteile, Katalysatoren, Bimetall-Bänder für Bandsägen (in Durchlaufanlagen), Turbinenteile und Treibstofftanks für die Luft- und Raumfahrtindustrie, Teile für Kernreaktoren, Herzschrittmacher und Teile für Feinwerk- und Elektrotechnik [5.7, 5.9].

5.2 Fügen durch Löten

Löten ist ein thermisches Verfahren zum stoffschlüssigen Fügen oder Beschichten von Werkstoffen mit Hilfe eines geschmolzenen Zusatzmetalles (Lotes) unter Verwendung von Flußmitteln und/oder Lötschutzgasen. Die Schmelztemperatur des Lotes liegt unterhalb derjenigen der zu verbindenden Grundwerkstoffe. Diese werden benetzt, ohne geschmolzen zu werden. Der Bindungsvorgang hängt vom System Lot-Grundwerkstoff und von der Löttemperatur und -zeit ab. Bei Metallen ohne gegenseitige Löslichkeit beruht die Bindung auf Adhäsionskräften (Oberflächenbindungen durch freie Valenzen). Bei geringer gegenseitiger Löslichkeit von Lot und Grundmetall erfolgt eine Diffusion im Grenzbereich, bei guter gegenseitiger Löslichkeit entstehen räumliche Diffusionsbindungen. Die Diffusionszone ist umso dünner, je größer der Schmelztemperaturunterschied von Grund- und Lotwerkstoff ist.

Die Unterteilung der Verfahren wird nach der Schmelztemperatur der Lotwerkstoffe vorgenommen. Beim **Weichlöten** liegt die Temperatur unter 450 °C, beim **Hartlöten** oberhalb 450 °C und beim **Hochtemperaturlöten** oberhalb 900 °C.

Bei Weichlötverbindungen stehen dichtende und/oder elektrisch leitende Eigenschaften im Vordergrund. Wenn Festigkeitsanforderungen erfüllt werden müssen, sind entsprechende konstruktive Maßnahmen (z.B. Falzen der Verbindungsstelle) zu treffen. Die überwiegende Anzahl der Weichlote ist auf Zinn- und/oder auf Bleibasis aufgebaut. Die Energiezufuhr kann mit Lötkolben, Flamme, Lotbad (Wellenlöten von bestückten Leiterplatten, Bild 5.16), Warmgas, Ultraschall, im Ofen und durch elektrischen Strom (Induktions-, Widerstandslöten) erfolgen.

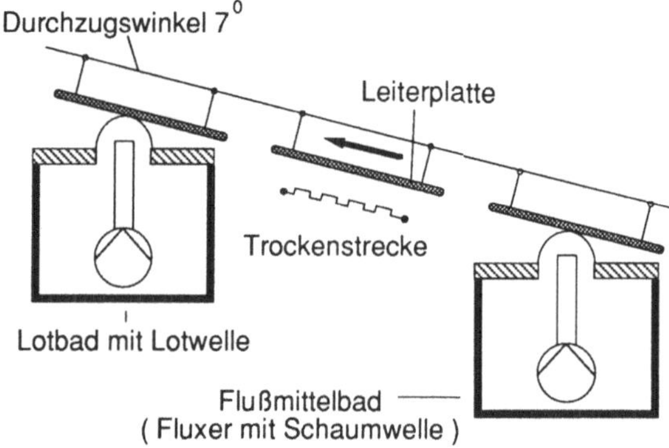

Bild 5.16: Wellenlöten (nach *DIN 8505 T3*)

Im Zuge der Miniaturisierung elektronischer Bauteile und der Leiterplatten wurde eine neue Bestückungs- und Löttechnik (SMT, Abk. für Surface Mount Technology) entwickelt. Dabei werden die Bauteile nicht mehr wie früher mit ihren Anschlußdrähten durch die Leiterplatte durchgesteckt und von unten verlötet, sondern auf der Oberfläche der Leiterplatten befestigt (Bild 5.17). Die Bauteile werden entweder in eine durch Siebdruck aufgebrachte Lötpaste eingebettet und dann im Reflow-Lötverfahren gelötet oder auf die Leiterplatte aufgeklebt und dann durch Wellen- bzw. Schwallöten mit den Leiterbahnen verbunden. Die zweite Methode hat den Vorteil, daß die Bauteile auf beiden Seiten der Leiterplatte befestigt werden können. Die Vorteile dieser Technik sind der bis zu 50 % kleinere Platzbedarf der Bauteile durch Wegfall der Anschlußdrähte, kleinere Masse und die daraus resultierende geringere Anfälligkeit für Schwingungsschäden (wichtig bei der Kfz-Elektronik) sowie die bessere Automatisierbarkeit der Bestückung.

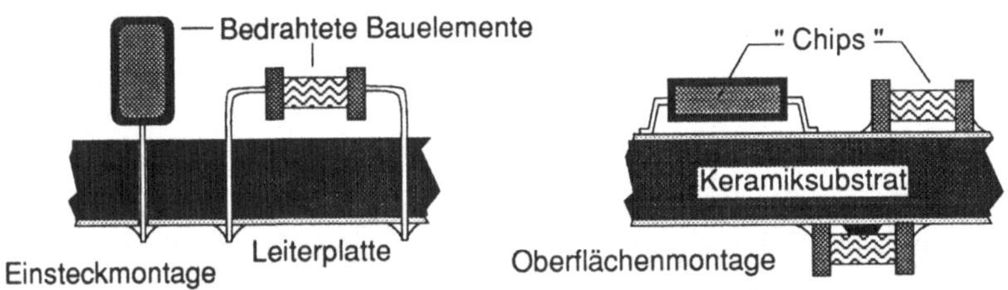

Bild 5.17: Konventionell- und SMT-bestückte Leiterplatte

Die Festigkeit hartgelöteter Verbindungen hängt in erster Linie von der lötgerechten Konstruktion und dem angewandten Lötverfahren ab. In vielen Fällen erreicht sie die Festigkeit der Grundwerkstoffe. Für Schwermetalle werden vorwiegend kupferhaltige, oft auch edelmetallhaltige NE-Legierungen als Lotwerkstoffe verwendet. Für Leichtmetalle stehen Aluminium-Silicium-Hartlote zur Verfügung. Das Angebot geeigneter Energie-Träger ist sehr breit und reicht vom einfachen Flammlöten bis zu den beim Schweißen behandelten Strahlverfahren. Das Hartlöten wird z.B. bei der Herstellung von Leichtmetall-Wärmetauschern (Fahrzeugkühler) eingesetzt.
Sowohl beim Weich- als auch beim Hartlöten werden Flußmittel verwendet. Flußmittel dienen dem Abbau (Reduktion) der auf Metalloberflächen befindlichen Oxidschichten und ermöglichen dadurch eine einwandfreie Benetzung. Flußmittel sind i.a. Säuren oder Substanzen, die beim Erhitzen Säuren abspalten. Nach dem Löten müssen Flußmittelreste entfernt werden, da sonst Korrosionsgefahr besteht.

Das Hochtemperaturlöten erfolgt flußmittelfrei im Vakuum oder in einer Schutzgasatmosphäre. Die Festigkeit der Verbindungen aus niedrig- bis hochlegierten Stählen erreicht die Festigkeit der Grundwerkstoffe. Die am meisten verwendeten Lote sind Nickel-, Gold-Nickel und Kupferbasislote.

Die wichtigsten   Anwendungsgebiete für das Hochtemperaturlöten finden sich in der Luft- und Raumfahrtindustrie, im Triebwerks- und Turbinenbau, in der Kerntechnik und beim Bau von Wärmetauschern.

5.3 Fügen durch Kleben

Kleben ist Fügen unter Verwendung eines Klebstoffes, d.h. eines nichtmetallischen Werkstoffes, der Fügeteile durch Flächenhaftung und innere Festigkeit (Adhäsion und Kohäsion) verbinden kann. Um eine optimale Flächenhaftung zu erreichen, muß der Klebstoff die Klebflächen wie eine Flüssigkeit benetzen. Zu diesem Zweck enthält er entweder Lösungs- oder Dispersionsmittel, oder er wird als Schmelze bzw. als Gemisch reaktionsfähiger Stoffe (Reaktionsklebstoffe) auf die zu klebende Fläche aufgetragen (*DIN 8593*).
Das Abbinden (Verfestigen) der Klebschichten kann physikalisch (Verdunsten, Abkühlen) oder/und chemisch (Reaktion der Klebstoff-Komponenten) erfolgen. Das Abbinden vieler Klebstoffe, insbesondere der Reaktionsklebstoffe kann durch erhöhte Temperatur beschleunigt werden. Zu den Reaktionsklebstoffen zählen alle Ein- und Mehrkomponenten-Systeme bei denen eine Polymerisation erfolgt. Polyester- und Epoxid-Harze sind Mehrkomponenten-Klebstoffe, anaerobe Klebstoffe sind Einkomponenten-Klebstoffe, die erst dann polymerisieren, wenn bei der Montage der Luftsauerstoff verdrängt wird [5.10].
Die Vorbehandlung der Klebeflächen ist für die Festigkeit der Verbindung ein wichtiger aber zeitaufwendiger Vorgang. Die Vorbehandlung kann durch Schleifen, Strahlen, Bürsten und Entfetten erfolgen. Der Klebevorgang sollte im staubfreien trockenen Raum stattfinden. Der Klebstoff kann durch Spritzen oder Sprühen, Streichen, Spachteln oder Filmauftragen verarbeitet werden. Die Fügeteile sollten während der gesamten Abbindungsdauer in der Fügelage fixiert bleiben.

Metallkleben   findet hauptsächlich im Flugzeugbau als Schicht-, Schalen- und Sandwichbauweise Anwendung. Geklebt werden u.a. Beplankungen an Trag- und Leitwerken sowie Hubschrauber-Rotorblätter. In Tabelle 5.1 sind die Vor- und Nachteile von Metall- und Kunststoffklebeverbindungen zusammengefaßt.

V o r t e i l e	N a c h t e i l e
1. Konstruktion stärker ausführbar (kein Durchbohren, keine gefügeschädigende Erwärmung)	1. Relativ geringe Warmfestigkeit (nur bis ca. 150 - 250 °C)
2. Verbindbarkeit ohne Wärmezufuhr	2. Mechanische und chemische Klebflächenvorbehandlung notwendig
3. Glatte Oberfläche, saubere Kontur	3. Anpassung an Einzelfall oft schwierig (sehr viele Klebsorten notwendig)
4. Klebnähte gas- und flüssigkeitsdicht	4. Geringe Festigkeit ($15\text{-}35\ \text{N/mm}^2$ stat. Scherzug (Metalle))
5. Höhere Korrosionsbeständigkeit	5. Teuer (abhängig vom Einzelfall)
6. Isolation gegen elektrischen Strom, Dämmung gegen Wärme und Körperschall, Vibrationsdämpfung	
7. Trennbarkeit durch Wärme	

Tabelle 5.1: Vor- und Nachteile des Metall- und Kunststoffklebens

6 Beschichten

Beschichten ist das Aufbringen einer fest haftenden Schicht aus formlosem Stoff auf ein Werkstück. Maßgebend ist der unmittelbar vor dem Beschichten herrschende Zustand des Beschichtungsstoffes. Die Gliederung der Hauptgruppe Beschichten erfolgt nach verfahrenstechnischen Gesichtspunkten bzw. nach dem Aggregatzustand des Beschichtungsstoffes (Bild 6.1). Als Beschichtungsstoffe (Schichtwerkstoffe) kommen metallische (z.B. Kupfer, Nickel, Chrom), anorganisch-nichtmetallische (z.B. Email, Keramik) und organische (Lacke) Werkstoffe in Betracht.

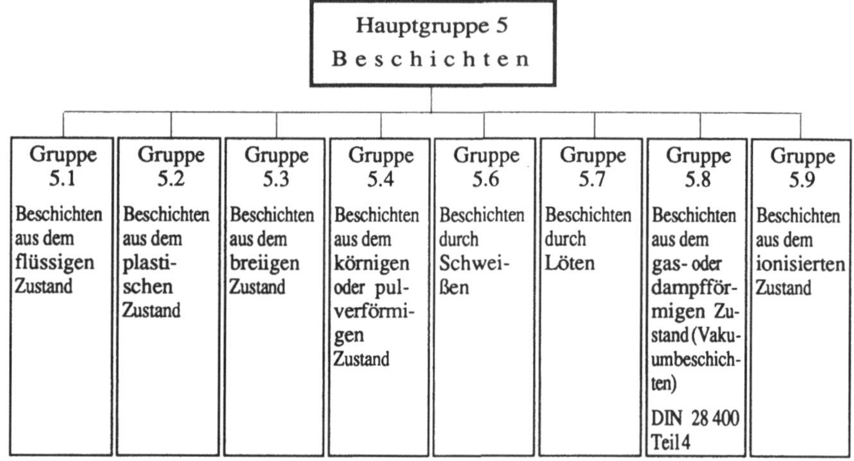

Bild 6.1: Einteilung der Hauptgruppe Beschichten (nach *DIN 8580*)

An die Oberflächen von Werkstücken werden häufig Anforderungen gestellt, die der Grundwerkstoff nicht erfüllen kann. Beschichtungen können diese Aufgaben (Bild 6.2) übernehmen. Damit ist eine getrennte Betrachtungsweise der Volumen- und Oberflächeneigenschaften von Bauteilen möglich. Der sich daraus ergebende Vorteil ist eine, für jede Anwendung optimale Werkstoffauswahl bei einer wirtschaftlichen Fertigung. Die Bedingung ist jedoch eine einwandfreie, auf den Grund- und Schichtwerkstoff abgestimmte Vorbehandlung [6.1, 6.12].

Die verschiedenen Beschichtungsverfahren werden nach Kriterien wie Reproduzierbarkeit, Gleichmäßigkeit und Fehlerfreiheit des Schichtauftrages, Steu-

erbarkeit des Prozeßablaufs, Gewährleistung der physikalischen, chemischen und optischen Eigenschaften und in letzter Zeit verstärkt nach ihrer Umweltverträglichkeit beurteilt.

Beschichtungen kommt eine große volkswirtschaftliche Bedeutung zu. Sie sollen neben verschiedenen anderen Aufgaben vor allem Objekte jeder Art vor Umgebungseinflüssen schützen und damit ihre Funktion und ihren Wert möglichst lang erhalten.

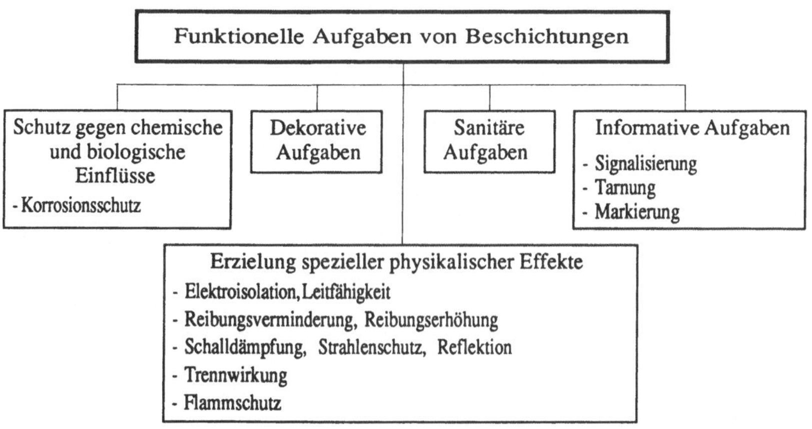

Bild 6.2: Funktionelle Aufgaben von Beschichtungen

6.1 Beschichten aus dem flüssigen Zustand

Für den industriellen Einsatz wurden die verschiedensten Verfahren des Beschichtens mit flüssigen Beschichtungsstoffen entwickelt. Die wichtigsten Verfahren dieser Gruppe sind die Lackierverfahren. Zum Lackieren wird üblicherweise auch das **Elektrotauchlackieren (ETL)** und das **Pulverlackieren** gezählt. Verfahrenstechnisch ist das ETL jedoch ein Beschichten aus dem ionisierten Zustand, während das Pulverlackieren zur Gruppe Beschichten aus dem körnigen oder pulverförmigen Zustand gehört. Abweichend von der Einteilung der Verfahren nach *DIN 8580* wird das ETL in diesem Kapitel behandelt.

6.1.1 Lackieren

Nach *DIN 55 945* ist Lackieren die Herstellung einer zusammenhängenden Beschichtung (Lackfilm) mit einem Beschichtungsstoff (Lack) auf der Basis organischer Bindemittel.

Für die unterschiedlichen Grundwerkstoffe wie Holz, Metalle, Kunststoffe und mineralische Baustoffe sind zahlreiche Lacksysteme erforderlich. Jedes Lackmaterial besteht aus einer Vielzahl von Komponenten, die sich in vier Gruppen einteilen lassen (Bild 6.3):

- Filmbildner (meist Lackharze),
- Farbmittel (Pigmente, Farbstoffe) und Füllstoffe,
- Hilfsstoffe (Additive, flüchtig und nichtflüchtig) und
- Lösemittel (organisch und/oder Wasser).

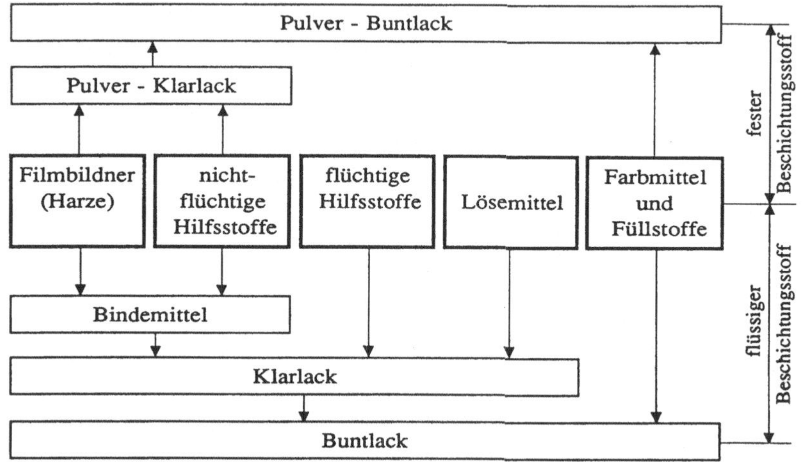

Bild 6.3: Zusammensetzung von Lacken

Filmbildner sind der wichtigste Bestandteil von Lacken. Sie bestehen hauptsächlich aus synthetischen Harzen wie z.B. den Alkyd-, Polyamid- und Polyurethanharzen. Im flüssigen Lack können sie gelöst oder als fein verteilte disperse Phase vorliegen. Filmbildner bestimmen weitgehend das Verhalten des flüssigen Lackes, seinen Filmbildungsmechanismus (physikalische Trocknung oder chemische Vernetzung) und die Schichteigenschaften wie Haftung, Härte, Elastizität und Abriebfestigkeit. Zusammen mit den nichtflüchtigen Hilfsstoffen bilden die Filmbildner das **Bindemittel**.

Farbmittel sind für die Farbgebung und Deckkraft der Beschichtung wesentlich. Farbmittel werden in Pigmente und Farbstoffe unterteilt. Pigmente sind anorganische oder organische Stoffe, die im Anwendungsstoff (Lack) praktisch unlöslich sind, während Farbstoffe lösliche organische Farbmittel sind. Füllstoffe sind im Anwendungsstoff unlösliche organische Substanzen, die zur Veränderung des Volumens und zur Erzielung oder Verbesserung technischer und optischer Eigenschaften dienen. Pigmente und Füllstoffe können bei Klarlacken entfallen.

Mit Ausnahme von Weichmachern werden **Hilfsstoffe** den Lacken nur in kleinen Mengen zugegeben. Sie haben bereits bei kleinen Konzentrationen erhebliche Wirkungen. Sie erleichtern das Dispergieren der Pigmente, unterdrücken ihre Neigung zum Absetzen, beeinflussen das Fließverhalten des Lackmaterials beim Auftragen, beschleunigen die Aushärtung und erhöhen den Glanz.

Lösemittel (auch Lösungsmittel) haben die Aufgabe, Binde- und Farbmittel sowie die Hilfsstoffe zu lösen bzw. zu verteilen. Sie sind für die Verarbeitungseigenschaften, den Verlauf und die Schichtdicke verantwortlich und verdunsten bei der Filmbildung aus dem aufgetragenen Lackfilm. Reaktive Lösemittel werden bei der Filmbildung durch chemische Reaktion ein Bestandteil des Bindemittels und verlieren dadurch ihre Eigenschaft als Lösemittel [6.2].

Die Kriterien zur Einteilung der verschiedenen Lacksysteme sind u.a.: Art der Zusammensetzung (Benennung nach Art des Bindemittels oder nach Lösemittel), Beschaffenheit (z.B. Pulverlack), Auftragsverfahren (Spritzlack, Tauchlack), Filmbildung (Einbrennlack, Zweikomponenten-Reaktionslack), Glanzgrad (Hochglanzlack, Mattlack), Effekt (Schrumpflack), Anwendung (Vorlack, Decklack), Verwendung (Holzlack) und zu beschichtendes Objekt (Fensterlack, Bootslack).

Die Lacksysteme, die heute noch überwiegend zur Anwendung kommen, bestehen zu 50 - 70 % aus organischen Lösemitteln und zu 30 - 50 % aus Bindemitteln, Farbmitteln und Hilfsstoffen. Durch Umweltschutzauflagen wird die Entwicklung neuer Lackmaterialien und Beschichtungsverfahren vorangetrieben. Bei den Lacken konzentrieren sich die Entwicklungen auf wässrige, festkörperreiche (lösemittelarme) oder lösemittelfreie Lacksysteme.

Bei den wässrigen Lacksystemen (sog. Wasserlacke) muß nach wasserlöslichen Materialien und wasserverdünnbaren Dispersionen unterschieden werden. Bekanntester Vertreter der wässrigen Lacksysteme sind die Elektrotauchlacke. Die meisten Wasserlacke enthalten einen geringen Anteil organischer Lösemittel. Probleme treten bei der Verarbeitung mit elektrostatischer Aufladung auf.

Festkörperreiche Lacke (sog. high-solid-Lacke) entstehen durch die Anhebung des Festkörper-, d.h. durch die Reduzierung des Lösemittelanteils über eine Reduzierung der Molmassen der Harze. Sie werden als Einkomponenten- (65 - 70 Gew.-% Festkörperanteil) und Zweikomponenten-Systeme (75 - 80 Gew.-% Festkörperanteil) formuliert.

Bei den lösemittelfreien Lacken unterscheidet man zwischen Pulverlacken und strahlenhärtenden Systemen. Bei den strahlenhärtenden Lacken werden die als Monomere vorliegenden Bindemittel durch Einwirkung von UV- oder Elektronenstrahlen polymerisiert [6.5].

Die vielfältigen Anforderungen, die bezüglich der Schutzwirkung, der optischen Qualität und der Beständigkeit gegen äußere Einflüsse an eine Beschichtung gestellt werden, sind oft nicht mit einer einzigen Schicht zu erreichen. Deshalb werden mehrere Schichten übereinander aufgetragen, von denen jede für ihre spezielle Aufgabe optimal eingestellt ist. Im Bild 6.4 sind die Verfahrensschritte bei der Beschichtung von Automobilkarosserien beispielhaft dargestellt. Die wesentlichen Schritte sind:

- Vorbehandlung
Die Vorbehandlung besteht aus den Schritten Vorreinigen, Entfetten, Spülen und Phosphatieren. Die Vorreinigung entfernt die groben Verunreinigungen. Die Entfettung löst Fett (z.B. Tiefziehfette), Öl, Wachs und andere von vorangegangenen Bearbeitungsverfahren herrührende Verschmutzungen. Die Entfettung mit wässrigen Medien (Verfahren mit organischen Lösemitteln werden hier nicht mehr eingesetzt) kann alkalisch, neutral oder sauer erfolgen. Die Tendenz geht zu neutralen, sog. mildalkalischen Entfettern. Das nach einem Spülvorgang sich anschließende Phosphatieren dient als temporärer Korrosionsschutz und verbessert die Haftfestigkeit der nachfolgenden Lackschicht. Die wichtigsten Phosphatierverfahren sind die Zink- und Alkaliphosphatierung. Bei der Zinkphosphatierung wird eine wässrige Lösung von Phosphorsäure, sauren Zinkphosphaten und speziellen Zusatzmitteln verwendet. Beim Einwirken der Lösung bildet sich auf dem Substrat (Stahl, verzinkte Bleche), das durch den Angriff der Phosphorsäure gebeizt und aufgerauht wird eine feinkristalline Schutzschicht aus tertiärem Zinkphosphat. Bei der

Alkaliphosphatierung (auch Eisenphosphatierung) werden nichtkristalline Schichten aus Eisen(III)-phosphat gebildet. Sie sind wesentlich dünner als Zn-Phosphat-Schichten und bieten einen geringeren Korrosionsschutz. Das Phosphatieren kann als Spritz-, Tauch- oder als kombiniertes Spritz-Tauchverfahren erfolgen [6.2, 6.3, 6.6].

- Kathodische Elektro-Tauchlackierung (KTL, siehe Kap. 6.1.2) als Korrosionsschutz und anschließende Trocknung.

- Versiegelung der Nähte und PVC-Unterbodenschutz
Die sich überlappenden, punktgeschweißten Bleche müssen im unteren Bereich der Karosserie abgedichtet werden, damit keine Feuchtigkeit zwischen die Bleche eindringen und zur Korrosion führen kann. Sollen für die Abdichtarbeiten Roboter eingesetzt werden, müssen sie besondere Anforderungen bezüglich Kinematik und Sensorik erfüllen. Der PVC-Unterbodenschutz wird vorwiegend von Beschichtungsrobotern mit Airless-Spritzpistolen (siehe Kap. 6.1.3) aufgetragen.

- Grundlackauftrag
Der Grundlack (Füller) übernimmt, wie die KTL-Schicht, den Korrosionsschutz. Er dient der anschließenden Decklackschicht als Haftgrund und vermindert beim Steinschlag die Verletzungsgefahr der darunterliegenden Schichten. Unebenheiten und Fehler, die aus dem Rohbau kommen (z.B. Schleiffriefen) können durch Schleifen der Füllerschicht ausgebessert werden. Der Grundlack wird mit dem Hochrotationsverfahren mit elektrischer Aufladung (siehe Kap. 6.1.3) appliziert.

- Decklackauftrag
Nach einer sorgfältigen Reinigung der gesamten Karosserie wird der Decklack aufgetragen. Je nach Lacksystem wird die Hochrotation oder die Druckluftzerstäubung eingesetzt. Der Innenraum der Karosserie wird manuell oder mit Beschichtungsrobotern lackiert. Metallic-Lackierungen erfolgen in zwei Schritten als Basislack- und Klarlackauftrag. Der Klarlack wird mit Hochrotation appliziert. Es schließen sich ein Trocknungsvorgang und die Endkontrolle an.

Die Gesamt-Trockenschichtdicke einer Pkw-Lackierung liegt bei ca. 100 µm. Die Trockenschichtdicken einzelner Schichten betragen beim KTL ca. 30 µm, beim Grundlack ca. 30 - 35 µm und beim Einschicht-Decklackauftrag (Uni) ca. 40 µm.

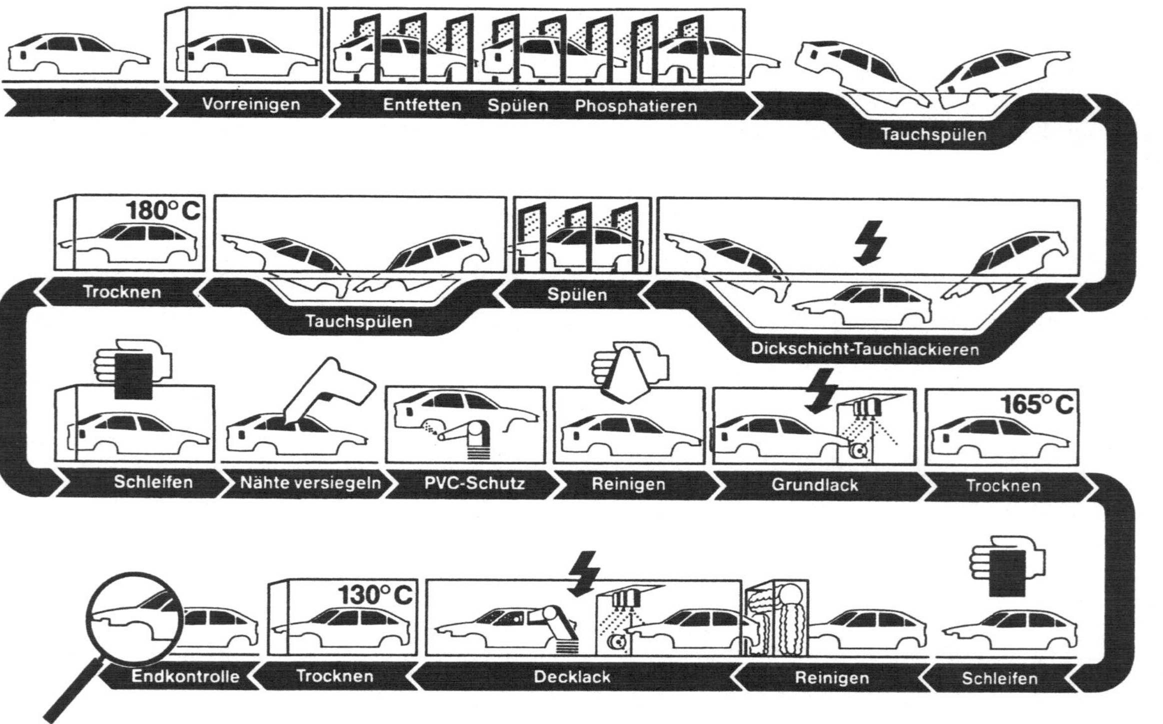

Bild 6.4: Verfahrensschritte bei der Beschichtung von Karosserien (nach
Adam Opel AG)

Der beim Lackieren nicht abgeschiedene Lacknebel (Overspray) wird durch die in den Lackierkabinen senkrecht von oben nach unten strömende Luft abgeführt und gelangt in die Naßauswaschung unter dem Kabinenboden. Dort bildet sich ein Lackschlamm, der entsorgt werden muß.

Der Fertigungsschritt des Lackierens ist mit der Entstehung von Emissionen (Verdunstung der organischen Lösemittel), Abwasser (aus der Vorbehandlung und der Lacknebel-Abscheidung) und Abfall (Lackschlamm) verbunden. Damit keine Umweltschädigung erfolgt, sind geeignete Maßnahmen zu treffen. Emissionen können durch Primär- und Sekundärmaßnahmen vermindert werden (Bild 6.5). Abwasser kann durch Aufbereitung und Wiederverwendung weitgehend vermieden werden. Lackschlammreduzierung kann durch die Verbesserung des Auftragswirkungsgrades und durch den Einsatz neuer Lackmaterialien und Beschichtungstechnologien erfolgen.

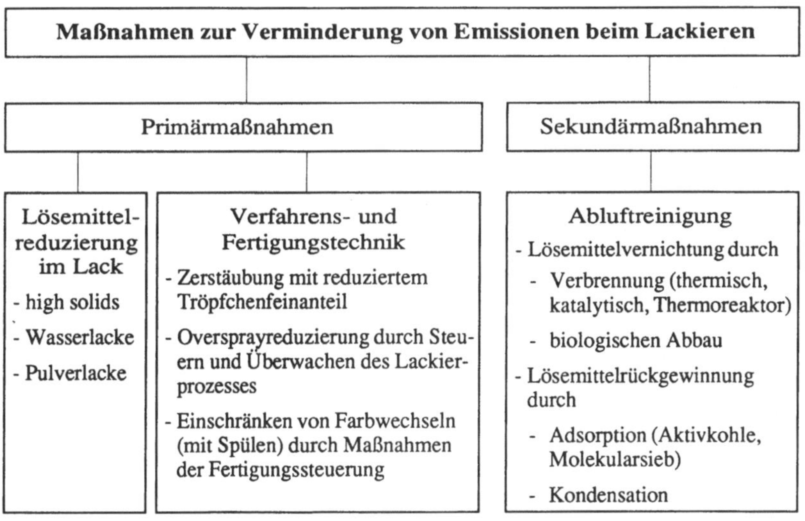

Bild 6.5: Maßnahmen zur Verminderung von Emissionen beim Lackieren [6.11]

6.1.2 Lackieren durch Tauchen

Beim Tauchlackieren werden die Werkstücke in den Lack eingetaucht und nach dem sie benetzt sind, wieder herausgezogen. Der Lack haftet an der gesamten Oberfläche, bei offenen Hohlräumen auch an den Innenflächen und wird danach wie bei anderen Lackierverfahren getrocknet. Das Tauchlackieren ist ein Verfahren, das sich vorwiegend für die Serienfertigung von Massengütern eignet.

Da die Werkstücke vollständig in einen mit Lack gefüllten Behälter getaucht werden, müssen sie einige Voraussetzungen erfüllen:

- Damit die Werkstücke nicht aufschwimmen, sollte ihr Werkstoff eine grössere Dichte als der Lack aufweisen. Ist dies nicht der Fall, bzw. treten bei Hohlkörpern Auftriebskräfte auf, müssen die Werkstücke fest mit dem Transportsystem verbunden sein.

- Beim Eintauchen dürfen in offenen Hohlräumen keine Luftblasen verbleiben, weil dort sonst kein Lack abgeschieden wird.

- Beim Austauchen darf durch die Werkstücke kein Lack ausgeschöpft werden.

- Die Werkstücke müssen absolut sauber sein, da die eingeschleppten Verunreinigungen den Lack schädigen bzw. unbrauchbar machen können.

Bei Beachtung der genannten Voraussetzungen und einiger verfahrenstechnischen Maßnahmen (Nachdosierung, Verhinderung von Sedimentation durch Umwälzung, konstante Lacktemperatur), bietet das Tauchlackieren erhebliche Vorteile wie hohe Wirtschaftlichkeit, hohen Automatisierungsgrad, geringe Lackverluste und vollständige Beschichtung der Werkstücke. Es sind allerdings keine hohen dekorativen Qualitäten erreichbar, so daß dieses Verfahren nur für Grundierungen oder z.B. bei Beschichtungen von Landmaschinen eingesetzt wird [6.7].

Konventionelles Tauchlackieren

Konventionelle Tauchverfahren, d.h. Tauchverfahren, bei denen keine Umwandlung des Bindemittels stattfindet, werden nach Art der verwendeten Lacke bzw. der Art der Lösemittel unterschieden. Beim Tauchen mit Lacken, die organische Lösemittel enthalten, muß die hohe Brandgefahr beachtet werden. Die Lacke müssen eine ausreichende Stabilität, 2-K-Lacke eine lange Topfzeit aufweisen. Lacke, die Trichloräthylen (Tri) als Lösemittel enthalten, dürfen aus Umweltschutzgründen nicht mehr in der Produktion eingesetzt werden. Beim Tauchen mit Wasserlacken können die Brandschutzmaßnahmen entfallen. Die entstehenden Dämpfe (Wasser, geringe Mengen organischer

Lösemittel, Ammoniak und Amine) sind, verglichen mit organischen Lösemitteldämpfen, physiologisch unbedenklich. Die Auswahl an geeigneten Wasserlacken ist relativ gering. Bei Umwälzung neigen sie zum Schäumen und
sind nur in einem bestimmten pH-Bereich stabil. Anlagenteile, die mit dem
Lack in Berührung kommen, müssen gegen Basen beständig sein.

Elektrotauchlackieren (ETL)

Bei den ETL-Verfahren erfolgt die Lackabscheidung infolge chemischer Umsetzung (Koagulation) des Bindemittels auf der Werkstückoberfläche. Die
Umsetzung wird bei den am häufigsten eingesetzten Verfahren durch elektrischen Stromfluß von einer Elektrode über den leitfähigen Lack zum Werkstück bewirkt. Die eingesetzten Lacke sind wasserlöslich (Suspensionen von
Binde- und Farbmitteln in vollentsalztem Wasser) mit einem geringen Anteil
(3 %) an organischen Lösemitteln. Die ETL-Verfahren werden nach der Polung des Werkstückes in anodisches und kathodisches Elektrotauchlackieren
(ATL und KTL) eingeteilt. Wegen des hervorragenden Korrosionsschutzes
wird für hochwertige Grundierungen das KTL eingesetzt, das in den folgenden Abschnitten näher erläutert wird [6.7].

Das Bindemittel der KTL-Systeme ist im Normalzustand nicht wasserlöslich
und muß daher in einer **Neutralisationsreaktion** mit organischen Säuren
(z.B. Essigsäure) ionisiert und in den wasserlöslichen Zustand überführt werden. An den Elektroden und am Werkstück wird infolge des elektrischen
Stroms durch **Elektrolyse** das Wasser zersetzt und Gase (H_2 und O_2) sowie
Ionen freigesetzt. Die an der Grenzfläche zum kathodisch gepolten Werkstück entstehenden Hydroxylionen (OH^-) bewirken eine Umkehrung der Neutralisation und führen zu einer **Koagulation** des Bindemittels. Das koagulierte, wasserunlösliche Bindemittel wird in einem Trockner zu einem geschlossenen Lackfilm eingebrannt. Die beschriebenen Reaktionen sind im Bild 6.6
dargestellt.

Eine Elektrotauchanlage (Bild 6.7) ist im wesentlichen aus den Komponenten
Tauchbecken mit verschiedenen Kreisläufen zur Aufrechterhaltung der Badstabilität (Lackumwälzung, Lackfilterung, Kühlkreislauf, Ultrafiltration,
Anolytkreislauf und Lacknachdosierung), Spülung, Stromversorgung und
Transportsystem aufgebaut. Bild 6.8 zeigt eine KTL-Anlage für die Beschichtung von Karosserien.

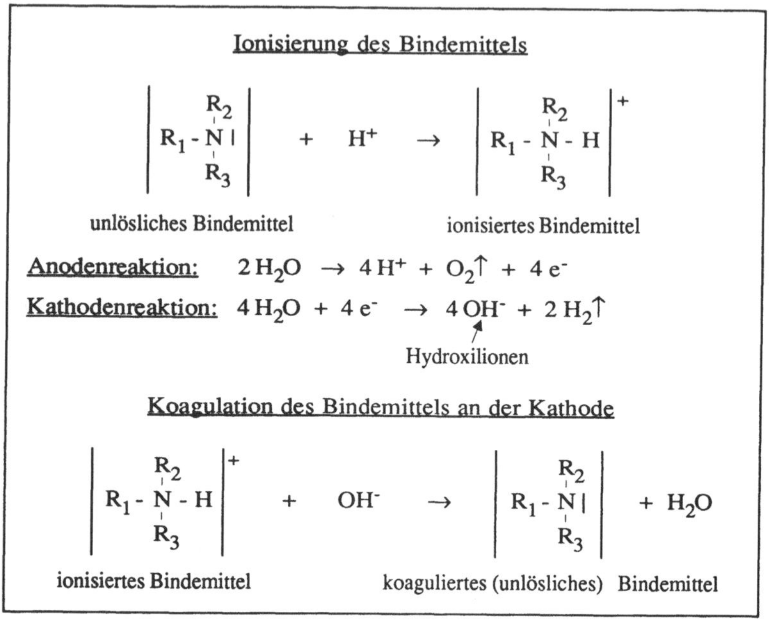

Ionisierung des Bindemittels

$$\begin{vmatrix} & R_2 & \\ R_1 - & N\, | & \\ & R_3 & \end{vmatrix} \;+\; H^+ \;\rightarrow\; \begin{vmatrix} & R_2 & \\ R_1 - & N - H & \\ & R_3 & \end{vmatrix}^{+}$$

unlösliches Bindemittel   ionisiertes Bindemittel

Anodenreaktion: $2\,H_2O \;\rightarrow\; 4\,H^+ + O_2\uparrow + 4\,e^-$

Kathodenreaktion: $4\,H_2O + 4\,e^- \;\rightarrow\; 4\,OH^- + 2\,H_2\uparrow$

Hydroxilionen

Koagulation des Bindemittels an der Kathode

$$\begin{vmatrix} & R_2 & \\ R_1 - & N - H & \\ & R_3 & \end{vmatrix}^{+} \;+\; OH^- \;\rightarrow\; \begin{vmatrix} & R_2 & \\ R_1 - & N\, | & \\ & R_3 & \end{vmatrix} \;+\; H_2O$$

ionisiertes Bindemittel   koaguliertes (unlösliches) Bindemittel

Bild 6.6: Elektrochemische   Reaktionsmechanismen   beim   kathodischen Tauchlackieren [6.4]

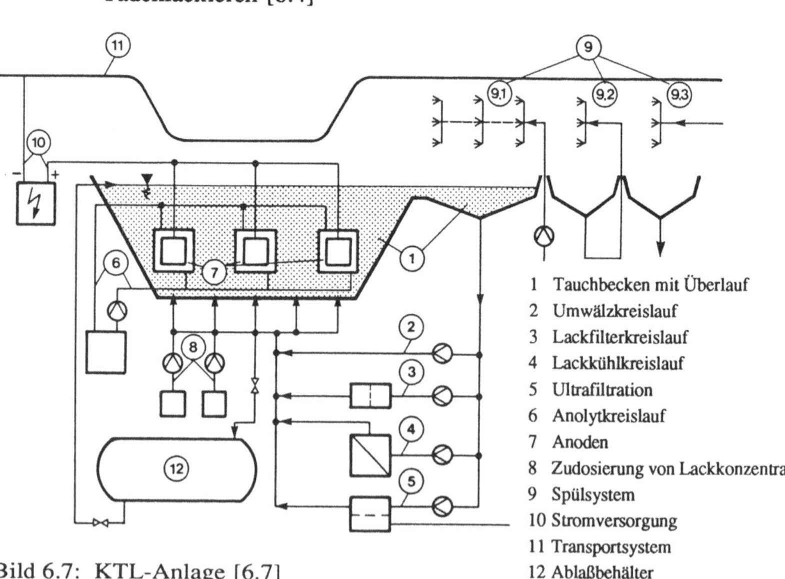

Bild 6.7: KTL-Anlage [6.7]

1 Tauchbecken mit Überlauf
2 Umwälzkreislauf
3 Lackfilterkreislauf
4 Lackkühlkreislauf
5 Ultrafiltration
6 Anolytkreislauf
7 Anoden
8 Zudosierung von Lackkonzentrat
9 Spülsystem
10 Stromversorgung
11 Transportsystem
12 Ablaßbehälter

Die Ultrafiltration hat die Aufgabe, genügend Filtrat (Wasser und niedermolekulare Verbindungen) für die erste Spülstufe bereitzustellen. Dazu wird die Badsuspension durch Filtermodule gepumpt, die das Filtrat abtrennen. Das Konzentrat wird dem Becken zugeführt und vermischt sich dort wieder mit dem zum Spülen eingesetzten Filtrat zum Lack.

Bild 6.8: KTL-Anlage (Quelle: Volkswagen AG)

Der Anolytkreislauf dient zur Aufnahme der aus der Neutralisation stammenden Säurereste, die bei der Beschichtung nicht abgeschieden werden und sich daher im Lack anreichern würden. Die negativ geladenen Säurereste werden mit Hilfe eines Dialyseverfahrens entfernt. Dazu sind die Anoden in Dialysezellen eingebaut, die mit dem Anolyt durchspült werden und zum Lackbad hin durch Membranen abgetrennt sind. Aufgrund des Konzentrationsgefälles zwischen Anolyt und Lackbad und durch die wirksamen elektrischen Kräfte werden die Säurerest-Moleküle in den Anolytkreislauf hineingezogen.

6.1.3 Lackieren durch Zerstäuben

Die Zerstäubung von Flüssigkeiten kann mit Hilfe verschiedener physikalischer Effekte erfolgen. In der Lackiertechnik werden zwei Zerstäubungsprinzipien, die Zerstäubung durch **mechanische Kräfte** (Spritzverfahren) und die Zerstäubung durch **elektrische Feldkräfte** (Sprühverfahren) eingesetzt. Bei den mechanischen Zerstäubungsverfahren können die entstehenden Lacktröpfchen zur Erhöhung des Festkörpernutzungsgrades (Verhältnis aus abgeschiedener und zerstäubter Festkörpermasse des Lackmaterials) zusätzlich elektrostatisch aufgeladen werden. In diesem Fall werden die Verfahren auch als Sprühen bezeichnet.

Die mechanische Zerstäubung des Lackmaterials beruht auf der Wirkung von Staudruckkräften auf die Flüssigkeitselemente infolge Relativbewegung zwischen Lack und Umgebung [6.8]. Die Relativbewegung kann durch eine Luft-

strömung (Druckluftzerstäubung), durch einen Lackstrahl hoher Geschwindigkeit in einer ruhenden Umgebung (Airless-Zerstäubung), durch eine Kombination beider Verfahren (Airless-Zerstäubung mit Luftunterstützung) oder
durch auf das Lackmaterial wirkenden Massenkräfte (Hochrotationsverfahren) herbeigeführt werden.

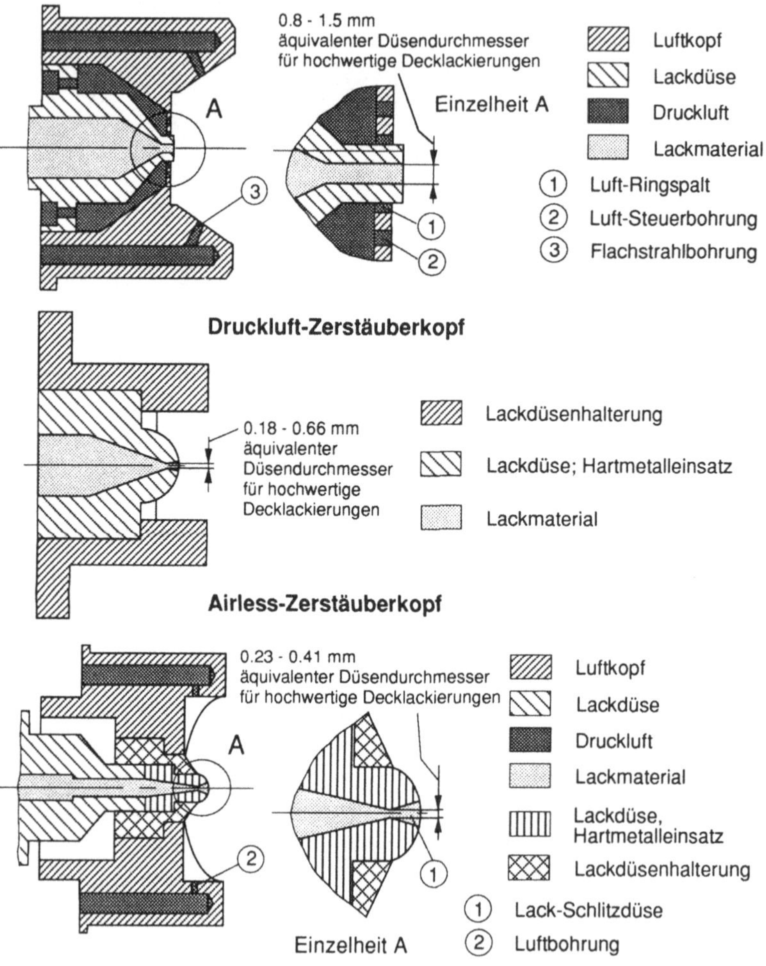

Bild 6.9: Schnitt durch unterschiedliche Zerstäuberköpfe

Bei der **Druckluftzerstäubung** strömt die Zerstäubungsluft aus einer ringförmigen Öffnung, die durch eine Bohrung im Zerstäuberkopf (Luftkappe) und der darin zentrisch angeordneten Lackdüse gebildet wird (Bild 6.9). Weitere Luftstrahlen aus umliegenden Bohrungen unterstützen den Zerstäubungsvorgang. Zur Regulierung der Spritzstrahlform dienen Flachstrahl- (Hornluft-) Bohrungen. Die aus diesen Bohrungen ausströmende Luft formt einen Spritzstrahl mit annähernd kreisförmiger, senkrecht zur Strahlachse liegenden Grundfläche zu einem Strahl mit elliptischer Grundfläche. Die Druckluft wird durch Kompressoren oder Schaufelradgebläse erzeugt. Das Lackmaterial wird je nach Mengenbedarf, Viskosität und Spritzgeräteart (Hand- oder Automatikpistole) durch unterschiedliche Fördersysteme zugeführt. Der Lackstrom wird durch eine Düsennadel (im Bild 6.9 nicht dargestellt) von Hand oder automatisch geschaltet.

Bild 6.10 zeigt eine automatische, von einem Lackierroboter geführte Druckluft-Spritzpistole; Bild 6.11 zeigt einen Beschichtungsroboter beim Lackieren einer Karosserie.

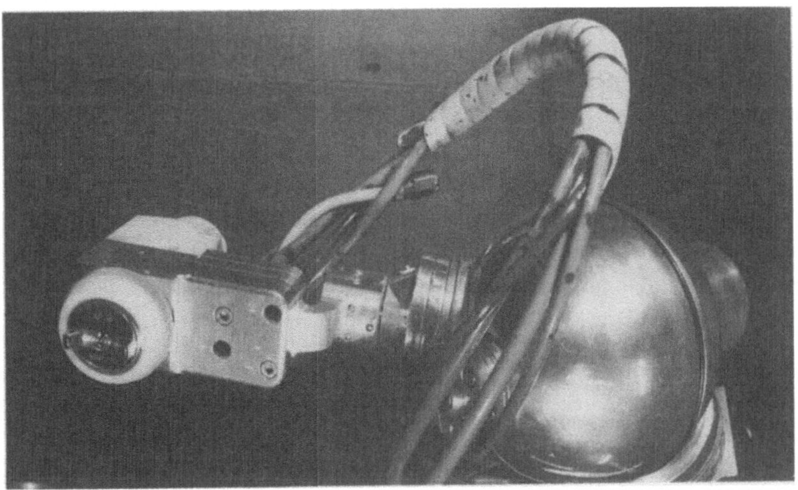

Bild 6.10: Automatische Druckluft-Spritzpistole

Der Nachteil der Druck-
luftspritztechnik sind die
hohen Lacknebelverluste.
Bei ungünstigen Werk-
stücken (filigrane Teile)
können sie bis zu 95 %
betragen, bei großen Flä-
chen liegen sie immer
noch bei etwa 50 %.
Demgegenüber   stehen
Vorteile wie eine sehr
gute Schichtqualität, einfache Handhabung und
universelle   Einsetzbar-
keit.

Bild 6.11: Lackierroboter (Quelle: Volkswagen AG)

Die **Airless-Zerstäbungs-
verfahren** werden nach Art der Druckerzeugung unterschieden. Bei den Air-
lessgeräten mit separater Höchstdruck-Förderpumpe wird das unter hydrosta-
tischem Druck (Druckbereich: 80 - 400 bar) stehende Lackmaterial durch
eine Spaltdüse aus Hartmetall gepreßt (Bild 6.9) und aufgrund der hohen Re-
lativgeschwindigkeit zur ruhenden Umgebung zerstäubt. Die stationär oder
mobil auslegbare Spritzausrüstung umfaßt neben der Pistole einen Lackbehäl-
ter, eine Pumpe zur Lackförderung und -verdichtung sowie hochfeste Lack-
schläuche. Als Lackpumpen werden pneumatisch oder hydraulisch angetrie-
bene Kolben- oder Membranpumpen verwendet. Der Festkörpernutzungsgrad
des Airless-Verfahrens ist, insbesondere bei großflächigen Teilen, wesentlich
höher als bei der Druckluftzerstäubung und liegt maximal bei ca. 75 %.

Bei der **Airless-Zerstäubung mit Luftunterstützung** (Bild 6.9) wird das auf
einen niedrigeren Druck als beim Airless-Spritzen verdichtete Lackmaterial
durch dieselben Mechanismen zerstäubt. Zur Vermischung und Homogenisie-
rung des Spritzstrahls wirken zusätzliche Luftstrahlen mit niedrigem Druck
aus den Luftkappenbohrungen auf den Spritzstrahl ein.

Die **elektrostatischen Sprühverfahren** weisen gegenüber dem Spritzlackieren ohne elektrostatische Aufladung folgende Vorteile auf:

- Die aufgeladenen Lacktröpfchen erfahren in dem zwischen Sprührorgan und Werkstück erzeugten elektrischen Feld eine auf das geerdete Werkstück gerichtete Kraft. Dies führt zu einem deutlich höherem Festkörpernutzungsgrad.

- Aufgrund des elektrostatischen Umgriffs werden auch vom Sprührorgan abgewandte Werkstückpartien mitbeschichtet.

Die damit verbundene Einsparung von Lackmaterial und die geringere Umweltbelastung haben zu einer weiten Verbreitung der elektrostatischen Sprühverfahren in der Lackiertechnik geführt [6.9].

Die elektrostatische Aufladung des Lackmaterials erfolgt durch ein sich an der hochspannungsführenden Elektrode des Zerstäubers konzentrierendes elektrisches Feld hoher Feldstärke. Je nach Sprühsystem handelt es sich dabei um eine **Leitungsaufladung** des noch nicht zerstäubten Lackmaterials beim direkten Kontakt mit der Elektrode oder um eine **Ionisationsaufladung**, bei der die bereits erzeugten Tröpfchen durch Anlagerung freier Luftionen aufgeladen werden. In diesem Fall erzeugt die Elektrode als Koronaspitze die erforderlichen Luftionen. Der Transport der Lacktröpfchen erfolgt unter dem Einfluß der elektrischen Feldkräfte zum geerdeten Werkstück. Daraus ergeben sich der Umgriff als Vorteil aber auch unerwünschte Effekte wie Überbeschichtung mit Läufergefahr an Kanten und Ecken durch Feldkonzentration sowie eine unzureichende Beschichtung elektrisch abgeschirmter Bereiche (Farraday-Käfige). Bei der Abscheidung der Tröpfchen in unmittelbarer Werkstücknähe überwiegen die Coulombschen Anziehungskräfte zwischen den Tröpfchenladungen und den im Werkstück influenzierten Spiegelladungen. Die beschriebenen Vorgänge sind im Bild 6.12 dargestellt.

Bei den rein elektrostatischen Sprühverfahren erfolgt die Lackzerstäubung ausschließlich durch elektrische Feldkräfte. Dazu muß der Lack als dünner Film über eine hochspannungsführende scharfe Kante geführt werden. Aufgrund des dort stark konzentrierten elektrischen Feldes bilden sich im Lackfilm kleine Erhebungen, aus denen im weiteren Verlauf Lackfäden herausschießen, die in einem Zerwellvorgang in aufgeladene Tröpfchen zerfallen. Der Transport zum Werkstück erfolgt ebenfalls ausschließlich durch die Feldkräfte. Es lassen sich nur Lacke mit nicht zu hoher Viskosität und mit einer bestimmten elektrischen Leitfähigkeit verarbeiten. Der Festkörpernutzungsgrad der rein elektrostatischen Verfahren ist sehr hoch und kann bis zu

99 % betragen. Allerdings lassen sich nur einfache, flächige oder rotationssymmetrische Teile, z.B. Fässer, Metallmöbel, Kühlschränke, Waschmaschi-
nen usw. beschichten. Die erforderliche Hochspannung liegt im Bereich von
ca. 90 - 160 kV. Je nach Ausbildung des Zerstäuberorgans unterscheidet man
drei wichtige Verfahren:

- den elektrostatischen Sprühspalt (AEG-Verfahren),
- die elektrostatische Sprühglocke und
- die elektrostatische Sprühscheibe.

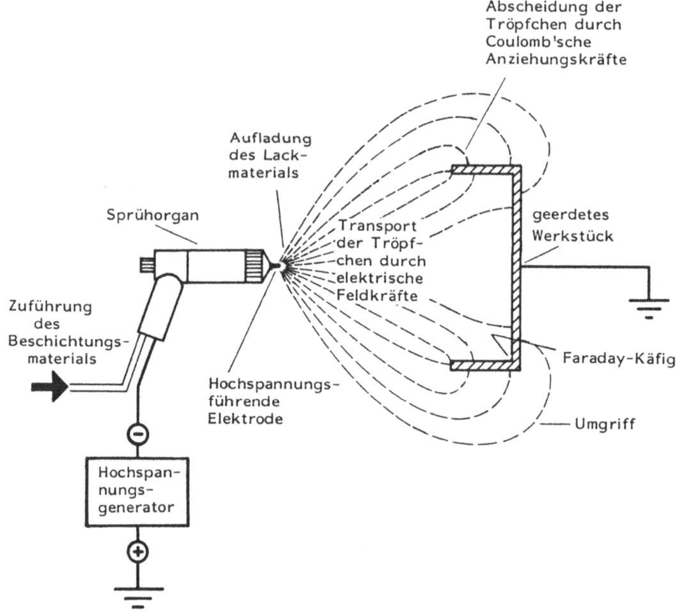

Bild 6.12: Grundprinzip des elektrostatischen Sprühens [6.9]

Die Lackzerstäubung der elektrostatikunterstützten Verfahren erfolgt rein
mechanisch. Die wichtigsten elektrostatisch unterstützten Zerstäuber sind
Druckluftzerstäuber, die als Hand- und Automatikpistolen im Einsatz sind
und die elektrostatischen Hochrotationsglocken (Bild 6.13), die vor allem in
der Automobilindustrie eine breite Anwendung finden. Bei der Hochrotationsglocke wird das Lackmaterial aufgrund der hohen Umfangsgeschwindig-
keit (Drehzahlen zwischen 15 000 und 40 000 min^{-1}) zerstäubt. An den Kan-

ten der Glocke lösen sich feine Fäden ab, die in Tröpfchen zerfallen. Die so entstehenden Lacktröpfchen werden aufgeladen. Der Transport zum Werkstück erfolgt durch die Feldkräfte und eine Ringluftströmung, die gleichzeitig die Breite und Homogenität des Sprühstrahls reguliert. Bei der Karosseriebeschichtung werden

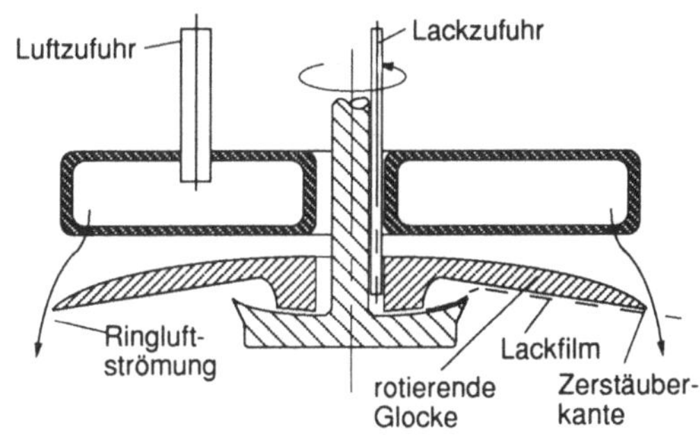

Bild 6.13: Schnitt durch eine Hochrotationsglocke

mehrere Zerstäuber so angeordnet, daß eine vollständige Beschichtung der vorbeifahrenden Karosserie möglich ist. Die Zerstäuber führen eine Pendelbewegung aus und werden mit konstantem Abstand zur Karosserieoberfläche geführt (Bild 6.14). Die Hochspannung liegt zwischen 70 und 120 kV, der mögliche Festkörpernutzungsgrad beträgt bis zu 95 %.

6.2 Beschichten aus dem festen Zustand

Zum Beschichten aus dem festen Zustand gehören nach *DIN 8580* die Untergruppen Wirbelsintern, elektrostatisches Beschichten und Beschichten durch thermisches Spritzen. Beim Wirbelsintern wird ein erhitztes Werkstück in ein Becken mit fluidisiertem, meist thermoplastischem Pulver getaucht. Die Pulververteilchen sintern an und schmelzen durch den Wärmeinhalt des Werkstückes oder in einem Ofen zu einem geschlossenen Kunststoffilm.

Beim thermischen Spritzen wird meist ein metallischer Werkstoff z.B. in Form eines Spritzdrahtes oder in Pulverform entweder durch eine Flamme oder einen Lichtbogen geschmolzen und mit Druckluft zerstäubt und zum Werkstück transportiert.

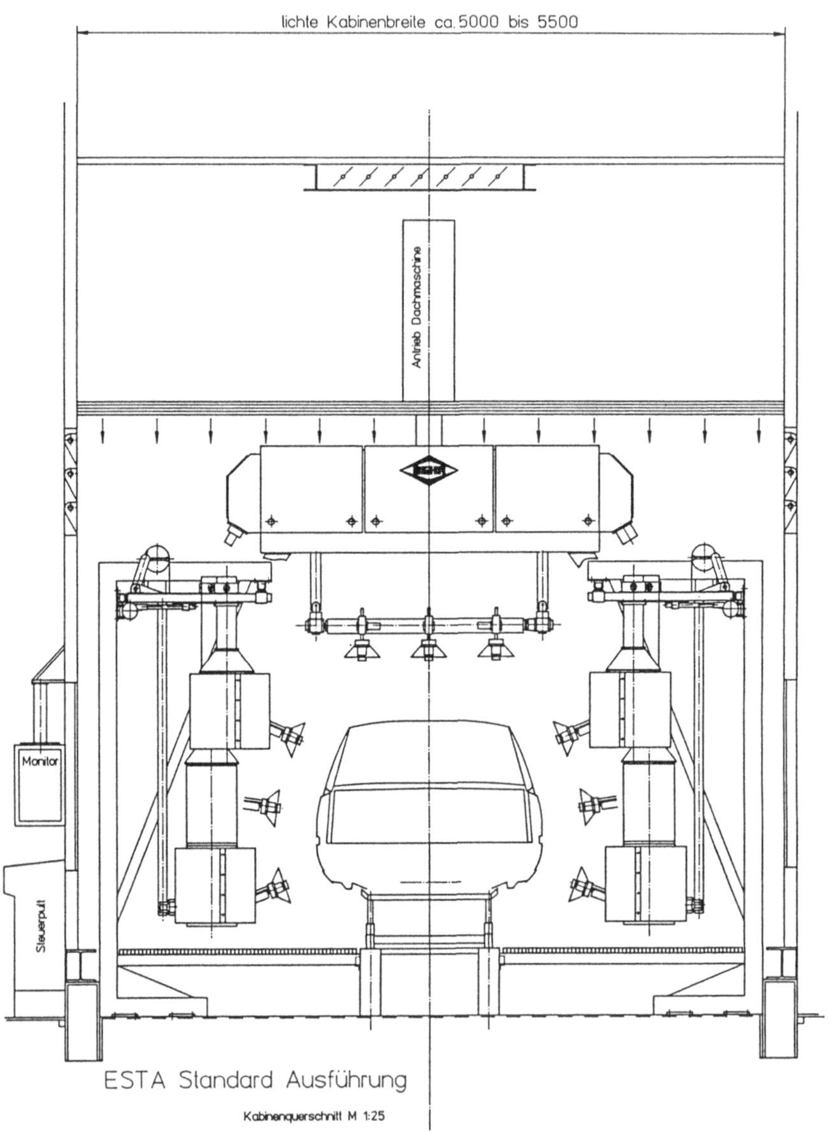

Bild 6.14: **Anlage zur Karosseriebeschichtung mit Hochrotationsglocken (Quelle: Fa. Behr)**

6.2.1 Elektrostatisches Pulverbeschichten

Das elektrostatische Pulversprühen (EPS-Verfahren) hat beim Beschichten aus dem festen Zustand die weitaus größte Bedeutung. Bei diesem Verfahren wird ein meist duroplastisches Pulver fluidisiert und einer Sprühpistole zugeführt, wo es elektrostatisch aufgeladen wird. Der Transport des Pulvers zum geerdeten Werkstück erfolgt durch elektrische Feldkräfte. Das Pulver haftet durch Coulombsche Anziehungskräfte am Werkstück. Auch nach einer vollständigen Entladung, die jedoch sehr langsam erfolgt, bleibt das Pulver haften, was auf van-der-Waals-Kräfte zurückzuführen ist. Der langsame Ladungsabfluß bewirkt eine Schichtdicken-Selbstbegrenzung, da innerhalb der Pulverschicht die Feldstärke so groß wird, daß eine Rückionisation einsetzt. Die Pulverteilchen werden um- bzw. entladen und können nicht mehr abgeschieden werden. Die beschichteten Werkstücke durchlaufen einen Ofen, wo die Pulverschicht zu einem Lackfilm verschmilzt bzw. vernetzt. Der Prozeßablauf ist im Bild 6.15 dargestellt.

Die elektrostatische Aufladung des Pulvers kann auf zwei unterschiedliche Arten erfolgen. Bei den **Korona-Sprühpistolen** werden die Pulverteilchen durch Anlagerung freier Luftionen aufgeladen, die an den hochspannungsführenden Koronaelektroden der Pistolen erzeugt werden. Der Aufladungsmechanismus der Pulverteilchen bei **Tribo-Pistolen** basiert auf reibungselektrischen Vorgängen beim turbulenten Durchströmen eines Kunststoffrohres im Pistolenkörper.

Die Vorteile der Pulverbeschichtung sind die hohe Umweltfreundlichkeit (keine Lösemittelemission, kein Abwasser und minimale Lackabfälle), die hohe funktionelle Beschichtungsqualität, eine nahezu vollständige Materialausbeute durch Pulverrückführung, die hohen erreichbaren Schichtdicken im Einschicht-Auftrag und der hohe mögliche Automatisierungsgrad. Nachteilig wirken sich der relativ hohe Energieaufwand zum Vernetzen der Pulverschicht aus, der aufwendige Farbwechsel, die im Vergleich zum Naßlack geringere optische Qualität, die schwierige Beschichtung Faradayscher Käfige und die Tatsache, daß nur thermisch belastbare Werkstücke beschichtet werden können.

Typische Einsatzbereiche des EPS-Verfahrens sind die Beschichtung von Gebäude-Fassadenteilen und -profilen, Automobilzubehör, Haushaltsgeräten, Stahlmöbeln, Gartenmöbeln, Heizkörpern und ähnlichen Teilen [6.10].

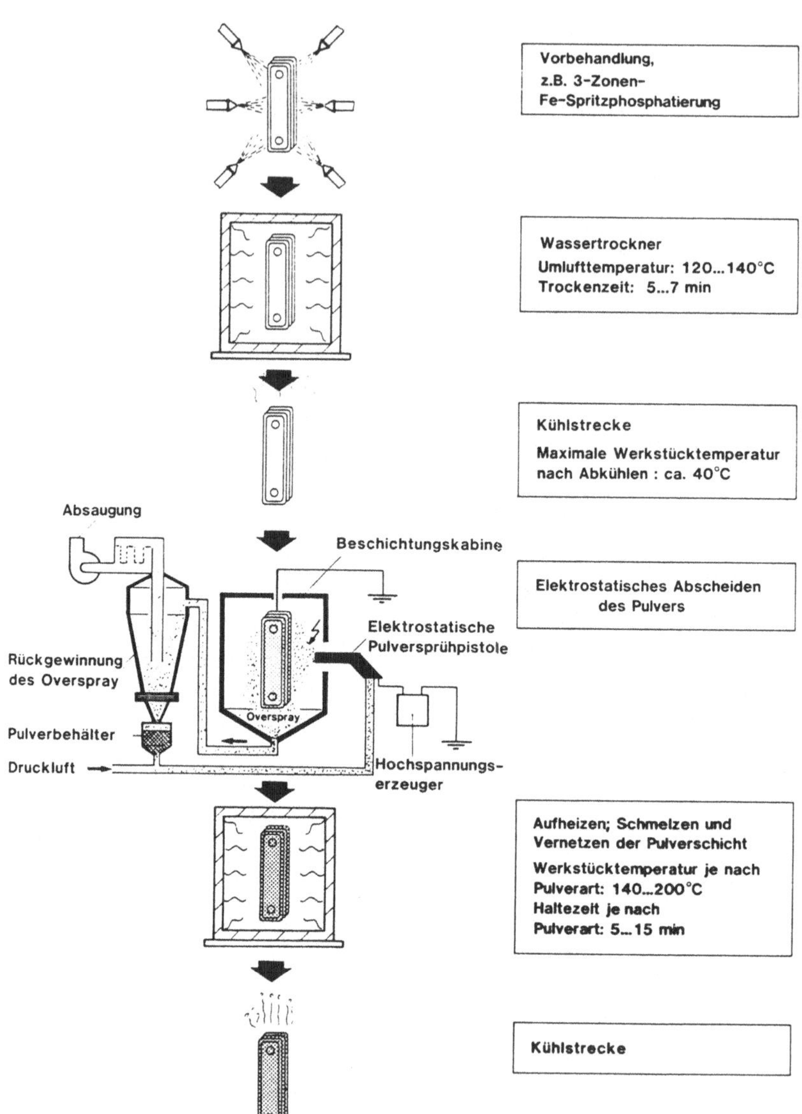

Bild 6.15: Prozeßablauf beim EPS-Verfahren [6.10]

6.3 Beschichten aus dem gas- oder dampfförmigen Zustand

Bei der Beschichtung aus dem gas- oder dampfförmigen Zustand werden dünne Schichten durch Deposition atomarer Teilchen auf einem Substrat erzeugt. Aufgrund der großen Vielfalt möglicher Schichtwerkstoffe und der erzielbaren Effekte, hat die Dünnschichttechnologie eine weite Verbreitung in der Technik gefunden. Als Schichtwerkstoffe können Metalle, Legierungen, Sulfide (z.B. MoS_2), Oxide (z.B. Al_2O_3), Karbide (z.B. TiC, SiC), Nitride (z.B. TiN) und viele andere hochschmelzende Verbindungen eingesetzt werden. Die Beschichtungen können auf Metallen, Kunststoffen, Glas, Keramik und Halbleiterwerkstoffen erfolgen. Die wichtigsten Einsatzgebiete sind in der Elektronikindustrie zur Herstellung von Halbleiterbauelementen, in der optischen Industrie zur Vergütung optischer Elemente und im Werkzeug- und Maschinenbau zur Erzeugung von Verschleißschutzschichten und Schichten mit niedrigem Reibwert.

Die inzwischen zahlreichen Beschichtungsverfahren lassen sich nach Art der Überführung des Schichtwerkstoffes in den gasförmigen Zustand, nach den Stofftransportvorgängen und nach dem Schichtbildungsmechanismus in zwei Gruppen einteilen, in die **PVD -** und die **CVD-Verfahren**. Bei den PVD-Verfahren (PVD: Physical Vapor Deposition) erfolgt die Beschichtung durch Verdampfung (Sublimation) eines in festem Zustand vorliegenden Werkstoffes und die anschließende Kondensation auf dem Werkstück. Bei den CVD-Verfahren (CVD: Chemical Vapor Deposition) wird das Werkstück meist einem Metallhalogenid oder anderen Gasen ausgesetzt. Die Schicht bildet sich durch eine chemische Reaktion auf der Oberfläche des Werkstückes [6.3].

Eine scharfe Trennung zwischen den beiden Verfahrensgruppen kann nicht vorgenommen werden, da bei manchen Verfahren Merkmale beider Gruppen auftreten. Im Bild 6.16 ist die Funktionsweise einiger Dünnschichtverfahren dargestellt.

6.3.1 PVD-Verfahren

Zu den wichtigsten PVD-Verfahren wird das Aufdampfen im Hochvakuum, das Kathodenzerstäuben und das Ionenplattieren gezählt [6.12, 6.13, 6.14].

Der Vorgang des **Aufdampfens** findet in einem Rezipienten (Behälter, der evakuiert werden kann) statt, der auf einen Druck von weniger als 10^{-3} Pa evakuiert wird. Der Schichtwerkstoff wird durch Energiezufuhr (Widerstandsbeheizung, Elektronenstrahlverdampfer) auf eine Temperatur erhitzt, bei der er verdampft. Die thermisch erzeugten Atome bewegen sich geradlinig zum Substrat, wo sie kondensieren und die Beschichtung bilden (Bild 6.16). Das Hochvakuum ist erforderlich, um Kollisionen der schichtbildenden Atome, die eine relativ niedrige kinetische Energie besitzen, mit Restgasatomen zu verhindern (die mittlere freie Weglänge der Atome muß größer als der Abstand der Verdampfungsquelle vom Werkstück sein) und um die hohen Verdampfungstemperaturen von Metallen abzusenken (bei einem Druck von 0,1 Pa hat Aluminium eine Verdampfungstemperatur von 1060 °C, bei Umgebungsdruck beträgt die Verdampfungstemperatur 2447 °C).

Durch Aufdampfen können Metalle, Glas, Keramik und Kunststoffe beschichtet werden. Bei Kunststoffen, die leicht flüchtige Weichmacher oder Wasser enthalten, können Schwierigkeiten durch die Verdampfung dieser Bestandteile im evakuierten Rezipienten entstehen. Die Erzeugung von Legierungsschichten erfordert besondere Maßnahmen (z.B. zwei Verdampfungsquellen), da sich Legierungen, die aus dem festen Zustand verdampft werden durch die unterschiedlichen Verdampfungstemperaturen ihrer Elemente trennen. Die Haftung der aufgedampften Schichten ist, bedingt durch die niedrige Energie der Schichtatome, verhältnismäßig gering. Die Abscheidungsraten sind dagegen relativ groß und können bei Elektronenstrahl-Verdampfern bis zu 1 µm/s betragen.

Das Verfahren wird zum Beschichten von Scheinwerferreflektoren mit Aluminium (nachfolgende Korrosionsschutzschicht erforderlich), zum Herstellen von Filtern, Spiegeln, Widerstandsschichten bei Dünnfilmnetzwerken und zum Vergüten optischer Elemente eingesetzt.

Für Beschichtungen, die einer stärkeren mechanischen Beanspruchung ausgesetzt sind, wird das **Kathodenzerstäuben (Sputtern)** eingesetzt. Im Rezipienten befinden sich auf einer als Kathode geschalteten Elektrode der Schichtwerkstoff (Target) und in einem Abstand von wenigen Zentimetern das zu beschichtende Substrat. Der Rezipient wird mit einem Edelgas gefüllt (meist Argon mit einem Druck von 1 Pa). Beim Anlegen einer Spannung von einigen kV kommt es zu einer Gasentladung, in der die Argonatome zu positiv geladenen Ionen ionisiert werden. Diese Ionen werden auf das Target beschleunigt und schlagen dort neutrale Atome oder Moleküle aus der Oberfläche heraus. Die emittierten Teilchen besitzen im Vergleich zu thermisch erzeugten Atomen eine 10 bis 1000-fache kinetische Energie und bewegen sich mit hoher Geschwindigkeit auf das Substrat zu, wo sie kondensieren. Durch Zumischen eines Reaktionsgases können Oxid- und Nitridschichten erzeugt werden (Bild 6.16).

Die Vorteile des Verfahrens sind die gegenüber dem Aufdampfen wesentlich bessere Schichthaftung durch die höhere kinetische Energie der Teilchen, geringe Substrattemperaturen und die Möglichkeit hochschmelzende Werkstoffe (z.B. Wolfram, Tantal, Keramik) zu zerstäuben. Legierungen behalten während des Zerstäubens ihre Zusammensetzung bei; chemische Verbindungen werden stöchiometrisch zerstäubt. Die Abscheidungsraten sind jedoch wesentlich niedriger (bis 4 µm/min) als beim Aufdampfen. Durch Umpolung der Elektroden kann der zu beschichtende Werkstoff in einem ersten Zerstäubungsvorgang gereinigt werden.

Das Kathodenzerstäuben wird zum Metallisieren von Architekturglas und optischen Elementen sowie zur Herstellung von Solarzellen, integrierten Schaltungen und Verschleißschutzschichten (z.B. TiN, MoS_2) eingesetzt.

Das **Ionenplattieren**, ein relativ neues PVD-Verfahren, verbindet die Vorzüge des Aufdampfens und Sputterns wie hohe Beschichtungsraten und große Haftfestigkeit. Der Rezipient wird evakuiert und mit Argon bis zu einem Druck von 1 Pa gefüllt. Die thermisch erzeugten Atome des Beschichtungswerkstoffes durchlaufen das Argon-Plasma (Gasentladung), in dem sie ionisiert werden und kondensieren auf der Werkstückoberfläche. Durch Zumischen eines Reaktionsgases und die hohe kinetische Energie der auftreffenden Ionen können außerordentlich harte Schichten (z.B. Titannitrid, -karbid, -karbonitrid) erzielt werden.

Das Ionenplattieren wird hauptsächlich zur Beschichtung von spanenden Werkzeugen eingesetzt. Die Standzeit der Werkzeuge wird dabei gegenüber nichtbeschichteten Werkzeugen um den Faktor 4 bis 10 erhöht.

6.3.2 CVD-Verfahren

Bei den CVD-Verfahren werden plasmaaktivierte (PECVD: Plasma Enhanced Chemical Vapor Deposition) und thermisch aktivierte Verfahren unterschieden [6.3].

Die **Plasmapolymerisation** ist ein Spezialfall der plasmaaktiven Abscheidung aus der Gasphase, bei der organische Gase (Monomere) zur Anwendung kommen. Die Deposition findet in einem Rezipienten bei einem Arbeitsdruck zwischen 10^{-1} - 10^2 Pa statt. In der Anlage befinden sich zwei Elektroden, an die eine hochfrequente Spannung angelegt wird. Dadurch wird eine Gasentladung angeregt, in der die im Rezipienten befindlichen Monomere zu Radikalen zerlegt und ionisiert werden. Diese Fragmente kondensieren auf dem Werkstück und vernetzen unter dem Einfluß der energiereichen Elektronen und Photonen aus der Gasentladung zu einer Polymerschicht mit starker duroplastischer Verzweigung (Polymerisationsgrad), die mit konventionellen Methoden der Kunststoffherstellung nicht erreichbar ist (Bild 6.16). Je nach Wahl der Ausgangsmonomere und der Depositionsparameter lassen sich Kunststoffschichten mit polymer- bis keramikähnlichen Eigenschaften herstellen. Die Abscheidungsrate beträgt bis zu 1 µm/min; die Schichtdicken können bis über 20 µm erreichen. Im Gegensatz zu thermisch aktivierten CVD-Prozessen werden bei der Plasmapolymerisation die Substrate kaum thermisch beansprucht.

Mit der Plasmapolymerisation können Werkstücke mit Schichten versehen werden, die beständig gegen organische Lösemittel sind, einen sehr guten Korrosionsschutz bieten, elektrisch isolierend sind und sehr gute mechanische Eigenschaften aufweisen. Das Verfahren wird bei der Herstellung von Isolationsschichten für elektrische Schaltkreise, als Korrosionsschutz auf Metalloberflächen (z.B. Beschichtung der aufgedampften Aluminiumschichten auf Scheinwerferreflektoren), zur Beschichtung von Textilfäden und Metallfolien sowie zur Herstellung von Kondensatoren angewandt.

Bei den **thermisch aktivierten CVD-Verfahren** werden die zu beschichtenden, auf Temperaturen von 800 - 1100 °C (in Einzelfällen auch darüber) aufgeheizten Werkstücke in einem Rezipienten von den gasförmigen Ausgangsstoffen (Edukten) zusammen mit einem Trägergas umströmt. Die Reaktanden werden unter Einbeziehung der Oberfläche zur Reaktion gebracht und bilden dabei feste Schichten auf dem Substrat. Die erzeugten Schichten können aus Verbindungen wie z.B. Me_xC_y, Me_xN_y, Me_xB_y (Me: Metall), NbC, W_2C, B_4C, SiC, Al_2O_3, BN, Si_3N_4 usw. bestehen [6.15].

Die Vorteile der thermisch aktivierten CVD-Technik gegenüber den PVD-Verfahren liegen in der großen Vielfalt der möglichen Edukte und der daraus resultierenden Anzahl verschiedenartiger Schichten, in der gleichmäßigeren Beschichtung auch komplizierter Geometrien durch bessere Streuung und in der meist besseren Haftung, da die Schichten durch chemische Reaktionen gebildet werden. Nachteilig wirken sich die bisher noch hohen Temperaturen aus.

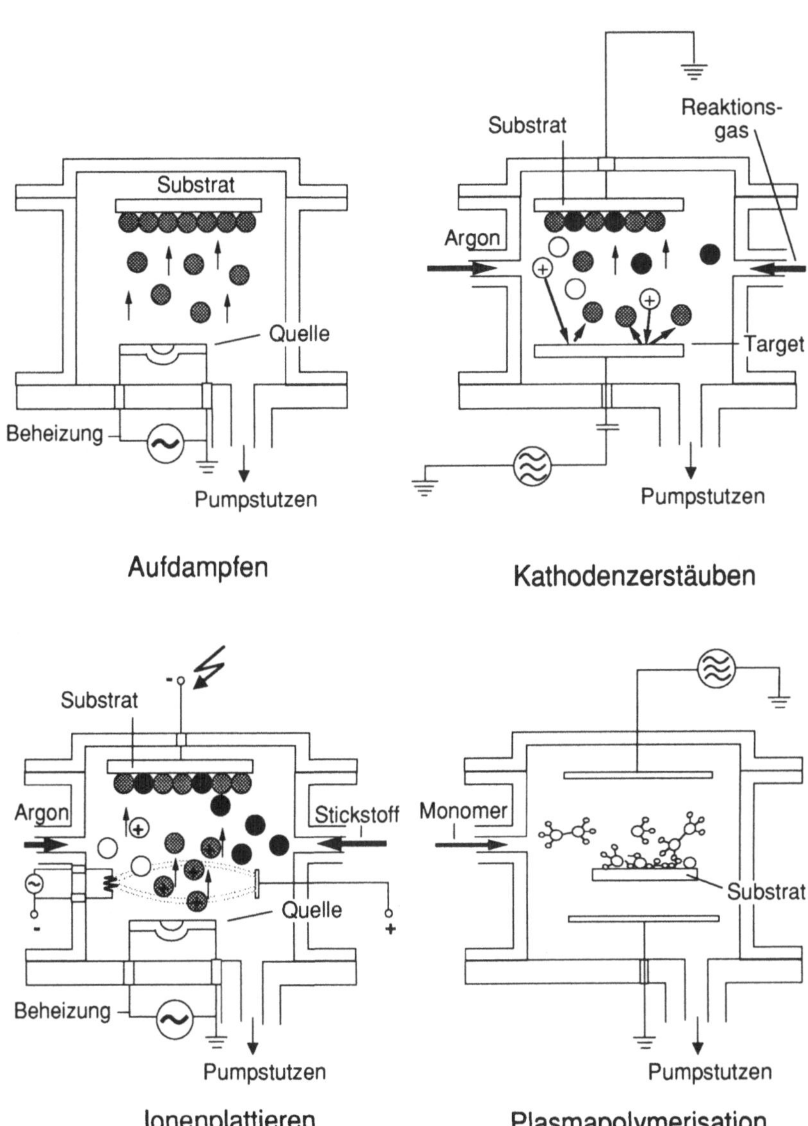

Bild 6.16: Prinzipielle Darstellung einiger PVD- und CVD-Verfahren [6.12]

Die thermisch aktivierten CVD-Verfahren werden hauptsächlich im Bereich des Verschleißschutzes und in der Mikroelektronik zur Herstellung von Halbleitern eingesetzt. Die Entwicklungen konzentrieren sich auf die Absenkung der Temperaturen und auf die Herstellung neuartiger Schichten (z.B. Diamantschichten).

6.4 Beschichten aus dem ionisierten Zustand

Die Gruppe "Beschichten aus dem ionisierten Zustand" wird nach Art der Energiezufuhr in die beiden Untergruppen **galvanisches Beschichten** und **chemisches Beschichten** eingeteilt. Bei allen Verfahren findet die Beschichtung der Werkstücke in Elektrolyten statt. Elektrolyte sind elektrische Leiter (in diesem Zusammenhang meist wässrige Metallsalzlösungen), deren Leitfähigkeit durch elektrolytische Dissoziation in Ionen zustande kommt. Beim galvanischen Beschichten ist eine äußere Gleichstromquelle erforderlich, bei den chemischen Verfahren erfolgt die Beschichtung entweder spontan durch den Unterschied der Normalpotentiale der Reaktionspartner oder mit einer begleitenden Oxidation eines Reduktionsmittels.
Bei allen elektrolytischen Verfahren zur Metallabscheidung gilt der gleiche Reaktionsmechanismus, bei dem an der Kathode eine Reduktion der Metallionen durch Aufnahme von Elektronen gemäß

$$Me^{n+} + n \cdot e^- \rightarrow Me$$

stattfindet und an der Anode durch eine Oxidation Metallionen unter Abgabe von Elektronen gemäß

$$Me \rightarrow Me^{n+} + n \cdot e^-$$

entstehen, sofern lösliche Anoden verwendet werden.

Die zu beschichtenden Werkstückoberflächen müssen elektrisch leitfähig und chemisch rein sein. Deshalb ist in den meisten Fällen eine Vorbehandlung z.B. durch Strahlen, Schleifen, Bürsten, Polieren, Entfetten oder Dekapieren (kurzzeitiges Beizen durch Säuren zur Entfernung von Oberflächenschichten wie Oxiden, Carbonaten, Silikaten und Sulfiden) notwendig. Nach dem Beschichten werden die Werkstücke gespült und getrocknet. Zusätzliche Behandlungen wie Chromatieren und Lackieren sind möglich.

6.4.1 Galvanisieren

Beim Galvanisieren werden die als Kathode geschalteten Werkstücke an Gestellen oder als Schüttgut in Trommeln in ein elektrolytisches Bad (Metallsalzlösung) eingetaucht in dem sich eine oder mehrere Anoden befinden (Bild 6.17). Durch Anlegen einer elektrischen Spannung bildet sich im Elektrolyt ein elektrisches Feld, in dem sich die positiv geladenen Metallionen (Kationen) zum Werkstück bewegen und dort zu neutralen Metallatomen reduziert werden (innerer Stromkreis). Die Anionen (z.B. Säurerest) werden an der Anode oxidiert, wobei die abgegebenen Elektronen über den äußeren Stromkreis zur Kathode fließen. Die Metallionen werden entweder durch Auflösung der Anode oder durch Zugabe des Metallsalzes ergänzt.

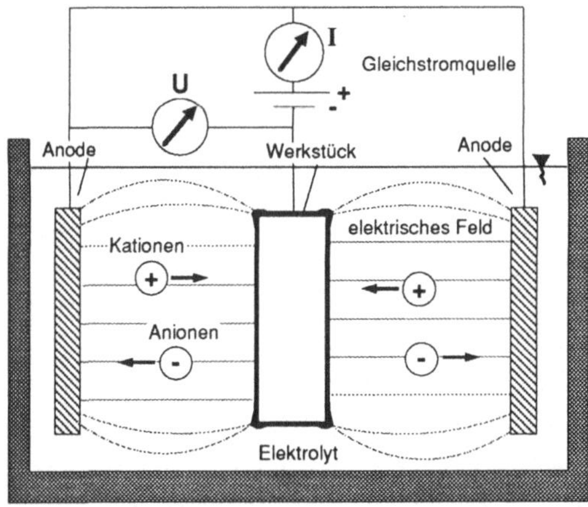

Bild 6.17: Aufbau eines galvanischen Bades mit qualitativ dargestellter Schichtdickenverteilung auf dem Werkstück

Die Eigenschaften galvanisch erzeugter Schichten wie Glanz, Härte, Verschleißfestigkeit, Haftfestigkeit usw. können durch die Elektrolytzusammensetzung und die Arbeitsbedingungen (Stromdichte, Badtemperatur, Badbewegung) in weiten Grenzen beeinflußt werden. Da sich das elektrische Feld an Ecken und Kanten des Werkstücks konzentriert, kommt es dort zu Überbeschichtungen, bzw. zu einer ungleichmäßigen Schichtdickenverteilung. Dies muß bei der Konstruktion galvanisch beschichteter Teile berücksichtigt werden. Durch gezielte Anordnung der Elektroden und eine Abschirmung der überbeschichtungsgefährdeten Bereiche mit Blenden kann eine Verbesserung der Schich.dickengleichmäßigkeit bewirkt werden.

Galvanisch hergestellte Schichten werden für dekorative Zwecke in der Schmuck- und Uhrenindustrie, als Verschleiß- und Korrosionsschutz (häufig als Mehrschichtsysteme mit Schichtfolgen von Kupfer, Nickel und Chrom) und in der Elektroindustrie eingesetzt. Im Karosseriebau finden elektrolytisch verzinkte Stahlbleche eine immer breitere Anwendung. Sie werden als Stahlbreitband in Durchlaufanlagen ein- oder beidseitig mit Schichtdicken von bis zu 15 µm beschichtet. Die Stahlbänder können bis zu 2 m breit sein, die maximalen Bandgeschwindigkeiten liegen über 200 m/min. Die erforderlichen Stromdichten betragen bis zu 200 A/dm^2 [6.16].

6.4.2 Anodische Oxidation

Die anodische Oxidation dient zur Erzeugung von Oxidationsschichten auf verschiedenen Metallen, sie wird jedoch vorwiegend bei Aluminiumwerkstoffen zur Herstellung von Eloxalschichten (Eloxal: **E**lektrische **Ox**idation von **Al**uminium) angewandt. Dazu werden die Werkstücke in einen geeigneten Elektrolyten (z.B. Schwefelsäure- oder Oxalsäureelektrolyt) eingetaucht und mit dem positiven Pol einer Gleichstromquelle verbunden. Je nach Elektrolytzusammensetzung werden Aluminium-, Stahl- oder Bleikathoden verwendet.

Durch die angelegte Spannung werden sauerstoffhaltige Anionen gebildet, mit denen sich das Aluminium zu Aluminiumoxid umsetzt. Die Oxidschicht besteht aus faserförmigen porösen Kristallen. Durch die Poren wird der Sauerstoffaustausch aufrechterhalten, so daß die Oxidschicht wachsen kann. Das Schichtwachstum und die Abnahme der Dicke des Grundmaterials sind Vorgänge, die von den Anodisierbedingungen und der Art des Elektrolyten abhängen. Die Oxidschichten können durch Einlagerung von Farbstoffen (Eloxalfarben) eingefärbt werden. Die Nachbehandlung der porösen, nach dem Anodisieren noch empfindlichen Schichten erfolgt mit heißem vollentsalzten Wasser oder Wasserdampf. Durch Aufnahme von Hydroxidionen werden die Poren verschlossen.

Mit Hilfe der anodischen Oxidation werden dekorative und schützende Schichten auf Gerätegehäusen in der Unterhaltungselektronik, auf Gebäudefassaden und Fahrzeugaufbauten erzeugt. Ein weiteres Anwendungsgebiet ist das Hartanodisieren von Maschinenteilen wie Kolben, Zylindern und Getriebeteilen zur Erhöhung der Verschleißfestigkeit.

6.4.3 Elektrolytische Tauchabscheidung

Die Grundlage für die elektrolytische Tauchabscheidung ist das Bestreben
unedler Metalle beim Eintauchen in die Metallsalzlösung eines edlen Metalls
in Lösung zu gehen und die Ionen des edlen Metalls zu reduzieren. Auskunft
über den edlen oder unedlen Charakter eines Metalls gibt die **Spannungsreihe der Elemente** (Tabelle 6.1). Dort sind die Elemente mit ihrem Normalpotential vom größten negativen zum größten positiven Wert angeordnet. Metalle mit dem höchsten negativen Normalpotential sind am unedelsten und
wirken stark reduzierend.

Metall	Redoxsystem	Normalpotential [V]
Aluminium	$Al \rightleftharpoons Al^{3+} + 3e^-$	-1,69
Zink	$Zn \rightleftharpoons Zn^{2+} + 2e^-$	-0,763
Chrom	$Cr \rightleftharpoons Cr^{3+} + 3e^-$	-0,71
Eisen	$Fe \rightleftharpoons Fe^{2+} + 2e^-$	-0,44
Nickel	$Ni \rightleftharpoons Ni^{2+} + 2e^-$	-0,253
Zinn	$Sn \rightleftharpoons Sn^{2+} + 2e^-$	-0,16
Wasserstoff	$H_2 \rightleftharpoons 2H^+ + 2e^-$	±0,00
Kupfer	$Cu \rightleftharpoons Cu^{2+} + 2e^-$	+0,35
Kupfer	$Cu \rightleftharpoons Cu^+ + e^-$	+0,52
Silber	$Ag \rightleftharpoons Ag^+ + e^-$	+0,799
Gold	$Au \rightleftharpoons Au^{3+} + 3e^-$	+1,36
Gold	$Au \rightleftharpoons Au^+ + e^-$	+1,68

Tabelle 6.1: Die Spannungsreihe der Elemente (Auszug) [6.3]

Taucht man ein unedles Metall (z.B. Eisen) in eine Metallsalzlösung eines
edleren Metalls (z.B. Kupfersalzlösung), so gehen aus dem eingetauchten
Metall positive Metallionen unter Elektronenabgabe in Lösung. Das einge-
tauchte Metall besitzt nun einen Elektronenüberschuß, der für die Reduktion
der edleren in Lösung befindlichen Metallionen notwendig ist. Diese werden
auf dem unedlen Metall als Schicht abgeschieden (Bild 6.18).
Die Reaktion läuft spontan ab und kommt zum Stillstand, wenn das unedle
Metall mit einer Schicht des edleren überzogen ist. Daher können nur dünne

Überzüge erzeugt werden, die meist als Zwischenschichten dienen. Zur Beschleunigung des Prozesses kann bei höheren Temperaturen gearbeitet werden (Sudverfahren). Das Verfahren wird z.B. als Vorbehandlung von Aluminium vor dem Galvanisieren angewandt, da Aluminium wegen seiner Oxidschicht nicht galvanisierbar ist (keine Haftung). Beim Eintauchen in eine Natronlauge, welcher Zinksalze zugegeben werden, erfolgt die Entfernung der Oxidschicht und eine Zinkbeschichtung des Aluminiums, so daß ein nachfolgendes Galvanisieren möglich wird.

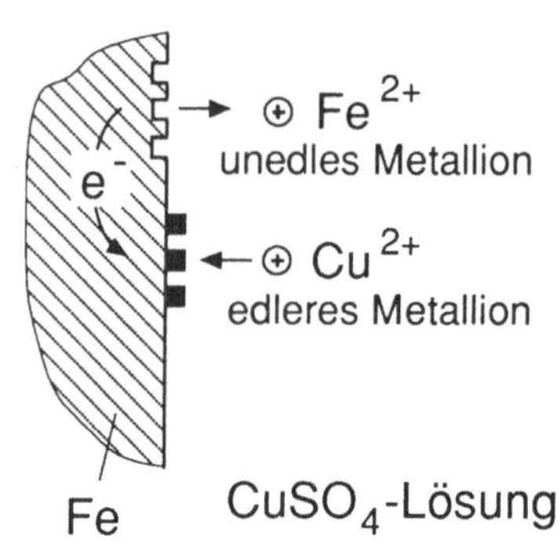

Bild 6.18: Prinzip der elektrolytischen Tauchabscheidung

6.4.4 Chemische Tauchabscheidung (Reduktionsverfahren)

Beim Reduktionsverfahren (Bild 6.19) werden die zur Reduktion der positiven Metallionen erforderlichen Elektronen nicht durch Auflösen eines unedlen Metalls in einer Metallsalzlösung eines edlen Metalls erzeugt, sondern durch die Reaktion eines Reduktionsmittels. Das Reduktionsmittel, das unedler sein muß als das abzuscheidende Metall, reagiert an der katalytisch wirksamen (aktivierten) Werkstückoberfläche unter Abgabe der zur Reduktion der positiven Metallionen erforderlichen Elektronen. Es bilden sich zunächst einzelne Metallkeime, von denen das Schichtwachstum ausgeht und sich solange fortsetzt, wie Reduktionsmittel in der Lösung enthalten ist. Dadurch lassen sich auch dickere Schichten abscheiden. Das Bad reichert sich mit Reaktionsprodukten an und muß nach einem bestimmten Werkstückdurchsatz regeneriert werden. Der Vorteil des Verfahrens liegt in der gegenüber dem Galvanisieren gleichmäßigeren Schichtdickenverteilung auf beliebigen Werkstückoberflächen. Bei entsprechender Vorbehandlung lassen sich auch elektrische Nichtleiter (z.B. Kunststoffe, Herstellung von Leiterplatten) beschichten.

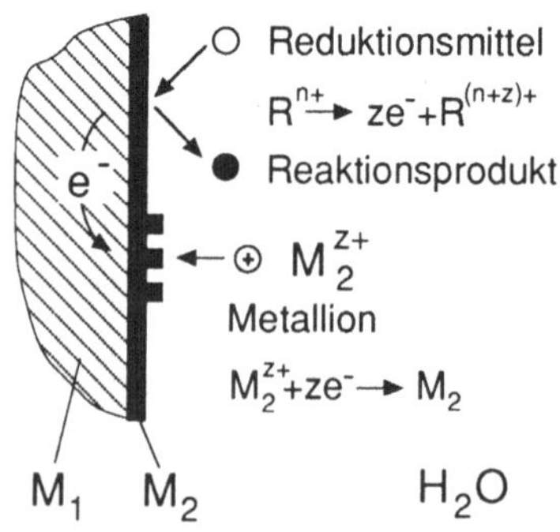

Bild 6.19: Prinzip des Reduktionsverfahrens

7 Stoffeigenschaftändern

Stoffeigenschaftändern ist Fertigen durch Verändern der Eigenschaften eines Werkstoffes, aus dem ein Werkstück besteht. Dies geschieht i.a. durch Veränderungen im submikroskopischen bzw. im atomaren Bereich, z.B. durch Diffusion von Atomen, Erzeugung und Bewegung von Versetzungen im Atomgitter und durch chemische Reaktionen. Unvermeidbar auftretende Formänderungen (z.B. Härteverzug) gehören nicht zum Wesen dieser Verfahren (*DIN 8580*). Die Einteilung der Hauptgruppe Stoffeigenschaftändern ist im Bild 7.1 dargestellt.

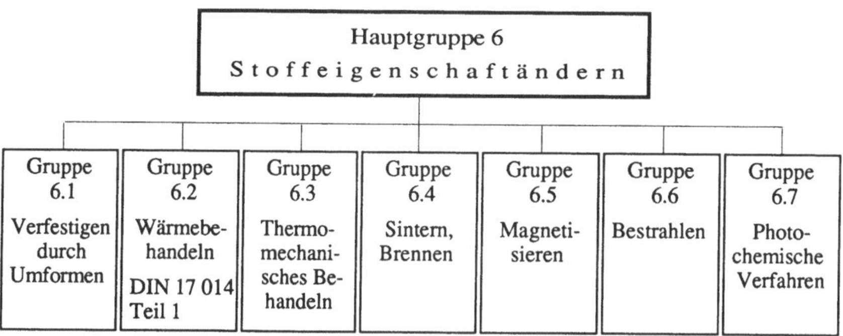

Bild 7.1: Einteilung der Hauptgruppe Stoffeigenschaftändern (nach *DIN 8580*)

Bei der Fertigung von Werkstücken werden Stoffeigenschaften benötigt, die eine wirtschaftliche Bearbeitung (schnell, mit minimalem Energieaufwand und geringem Werkzeugverschleiß) zulassen, für das fertige Werkstück jedoch meist ungeeignet sind. Das Ziel des Stoffeigenschaftänderns, insbesondere des Wärmebehandelns, ist eine Verbesserung der Werkstückeigenschaften nach der Formgebung wie z.B. der Festigkeits- und Verschleißeigenschaften oder der Zähigkeit. Die Änderung der Stoffeigenschaften kann durch **Umwandeln** (z.B. beim Glühen oder Härten), **Einbringen** (z.B. beim Aufkohlen oder Nitrieren) oder **Aussondern** (beim Entkohlen) von Stoffteilchen erfolgen.

Auch verschiedene Fertigungsverfahren der Hauptgruppen 1 bis 5 werden unvermeidbar von Änderungen der Stoffeigenschaften begleitet, die technisch

von Bedeutung sind (z.B. Rekristallisationsvorgänge beim Sintem, Kaltverfestigung beim Umformen usw.). Diese Änderungen sollen hier jedoch nicht
behandelt werden, sondem nur die wichtigsten Verfahren der Gruppe Wärme-
behandeln.

7.1 Grundlagen der Wärmebehandlung von Stahlwerkstoffen

Wärmebehandlung ist eine Folge von Wärmebehandlungsschritten, in deren
Verlauf ein Werkstück ganz oder teilweise **Zeit-Temperatur-Folgen** unter-
worfen wird, um eine Änderung seines Gefüges und/oder seiner Eigenschaften herbeizuführen. Gegebenenfalls kann während der Behandlung die chemische Zusammensetzung des Werkstoffes geändert werden (*DIN 17 014*). Die
Wärmebehandlungsverfahren werden in **thermische** und **thermochemische**
Verfahren unterteilt. Bei den thermischen Verfahren werden die Stoffeigen-
schaftänderungen der Werkstücke nur durch Umwandeln von Stoffteilchen,
d.h. durch Zeit-Temperatur-Folgen herbeigeführt; ein Einbringen oder Aussondern von Stoffteilchen ist nicht beabsichtigt. Die Stoffeigenschaftände-
rung bei den thermochemischen Verfahren erfolgt durch thermische Behandlung und gezielten Stoffaustausch. Die thermischen Verfahren werden nach
dem Zeit-Temperatur-Verlauf in Glühen, Härten und Vergüten (Härten und
Anlassen) eingeteilt [7.1, 7.2].

Die Art der Wärmeübertragung auf das Werkstück beim Erwärmen, bzw. vom
Werkstück beim Abkühlen, der jeweilige Wärmeübergang und die Wärmelei-
tungsvorgänge im Werkstück (bis zum Temperaturausgleich treten instationä-
re Temperaturfelder mit örtlich und zeitlich unterschiedlichen Temperaturen
auf) haben einen großen Einfluß auf das Ergebnis der Wärmebehandlung. Die
Wärmeübertragung kann indirekt durch Strahlung oder Konvektion (Wärme-
austausch innerhalb eines Mediums durch relativ zum Medium bewegte Teil-
mengen, die die in ihnen enthaltene Wärme an einen anderen Ort transportie-
ren und dort abgeben) oder direkt auf induktive oder konduktive Weise erfolgen.

In der Fertigungstechnik hat die Wärmebehandlung von Stahlwerkstoffen die
größte Bedeutung; sie wird aber auch bei NE-Metallen (z.B. bei Al-, Ti- oder
Cu-Legierungen) zur Verbesserung ihrer Eigenschaften angewandt. Die
Grundlage für die Wärmebehandlung von Stählen und die sich daraus ergebende Möglichkeit, ihre Eigenschaften in weiten Grenzen zu beeinflussen,
beruht auf dem temperaturabhängigen Auftreten von α - und γ - Mischkristal-

len (Ferrit und Austenit) mit einem unterschiedlichen Lösungsvermögen für Kohlenstoff. Dabei ist der Bereich von 0 - 2,06 % Kohlenstoffgehalt im metastabilen System Fe-Fe$_3$C von besonderem Interesse.

Die Vorgänge bei der Wärmebehandlung von Stählen lassen sich am besten im Eisen-Kohlenstoff-Diagramm (Fe-C-Diagramm, Bild 7.2) und im Zeit-Temperatur-Umwandlungsschaubild (ZTU-Schaubild, Bild 7.3) darstellen. Bei langsamer Abkühlung (z.B. an der Luft) aus dem Gebiet der γ - Mischkristalle (Austenit), d.h. wenn die Eisen- und Kohlenstoffatome genügend Zeit haben zu diffundieren, erfolgen folgende Umwandlungen:

- Austenit in Ferrit (GS- bis PS-Linie, untereutektoide Stähle),
- Austenit in Zementit (SE- bis SK-Linie, übereutektoide Stähle),
- Austenit in Perlit (PSK-Linie).

Je nach Kohlenstoffgehalt erhält man nach abgeschlossener Umwandlung ein Gefüge, das aus Ferrit und Perlit bzw. Perlit und Zementit besteht. Bei einer schnellen Abkühlung (z.B. im Wasser) wird die Umwandlung von Austenit in Ferrit bzw. Zementit und Perlit unterdrückt. Im Bild 7.3 sind die Vorgänge bei verschiedenen Abkühlgeschwindigkeiten für einen Stahl mit 0,45 % Kohlenstoffgehalt (Ck 45) über der Zeit dargestellt. Das bei langsamer Abkühlung umgewandelte Gefüge besteht aus 45 % Ferrit und 55 % Perlit und besitzt eine Härte von 174 HV. Bei schneller Abkühlung bildet sich ein Gefüge, das bei dem dargestellten Stahl aus 98 % Martensit und 2 % Zwischenstufengefüge (Bainit) besteht. Dieses Gefüge weist eine Härte von 654 HV.

Ein gutes Ergebnis bei der Wärmebehandlung (minimale Maß- und Formänderungen, Vermeiden von Rißbildung) erfordert neben einer optimalen Prozeßführung (Erwärmen, Halten, Abkühlen) auch eine wärmebehandlungsgerechte Konstruktion der Werkstücke. Einige Regeln zum wärmebehandlungsgerechten Konstruieren sind (siehe auch *DIN 17 022*):

- günstige Massenverteilung anstreben,

- schroffe Querschnittsänderungen durch ausreichendes Abrunden oder Abschrägen vermeiden,

- Formsymmetrie anstreben und

- Möglichkeiten zum Anbringen von Vorrichtungen zum einwandfreien Handhaben während der Wärmebehandlung vorsehen.

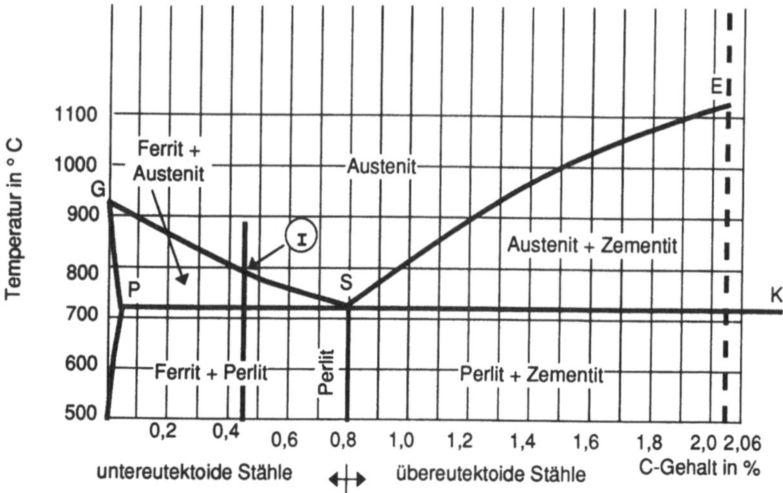

Bild 7.2: Fe-C-Diagramm (Ausschnitt) mit den Umwandlungsvorgängen von Ck 45 bei langsamer Abkühlung [0.3]

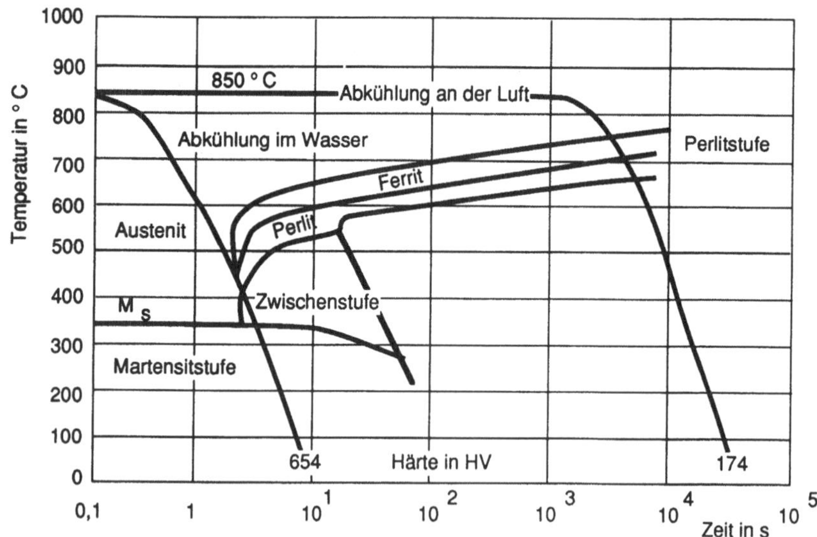

Bild 7.3: ZTU-Schaubild für Ck 45 [7.2]

Innerhalb des Wärmebehandelns von Werkstoffen kommt der Werkstoffprüfung große Bedeutung zu. Dabei werden die Werkstoffe auf ihre Härtbarkeit und ihre Eigenschaften wie z.B. Gefügeausbildung, Festigkeit, Zähigkeit und vor allem die Härte geprüft.

Die Härte eines Werkstoffes wird als Widerstand definiert, den ein Werkstoff dem Eindringen eines wenig verformbaren Körpers entgegensetzt. Die verschiedenen Härteprüfverfahren sind durch unterschiedliche Formen und Größen der Eindringkörper sowie durch die Aufbringungsart und die Höhe der Prüfkräfte gekennzeichnet [7.2]. Gebräuchlich sind die Vickers- (Prüfkörper: Diamantpyramide), Brinell- (Prüfkörper: Stahl- oder Hartmetallkugel) und Rockwellhärte (Prüfkörper: Diamantkegel oder Stahlkugel).

Mit Hilfe der *DIN 50 150* können die verschiedenen Härtewerte und die Zugfestigkeit einander zugeordnet werden.

7.2 Thermische Wärmebehandlungsverfahren von Stahlwerkstoffen

7.2.1 Glühen

Nach *DIN 17 014* ist Glühen eine Wärmebehandlung, bestehend aus Erwärmen auf eine bestimmte Temperatur, Halten und Abkühlen unter solchen Bedingungen, daß der Zustand des Werkstoffes bei Raumtemperatur dem Gleichgewichtszustand näher ist. Die Höhe der Temperatur und die Benennung der einzelnen Verfahren richtet sich nach dem Zweck der Glühbehandlung. Die Haltezeiten sind unterschiedlich lang (bis 40 h). Die Abkühlung erfolgt stets langsam. Die wichtigsten Glühverfahren werden nachfolgend erläutert [0.1]. Die dazugehörenden Temperaturbereiche sind im Bild 7.4 dargestellt.

Spannungsarmglühen

Das Spannungsarmglühen dient zur Beseitigung von Eigenspannungen, die durch ungleichmäßige Abkühlung nach dem Gießen, Gesenkformen, Walzen, durch spanende Bearbeitung oder nach dem Schweißen im Werkstück entstehen, sich den Lastspannungen überlagern und zu einer höheren Belastung der Werkstücke führen können. Die Werkstücke werden auf Temperaturen zwischen 550 und 650 °C erwärmt und nach einer Haltezeit von ca. 4 h langsam abgekühlt. Die Eigenspannungen werden abgebaut, ohne daß wesentliche Änderungen des Gefüges oder der mechanischen Eigenschaften eintreten.

Rekristallisationsglühen

Die Kaltumformung führt zu einer Verfestigung des Werkstoffes, wobei die Verformungsfähigkeit abnimmt (der Werkstoff versprödet). Das Rekristallisationsglühen mit Temperaturen zwischen 400 und 700 °C und einer Haltezeit von ca. 1 h macht die durch Kaltumformen hervorgerufenen Gefügeänderungen rückgängig. Der Werkstoff erreicht etwa die Eigenschaften, die er vor der Kaltumformung hatte, so daß im Wechsel mit dem Rekristallisationsglühen beliebig viele Umformgänge vorgenommen werden können. Bei niedrigen Verformungsgraden, geringem C-Gehalt, hohen Glühtemperaturen und langen Haltezeiten besteht die Gefahr der Grobkornbildung.

Weichglühen

Das Weichglühen verbessert die Bearbeitbarkeit von C-Stählen. Durch Umwandlung der Zementitlamellen im Perlit zu kugeligen Zementitkörnern wird der Werkstoff weicher, zäher und läßt sich besser zerspanen (geringerer Werkzeugverschleiß). Das Weichglühen erfolgt durch Erwärmung bis dicht unterhalb der PS-Linie (Bild 7.4) oder bei legierten und übereutektoiden Stählen bis dicht unter- und oberhalb der SK-Linie (Pendelglühen).

Normalglühen

Beim Normalglühen wird der Werkstoff in Abhängigkeit des C-Gehaltes auf Temperaturen oberhalb der GS-Linie bei untereutektoiden Stählen und oberhalb der SK-Linie bei übereutektoiden Stählen erwärmt. Das Ziel des Normalglühens ist die Beseitigung von Grobkornbildung sowie von Gefüge- und Eigenschaftänderungen, die durch vorangegangene Bearbeitung oder Wärmebehandlung verursacht wurden.

Grobkornglühen

Das Ziel des Grobkornglühens ist eine Verbesserung der Zerspanbarkeit weicher Stähle, die zum "Schmieren" neigen (Bildung einer Aufbauschneide, die zu einer unsauberen Bearbeitungsoberfläche führt). Durch die Kornvergrößerung entsteht ein kurzbrüchiger Scherspan. Die Werkstücke werden auf Temperaturen von ca. 150 °C oberhalb der GS-Linie erwärmt und nach einem mehrstündigen Halten abgekühlt.

Diffusionsglühen

Durch Diffusionsglühen werden Seigerungszonen (Konzentrationsunterschiede der Legierungselemente im Werkstoff) beseitigt. Die Glühbehandlung erfolgt bei hohen Temperaturen zwischen 1000 und 1300 °C, dicht unterhalb der Soliduslinie. Die Haltezeiten sind verhältnismäßig lang (bis 40 h), da die Diffusionsvorgänge nur langsam ablaufen. Zur Beseitigung des dabei entstehenden groben Korns sollte anschließend normalgeglüht werden.

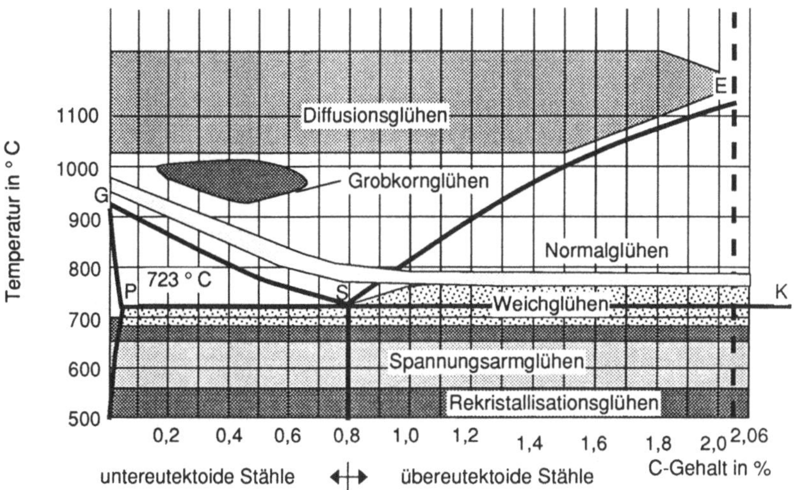

Bild 7.4: Temperaturbereiche verschiedener Glühverfahren [0.3]

7.2.2 Härten und Vergüten

Härten ist Wärmebehandlung eines Werkstoffes, bestehend aus Austenitisieren und Abkühlen unter solchen Bedingungen, daß eine Härtezunahme durch mehr oder weniger vollständige Umwandlung des Austenits in Martensit und gegebenenfalls Bainit erfolgt. **Vergüten** ist Härten mit nachfolgendem Anlassen meist oberhalb 550 °C, um eine gewünschte Kombination mechanischer Eigenschaften zu erreichen (Bild 7.5). Insbesondere soll gegenüber dem gehärteten Zustand die Zähigkeit verbessert werden. **Anlassen** ist ein- oder mehrmaliges Erwärmen eines gehärteten Werkstückes auf eine vorgegebene Temperatur, Halten auf dieser Temperatur und anschließendes zweckentsprechendes Abkühlen (*DIN 17 014*).

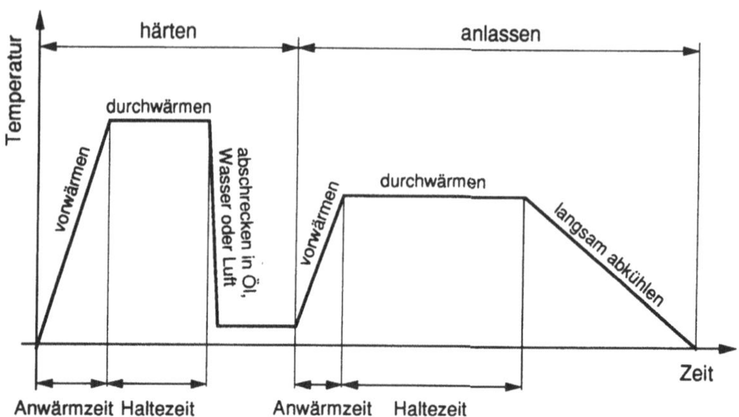

Bild 7.5: Temperatur-Zeit-Verlauf beim Vergüten (schematisch)

Beim thermischen Härten unterscheidet man zwei Verfahren: das **Härten nach Volumenerwärmung** und das **Randschichthärten**. Beim Härten nach Volumenerwärmung wird das Werkstück langsam auf die Härtetemperatur von etwa 50 °C oberhalb der GSK-Linie (Bild 7.2, Seite 186) erwärmt, um Wärmespannungen und Verzug gering zu halten und dann mit Wasser, Öl, Druckluft usw. abgeschreckt. Beim Randschichthärten erfolgt die Erwärmung des Werkstückes so schnell, daß vor dem Abschrecken nur eine Randschicht bestimmter Dicke auf Härtetemperatur kommt. Dadurch behält der Kern des Werkstückes seine ursprünglichen Eigenschaften (z.B. Zähigkeit) bei.

Bei einer langsamen Abkühlung aus dem Austenitgebiet erfolgt eine Umwandlung der kubisch flächenzentrierten γ - Mischkristalle in kubisch raumzentrierte α - Mischkristalle (Ferrit), die eine geringe Löslichkeit für Kohlenstoff (0,02 % bei 723 °C) aufweisen, bzw. in Perlit, das aus einem feinen Gemenge von Ferrit und Zementit (Fe_3C) besteht. Der im Austenit gelöste Kohlenstoff hat genügend Zeit, sich durch Diffusionsvorgänge als Zementit auszuscheiden.

Bei einer schnellen Abkühlung, wie sie beim Härten erfolgt, wird die Bildung von Ferrit bzw. Perlit teilweise oder ganz unterdrückt (Bild 7.3, Seite 186). Es bildet sich zwar auch ein kubisch raumzentriertes Gitter, da der Kohlenstoff jedoch nicht herausdiffundieren (sich als Zementit ausscheiden) kann, ist dieses Gitter durch die darin verbleibenden C-Atome verspannt (Bild 7.6).

Das entstehende nadelige Zwangsgefüge wird als Martensit bezeichnet und
weist eine hohe Härte auf. Die Verspannung wächst mit der Anzahl der
zwangsgelösten C-Atome; daher nimmt die erreichbare Härte eines Stahles
mit dem Kohlenstoffgehalt zu. Eine deutliche Härtesteigerung wird nur dann
erreicht, wenn der Kohlenstoffgehalt mindestens 0,3 % beträgt. Die Gefüge-
struktur des Martensits ist thermodynamisch instabil. Bei einer Erwärmung
wird die unterdrückte Kohlenstoffdiffusion wieder möglich; das Gefüge
strebt einen Gleichgewichtszustand an. Diesen Vorgang macht man sich beim
Anlassen zunutze.

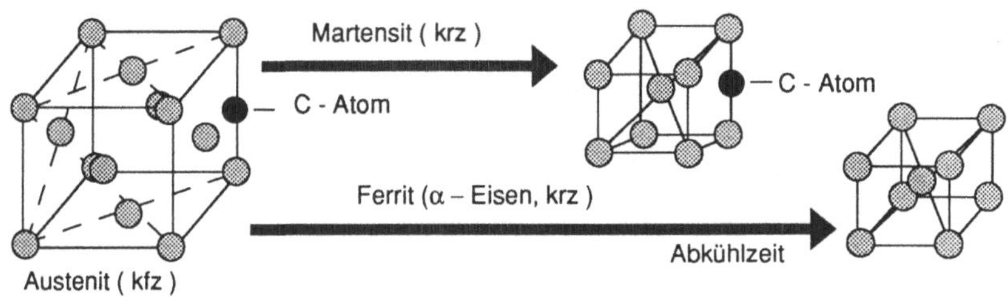

Bild 7.6: Kristallumwandlung beim Härten

Entscheidend für ein gutes Härten sind optimale Härtetemperaturen und Ab-
schreckgeschwindigkeiten, die je nach Zusammensetzung des Stahles variie-
ren. Bei unlegierten Stählen muß, um auch im Innern des Werkstückes eine
Martensitbildung zu erreichen, eine schnelle Wärmeabfuhr erfolgen. Legie-
rungszusätze und die Vorgeschichte des Stahlwerkstoffes (z.B. Kaltumformung) vermindern die Abschreckgeschwindigkeit durch eine Behinderung der
Kohlenstoffdiffusion. Dadurch sind bei legierten Stählen größere Querschnitte durchhärtbar oder mildere Abschreckmittel verwendbar. Der Einfluß der
Härte- bzw. Abschrecktemperatur auf verschiedene Eigenschaften von Stählen ist qualitativ im Bild 7.7 dargestellt.

Härten nach Volumenerwärmung

Die Verfahren des Härtens nach Volumenerwärmung (Durchhärten) werden
nach der Abkühlungskinetik unterschieden. Die Abkühlung kann in verschiedenen Medien wie: Wasser, Öl, Emulsionen, Salz- und Bleibad, Luft, Stickstoff, Inertgas usw. stattfinden.

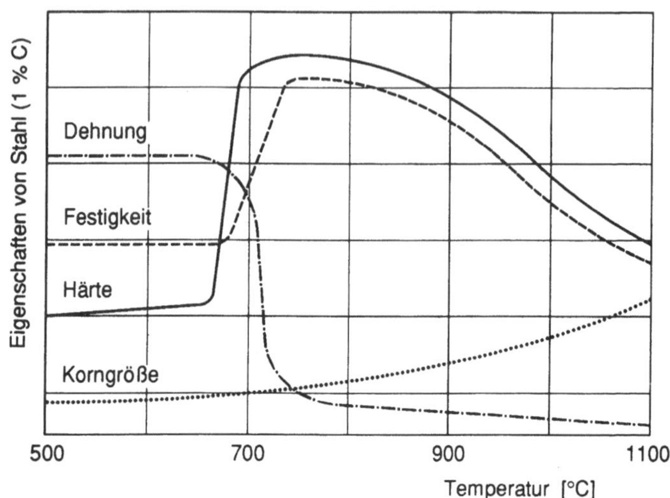

Bild 7.7: Qualitativer Verlauf der Eigenschaften von Stahl (1 % C) bei verschiedenen Härtetemperaturen (Quelle: Landesbildstelle Baden-
Württemberg)

Beim **gebrochenen Härten** wird erst schroff in Wasser und dann milder in Öl
abgeschreckt. Beim **Warmbadhärten** wird der Werkstoff schnell z.B. in einem Salzbad auf eine Temperatur knapp oberhalb der Martensitbildung abgekühlt und möglichst lange auf dieser Temperatur gehalten. Dadurch wird die
Gefahr von Verzug und Härterissen vermindert. Bevor eine Austenit-Bainit-
Umwandlung stattfinden kann, wird weiter mild abgekühlt, so daß sich der
Austenit in Martensit umwandelt. Das **Zwischenstufenhärten** erfolgt ähnlich
wie das Warmbadhärten. Die Haltezeit wird jedoch so gewählt, daß eine na-
hezu vollständige Umwandlung des Austenits in das Zwischenstufengefüge
(Bainit) stattfindet. Das **Patentieren** ist eine Art des Zwischenstufenhärtens
und wird bei Stahldraht und -band angewandt. Der Werkstoff wird von einer
Temperatur oberhalb 900 °C schnell in einem Salz- oder Bleibad auf Tempe-
raturen zwischen 400 und 500 °C abgekühlt und isotherm umgewandelt. Die
Umwandlung kann entweder in der Perlit- oder Bainitstufe verlaufen. Das
Ziel des Patentierens ist das Erzielen eines für die Kaltumformung günstigen
Gefüges.

Randschichthärten

Bei vielen Bauteilen, die eine harte, verschleißfeste Oberfläche benötigen
reicht es, wenn die Härtung nur auf eine Randschicht bestimmter Dicke be-
schränkt bleibt. Der Vorteil des Randschichthärtens ist ein weicher, zäher
Kern, der die Gefahr eines Sprödbruchs bei dynamisch beanspruchten Bauteilen wie z.B. Zahnrädern und Wellen vermindert. Die Verfahren des Randschichthärtens werden nach Art der Energiezufuhr unterschieden. Bei allen
Verfahren erfolgt die Erwärmung auf Härtetemperatur und das Abkühlen so
schnell, daß im Kern des Werkstückes keine Umwandlungsvorgänge stattfinden können. Die Dicke der gehärteten Schicht hängt von der Höhe der zugeführten Leistung (Energie/Zeiteinheit), von den Werkstückabmessungen und
der Wärmeleitfähigkeit des Werkstoffes ab.

Beim **Tauchhärten** wird das Werkstück in ein Salz-, gelegentlich auch in ein
Metallbad mit einer Temperatur von 1000 bis 1200 °C getaucht. Die Tauch-
zeit hängt hauptsächlich von den Werkstückabmessungen und der Art des
Tauchbades (Wärmeübergang) ab und bewegt sich im Bereich von wenigen
Sekunden bis Minuten.

Beim **Flammhärten** wird die Werkstückoberfläche mit Brenngas-Sauerstoff-
Flammen auf Härtetemperatur gebracht. Danach wird meist mit einer Wasserbrause abgeschreckt. Je nach Werkstückform und Anordnung von Brenner
und Brause werden die Verfahren mit Mantel- und Linienhärtung unterschieden (Bild 7.8).

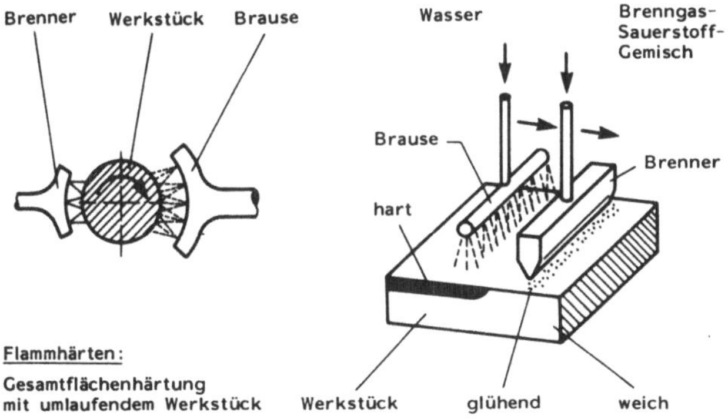

Bild 7.8: Prinzip des Flammhärtens

Beim **Induktionshärten** wird die Randschicht des Werkstückes in einer Hochfrequenzspule durch induzierte Wirbelströme erhitzt und nach Erreichen der Austenitisiertemperatur mit einer Wasserbrause abgeschreckt (Bild 7.9). Die Wärme gelangt hier nicht von der Oberfläche her in das Werkstück, sondern sie entsteht in der zu härtenden Schicht. Die Härtetiefe kann durch die Wahl der Stromfrequenz beeinflußt werden. Sie wird mit zunehmender Frequenz geringer. Mit diesem Verfahren sind Härtetiefen von wenigen Zehntel-Millimetern zu erreichen. Das Induktionshärten wird automatisiert (mit Handhabungseinrichtungen zum Be- und Entladen) in der Großserienproduktion z.B. zum Härten von Nocken- und Kurbelwellen eingesetzt. Durch die Entwicklung flexibler Induktionshärtezentren ist das Verfahren auch für mittlere und kleine Stückzahlen geeignet [7.3, 7.4].

Für das Flamm- und das Induktionshärten sind Vergütungsstähle mit einem Kohlenstoffgehalt von 0,35 bis 0,55 % geeignet. Bei höheren C-Gehalten steigt die Gefahr von Verzug und Härterissen.

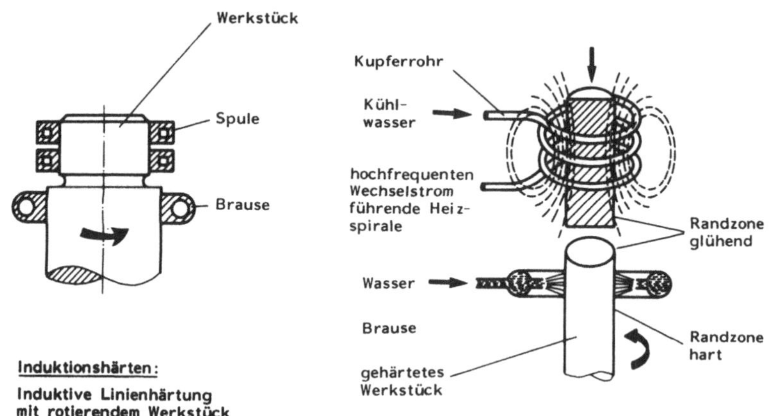

Bild 7.9: Prinzip des Induktionshärtens

Für ein gezieltes Randschichthärten bestimmter Werkstückpartien kann das **Strahlhärten** mit Hilfe eines Laser- oder Elektronenstrahls eingesetzt werden. Das Verfahren ermöglicht extrem hohe Aufheizgeschwindigkeiten mit sehr dünnen Härteschichten (im 0,01 mm Bereich) und einem feinen Martensitgefüge hoher Härte. Als Laserstrahlerzeuger können sowohl CO_2- als auch Festkörperlaser verwendet werden. Der Laserstrahl wird aufgeweitet über die Werkstückoberfläche geführt. In der Regel ist keine Flüssigkeitsabkühlung erforderlich, da die Randschicht durch Wärmeleitung in das kalte Grundmaterial erkaltet (Selbstabschreckung). Die Härtetiefe kann durch die Vorschubgeschwindigkeit des Lasers variiert werden; zu langsame Vorschubgeschwindigkeiten (im Bereich von 0,5 m/min bei 2,5 kW Laserleistung) führen zum Aufschmelzen der Oberfläche. Je nach Werkstoff sind mit einer Laserleistung von 2,5 kW Vorschubgeschwindigkeiten zwischen 1 und 2 m/min zu erreichen. Das Verfahren wird bei Werkstücken eingesetzt, bei denen örtlich begrenzte hohe Flächenbelastungen, z.B. an Dicht- und Laufflächen auftreten [7.2, 7.5].

7.3 Thermochemische Wärmebehandlungsverfahren von Stahlwerkstoffen

Zu den thermochemischen Wärmebehandlungsverfahren gehört das Stoffeigenschaftändern durch Einbringen und Aussondern von Stoffteilchen. Die randnahen Bereiche des Wärmebehandlungsgutes werden entweder durch Eindiffusion von Nichtmetallen (Kohlenstoff, Stickstoff) oder Metallen (Chrom, Aluminium, Silizium) oder durch Effusion in ihrer chemischen Zusammensetzung gezielt verändert [7.2, 0.1]. Das Ziel der Eindiffusion ist es, der Randschicht bestimmte Eigenschaften wie Härte, Zunderbeständigkeit, Korrosionsbeständigkeit und erhöhten Verschleißwiderstand zu verleihen. Gegenüber galvanischen Oberflächenbehandlungsverfahren ergibt sich der Vorteil einer gleichmäßigen Schichtdicke auch an Kanten, in engen Vertiefungen und Bohrungen. Da die Werkstücke jedoch über eine längere Zeit höheren Temperaturen ausgesetzt sind, ist auf die Veränderung der Kerneigenschaften zu achten. Die Effusion von Nichtmetallen wird beim Entkohlen eingesetzt, mit dem Ziel, den Kohlenstoffgehalt in der Randschicht eines Werkstückes (der durch unbeabsichtigtes Aufkohlen bei verschiedenen Wärmebehandlungen erhöht wurde) zu verringern.

7.3.1 Eindiffusion von Nichtmetallen

Die wichtigsten Verfahren sind hier das **Aufkohlen (Einsatzhärten)** und das **Nitrieren** durch Eindiffusion von Stickstoff.

Durch Aufkohlen wird bei Werkstücken aus Stählen mit Kohlenstoffgehalten zwischen 0,1 und ca. 0,25 % eine hohe Randschichthärte erreicht. Dazu wird das Werkstück in der Randschicht durch Glühen bei 850 bis 950 °C in koh-

lenstoffabgebenden Mitteln mit Kohlenstoff bis zu einem C-Gehalt von ca.
0,8 bis 0,9 % angereichert. Damit wird die Randschicht härtbar. Beim Direkt-
härten (Abschrecken von Aufkohlungs- bzw. Härtetemperatur) kann durch die
lange Aufkohlungsdauer grobkörniges Gefüge im Kern zurückbleiben. Dies
wird durch das Einfach- oder Doppelhärten vermieden. Der kohlenstoffarme
Kern bleibt aber in jedem Fall weich und zäh.

Beim Nitrieren läßt man bei Temperaturen zwischen 500 und 600 °C entweder in einem Ammoniak-Gasstrom oder in Salzbädern (Cyansalzen) Stickstoff
in den Stahl eindiffundieren. Im Vergleich zum Aufkohlen ist durch Nitrieren
eine höhere Härte und Verschleißfestigkeit erzielbar. Die niedrigen Temperaturen und die langsame Abkühlung (kein Abschrecken notwendig) führen
zu minimalem Verzug der Werkstücke, so daß außer Feinbearbeitung alle Arbeiten vor dem Nitrieren erfolgen können. Damit eignet sich dieses Verfahren besonders für Präzisionswerkstücke wie Meßwerkzeuge. Das Nitrieren,
insbesondere das Gasnitrieren, erfordert lange Nitrierzeiten (z.B. 100 h für
eine Nitriertiefe von 0,6 mm).

Das **Carbonitrieren** ist eine Kombination von Einsatzhärten und Nitrieren.
Die Behandlung erfolgt in speziellen Cyansalzbädern bei etwa 800 °C. Es
schließt sich meistens ein Abschrecken an, um die durch Nitridbildung er-
reichte Härte durch eine Martensitumwandlung noch weiter zu erhöhen.

7.3.2 Eindiffusion von Metallen

Als Metalle zur Eindiffusion werden vorwiegend Aluminium, Chrom und Silizium verwendet. Die Behandlung erfolgt meist bei hohen Temperaturen. Es
bilden sich Randschichten mit relativ hohen Gehalten (10 bis 35 %) des eindiffundierten Metalls.

Beim **Aluminieren** werden zwei Verfahren angewendet, das Kalorisieren, bei
dem eine spröde, festhaftende Fe-Al-Legierungsschicht unter einer harten
Al_2O_3-Schicht entsteht und Alitrieren, das eine weniger spröde und besser
verformbare Schicht erzeugt. Beide Verfahren verbessern die Zunderbeständigkeit und werden nicht nur bei Stahl, sondern auch bei Kupfer, Messing
und Nickellegierungen eingesetzt. Das **Silicieren** ist eine Behandlung von
kohlenstoffarmen Stählen mit heißem $SiCl_4$-Gas. Es wird eine spröde aber
sehr zunderbeständige Oberfläche erzielt. Das **Chromieren** wird bei Temperaturen von 1000 bis 1200 °C in der Gasphase oder Schmelze chromabgeben-

der Stoffe durchgeführt. Die entstehende **Randschicht** ist bis 800 °C zunderbeständig und bietet einen Korrosionsschutz, so daß in vielen Fällen auf den Einsatz korrosionsbeständiger Vollmaterialien verzichtet werden kann.

7.4 Wärmebehandlung von Eisen-Gußwerkstoffen

Zu den wichtigsten Wärmebehandlungen von Eisen-Gußwerkstoffen gehört das Tempern von weißem Gußeisen (Gußeisen, dessen Kohlenstoff- und Siliciumgehalt so eingestellt ist, daß das Gußwerkstück graphitfrei erstarrt, d.h. der gesamte Kohlenstoff im Zementit (Fe_3C) gebunden ist), um entweder durch Entkohlen oder durch Graphitisieren Temperguß zu erhalten. Bei einer Glühbehandlung des graphitfrei erstarrten Gußeisens zerfällt der Zementit restlos. Die Glühbehandlung kann auf zwei Arten erfolgen:

- Glühen in entkohlender Atmosphäre (**weißer Temperguß, GTW**)
Dem Randbereich des Gußwerkstückes wird Kohlenstoff entzogen, so daß dort nach Abkühlung ein rein ferritisches Gefüge zurückbleibt. Bei großen Querschnitten verbleiben im Kern Anteile von Graphit (Temperkohle). Die Behandlung dauert 50 bis 80 h bei einer Temperatur von 1050 °C.

- Glühen in neutraler Atmosphäre (**schwarzer Temperguß, GTS**)
Die Glühbehandlung wird in zwei Schritten durchgeführt. Im ersten Schritt wird 30 h bei 950 °C geglüht wobei der Zementit in Austenit und Graphit zerfällt. In einer zweiten Glühbehandlung bei Temperaturen zwischen 700 und 800 °C wandelt sich der Austenit bei einer langsamen Abkühlung in ein ferritisch-perlitisches Gefüge mit einem Graphitanteil um.

Temperguß besitzt hohe Zähigkeit, Schlagfestigkeit und gute Bearbeitbarkeit. Diese Eigenschaften beruhen auf der Ausscheidung des Graphits in Nestern, die die innere Kerbwirkung, wie sie z.B. beim GGL vorhanden ist, wesentlich herabsetzt [0.1].

7.5 Wärmebehandlung von NE-Metallen

Bei der Wärmebehandlung von NE-Metallen sind die Verfahren thermisches Entspannen, Rekristallisieren (Weichglühen), Homogenisieren sowie die Ausscheidungshärtung durch Lösungsglühen und Auslagern gebräuchlich.
Das **thermische Entspannen** dient dem Abbau von Eigenspannungen im Werkstück (ähnlich dem Spannungsarmglühen beim Stahl) und verhindert das

Auftreten von Fehlern wie z.B. der Spannungsrißkorrosion. Für das **Rekristallisieren** bzw. Weichglühen von NE-Metallen gelten die gleichen Gesichtspunkte wie für die entsprechende Glühbehandlung von Stählen. Die Temperaturen und Behandlungszeiten sind in Abhängigkeit des Werkstoffes sehr unterschiedlich. Bleiwerkstoffe rekristallisieren bereits bei Raumtemperatur, während hochlegierte Nickelwerkstoffe bei Temperaturen bis zu 1100 °C geglüht werden. Das **Homogenisieren** ist eine Glühbehandlung mit dem Ziel, Konzentrationsunterschiede der Legierungselemente im Gefüge auszugleichen. Die günstigen Eigenschaften von Werkstücken aus NE-Legierungen werden oft erst durch das Homogenisieren erreicht.

Bei der **Ausscheidungshärtung** (auch bei manchen Stählen anwendbar) kann eine Härtesteigerung durch die Ausscheidung einer oder mehrerer Phasen aus einer übersättigten festen Lösung erfolgen. Die notwendige (jedoch nicht hinreichende) Bedingung ist eine mit sinkender Temperatur abnehmende Löslichkeit einer Komponente in der Legierung. Die Behandlung bei der Ausscheidungshärtung besteht aus drei Schritten: Lösungsglühen, Abschrecken und Auslagern. Beim Lösungsglühen werden die meist grob ausgeschiedenen Legierungselemente gelöst. Dieser Zustand wird durch das Abschrecken "eingefroren"; es entstehen übersättigte Mischkristalle, deren Eigenschaften sich vom Ausgangszustand des Werkstoffes kaum unterscheiden. Erst beim anschließenden Auslagern (je nach Werkstoff Kalt- oder Warmauslagern) diffundieren die zwangsgelösten Atome und verursachen Gefügeänderungen, die bei geeigneten Werkstoffen zu einer Aushärtung führen [0.2, 0.5].

8 Kunststoffverarbeitung

Die Systematik zur Einteilung der Fertigungsverfahren nach *DIN 8580* gilt auch für die Fertigungsverfahren der Kunststoffverarbeitung. Da es sich jedoch vorwiegend um spezielle, nur bei Kunststoffen anwendbare Verfahren handelt, werden sie zwecks einer besseren Übersicht gesondert in diesem Kapitel zusammengefaßt. Die Einteilung erfolgt aber auch hier nach *DIN 8580*. Die Anwendung von Fertigungsverfahren bestimmter Hauptgruppen hängt vom Kunststofftyp und seiner molekularen Struktur (Kap. 1.3.3) ab. So lassen sich Duroplaste und Elastomere aufgrund des fehlenden plastischen Bereiches nicht Umformen und Fügen durch Schweißen. Bild 8.1 zeigt eine Übersicht der wichtigsten Fertigungsverfahren für Kunststoffe.

Kunststoff-typ / Fertigungs-verfahren	Thermoplaste	Duroplaste	Elastomere
Urformen	Extrudieren Spritzgießen Pressen Schäumen Blasformen	Extrudieren Spritzgießen Pressen Schäumen Laminieren Faserspritzen	Extrudieren Spritzgießen Pressen Schäumen
Umformen	Warmformen Kaltformen	nicht möglich	
Trennen	Zerteilen, Spanen		
Fügen	Schweißen	nicht schweißbar	
	Kleben Fügen mit Hilfsteilen		
Beschichten	Lackieren Galvanisieren Aufdampfen Bedrucken	Heißprägen Beflocken	nicht üblich

Bild 8.1:   Verarbeitungsverfahren für Kunststoffe

Die große technische und wirtschaftliche Bedeutung der Kunststoffe resultiert aus ihren vorteilhaften Verarbeitungs- und Gebrauchseigenschaften. Die günstigen Verarbeitungseigenschaften führen zu einer hohen Mengenleistung, zu geringen Energiekosten durch niedrige Verarbeitungstemperaturen, zum geringen Aufwand für Nacharbeit und zur Möglichkeit der Herstellung komplizierter Teile in einem Arbeitsgang. Die Fertigungsverfahren bieten bezüg-

lich der Dimensionen der Teile einen großen Spielraum. Es lassen sich Präzisionsformteile mit einer Masse unter 1 g ebenso rationell herstellen wie Großformteile mit Massen von mehr als 100 kg, 16 m^2 Fläche oder 20 m^3 Rauminhalt. Rohre können bis zu einem Durchmesser von 1,5 m, Folien bis 8 m und Tafeln bis 3,5 m Breite extrudiert werden. Die Länge dieser Erzeugnisse ist nur durch die Transportmöglichkeiten begrenzt [8.1].
Die Gebrauchseigenschaften der Kunststoffe können nach Bedarf in weiten Grenzen variiert werden.

Die Einsatzmöglichkeiten für Kunststoffprodukte sind sehr vielfältig. Nachfolgend werden nur einige typische Beispiele genannt (siehe auch Tabelle 1.1, Seiten 32,33):

- Bauwirtschaft
Schaumstoffe als Wärmeisolation und Schallschutz, Fensterprofile, Bodenbeläge, Rohre, Mauerdübel, Fassadenverkleidungen, Dichtungsbahnen für Deponien und Wasserbauwerke. Mit 20 - 30 % Anteil am Kunststoffverbrauch ist die Bauwirtschaft eines der größten Anwendungsbereiche für Standard-Thermoplaste.

- Verpackungsbereich, Lager- und Transportbehälter
Folien, Flaschen, Lebensmittelverpackungen, Flaschenkästen und Mülltonnen. Der Verbrauch von Standard-Thermoplasten liegt in ähnlicher Größenordnung wie in der Bauwirtschaft.

- Fahrzeugbau
Karosserieteile, Karosserieanbauteile, Innenausstattung (Pkw, Lkw, Omnibusse, Schienenfahrzeuge), Kraftstoffbehälter, Reifen. In der Entwicklung befinden sich Teile wie gewickelte Kardanwellen und Pleuel (Gewichtseinsparung gegenüber Serienpleueln bis zu 400 g), Hinterachsen und Lenksäulen. Problematisch ist die Aufarbeitung des anfallenden Kunststoff-Schrotts. Deshalb wird die Entwicklung des Kunststoffautos nicht vorangetrieben.

- Luft- und Raumfahrt
Landeklappen, Leitwerke, Rumpfteile, Innenausstattung, Rotorblätter für Hubschrauber, verschiedene Bauteile für Raketen, Raumfähren und Satellite. In der Luft- und Raumfahrttechnik bringt jede Gewichtseinsparung hohe Treibstoffeinsparungen, so daß die Anwendung der Kunststoffe in diesem Bereich zunehmen wird.

- Elektrotechnik und Elektronik
Gehäuse und mechanische Funktionsteile für Haushaltsgeräte, Geräte der Unterhaltungselektronik und der Datenverarbeitung, sowie Handwerkzeuge, Installationsmaterial (Steckdosen, Stecker, Kabelummantelungen), Leiterplatten, Video- und Audio-Cassetten, Datenträger (Band, Disketten), Schallplatten, Compact Discs.

Darüber hinaus werden Kunststoffe für Haushaltswaren, Spiel- und Sportgeräte, im Bootsbau, in der Landwirtschaft für Abdeckfolien und Folien für Gewächshäuser sowie in der Medizintechnik eingesetzt [8.1].

8.1 Urformen

8.1.1 Extrudieren

Extrudieren ist ein kontinuierlich arbeitendes Verfahren, das vorwiegend zur Herstellung von Halbzeug aus Kunststoffgranulat oder -pulver eingesetzt wird. Ein Extruder (Bild 8.2) besteht im wesentlichen aus einer Schnecke, die in einem beheizbaren Zylinder drehbar gelagert ist und einem Antrieb mit Getriebe. Die Extruderschnecke wird in drei Zonen unterteilt. Die Einzugszone fördert das Kunststoffgranulat vom Einfülltrichter in die Kompressions- oder Umwandlungszone. Dort wird der Kunststoff plastifiziert entgast und verdichtet. In der Ausstoßzone wird die Kunststoffmasse homogenisiert und durch ein Sieb und eine Lochplatte in das Formwerkzeug gedrückt.
Die zur Plastifizierung erforderliche Energie wird dem Kunststoff durch Friktion (Reibung zwischen Kunststoff, Schnecke und Zylinderwand) und durch Zylinderbeheizung (Widerstands-, Induktions- oder Flüssigkeitsheizung) zugeführt.
Der Zylindermantel und die Schnecke eines Extruders werden aus hochfesten, meist nitrierten Stählen hergestellt und gegen Korrosion (erforderlich bei PVC-Verarbeitung) hartverchromt. Die Schnecken können zur Erhöhung der Verschleißfestigkeit gepanzert werden (z.B. durch Flammspritzen). Anbauteile müssen leicht vom Extruder zu lösen und die Schnecke schnell auswechselbar sein. Zum Reinigen wird die Maschine betriebswarm auseinander genommen.

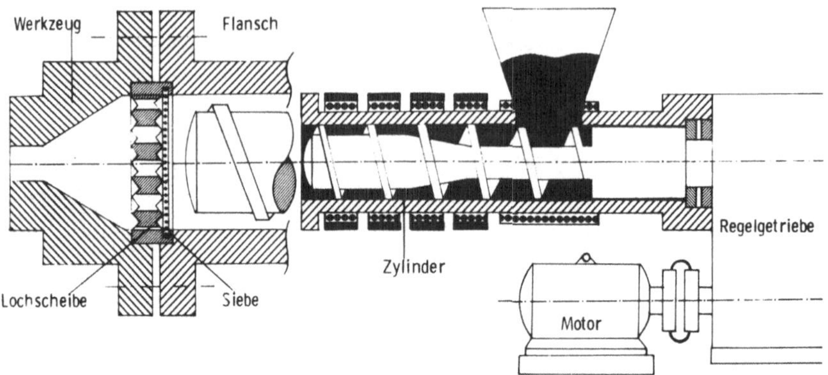

Bild 8.2: Schematischer Aufbau eines Einschnecken-Extruders

Zur schonenden Verarbeitung schwer einziehbarer, thermisch empfindlicher Kunststoffe werden technisch aufwendigere Doppelschnecken-Extruder mit zwei eng ineinandergreifenden (kämmenden) gegenläufigen Schnecken eingesetzt. Diese haben gegenüber den Einschnecken-Extrudern wesentliche Vorteile wie Zwangsförderung, größeren Durchsatz, geringere Verweilzeit des Kunststoffes im Zylinder und damit eine schonendere Plastifizierung. Das Kämmen der Schnecken bewirkt eine Selbstreinigung [8.1].

Durch Extrudieren werden vorwiegend thermoplastische Kunststoffe verarbeitet. Extrudierbare Formmassen müssen hochviskos sein (hoher Polymerisationsgrad erforderlich), damit der extrudierte Strang nach Verlassen der Düse in ausreichender Formstabilität abgezogen werden kann. Bei den seltener verarbeiteten Duroplasten ist das profilgebende Werkzeug gleichzeitig als Aushärtestrecke ausgebildet.
Nach dem Extrusionswerkzeug schließen sich Geräte zum Kalibrieren, Kühlen, Abziehen, Beschneiden, Aufwickeln oder Stapeln des extrudierten Kunststoffproduktes (Extrudat) an. Extruder sind häufig Bestandteile kombinierter Verarbeitungsanlagen zur Herstellung von z.B. Profilen, Schlauchfolien (Folienblasen), Hohlkörpern (Blasformen) und zur Ummantelung von Kabeln und Drähten. Bei der Herstellung von Mehrschichtfolien (Folien aus unterschiedlichen Kunststoffen) wird die Coextrusion mit mehreren gleich-

zeitig arbeitenden Extrudern eingesetzt [8.2].

Die Extrusionswerkzeuge weisen entsprechend den zu extrudierenden Produkten unterschiedliche Bauarten auf. Für die Herstellung von Rohren und Hohlprofilen werden meist sog. Geradeaus-Rohrspritzköpfe mit massenumflossenen Hohldornen (Bild 8.3) eingesetzt. Zur Verhinderung des Zusammenfallens des extrudierten Profils dient die Stützluft, die über den Druckluftanschluß des Hohldorns zugeführt wird. Der Dorn wird durch Haltestege (im Bild 8.3 nicht dargestellt) im Werkzeug gehalten. Eine exakte Zentrierung der Dorne ist wichtig. Der aus dem Werkzeug austretende plastische Profilstrang wird in der nachgeschalteten Kalibrierstrecke auf seine endgültigen, eng tolerierten Abmessungen gebracht und abgekühlt. Die Kalibrierung kann mit Hilfe von Vakuum (Bild 8.4) oder mit Druckluft, durch die dem Hohldorn zugeführte Stützluft erfolgen. Bei der Druckluftkalibrierung muß das Profil innen durch einen "schwimmenden Stopfen" abgedichtet werden. Während die Werkzeuge zur Herstellung von Rohren (Eindorn-Werkzeuge) relativ einfach aufgebaut sind, erfordern Werkzeuge für Mehrkammerprofile (Vieldorn-Werkzeuge) wie z.B. Fensterrahmenprofile und die Kalibrierstrecken einen hohen konstruktiven Aufwand.

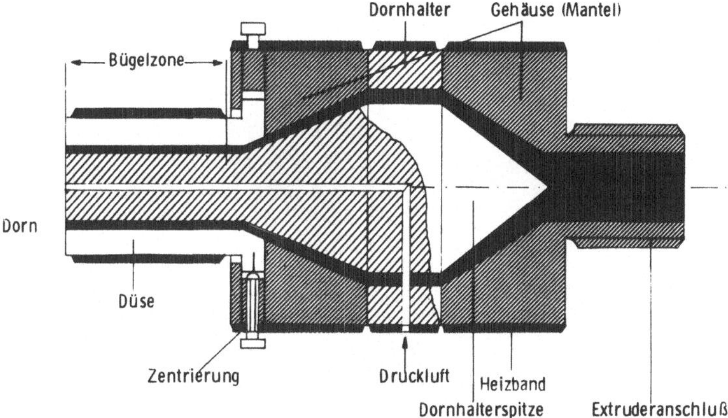

Bild 8.3: Extrusionswerkzeug zur Rohrherstellung

Einfache Vollprofile werden mit Blendenwerkzeugen (an den Extruderkopf angeflanschte Scheiben mit dem eingefrästen Profilquerschnitt) hergestellt. Ummantelungen zum Isolieren von Drähten und zum Ummanteln von Kabeln

werden mit Umlenkköpfen (Bild 8.5) erzeugt. Die auf die Temperatur der
Kunststoffmasse vorgewärmten Drähte bzw. Kabel werden der Pinole durch
eine zentrale Bohrung zugeführt. Bei Telefonadern sind Abzugsgeschwindig-
keiten von bis zu 1200 m/min möglich.

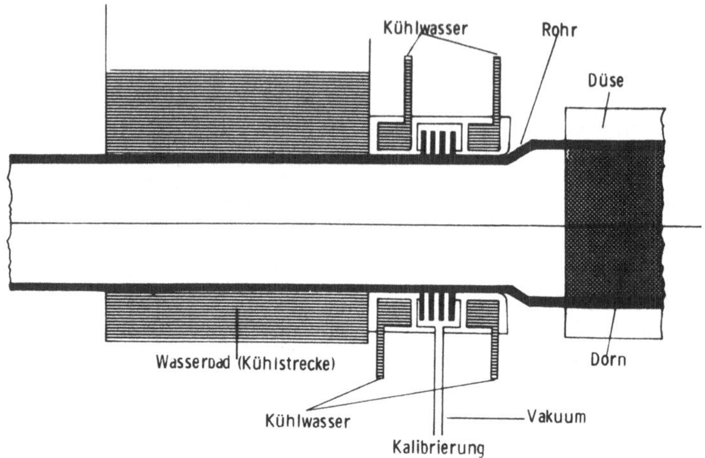

Bild 8.4: Rohr-Vakuumkalibrierung

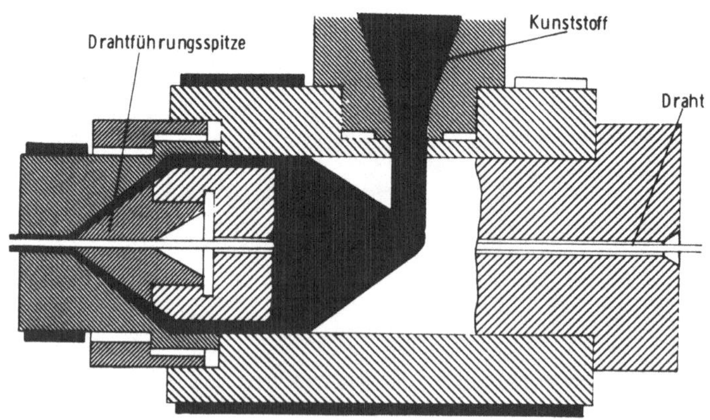

Bild 8.5: Werkzeug zur Drahtummantelung

Tafeln von 0,3 - 30 mm Dicke und bis zu 3,5 m Breite werden mit waagerecht arbeitenden Breitschlitzdüsen mit verstellbarer Spalthöhe extrudiert (Bild 8.6). Folien bis 4 m Breite werden mit sog. Chill-Roll-Verfahren (Kühl-Roll-Verfahren) hergestellt. Die Folie wird schräg nach unten durch eine Breitschlitzdüse (Spalthöhe 1 mm) extrudiert und über Kühlwalzen auf eine Dicke von ca. 10 µm heruntergezogen. Das Verfahren ist im Bild 8.7 dargestellt.

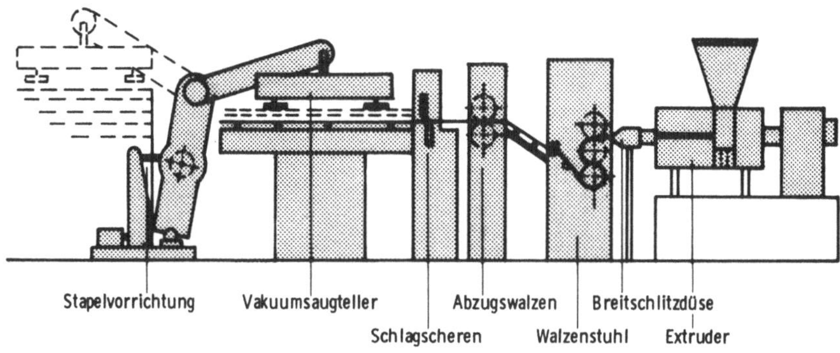

Bild 8.6: Plattenherstellung

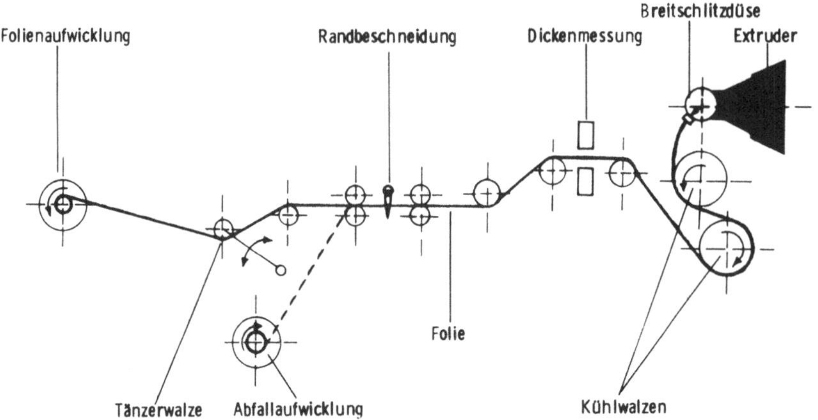

Bild 8.7: Folienherstellung mit dem Chill-Roll-Verfahren

Folien mit über 4 m Breite werden auf Folienblasanlagen (Bild 8.8) hergestellt. Dazu wird ein Werkzeug (Blaskopf) verwendet, das einen Schlauch mit
einer Dicke zwischen 0,5 und 2 mm extrudiert. Der Schlauch wird durch die
zugeführte Stützluft bis zum fünffachen Durchmesser aufgeblasen und durch
Walzen in axialer Richtung gereckt. Über Leitbleche und Quetschwalzen gelangt der Schlauch zur Aufwickelvorrichtung. Der Umfang des Folienschlau-
ches kann bis zu 16 m bei einer Dicke zwischen 20 und 350 µm betragen.
Die Anlagen können Höhen von 20 m erreichen [8.1, 8.3].

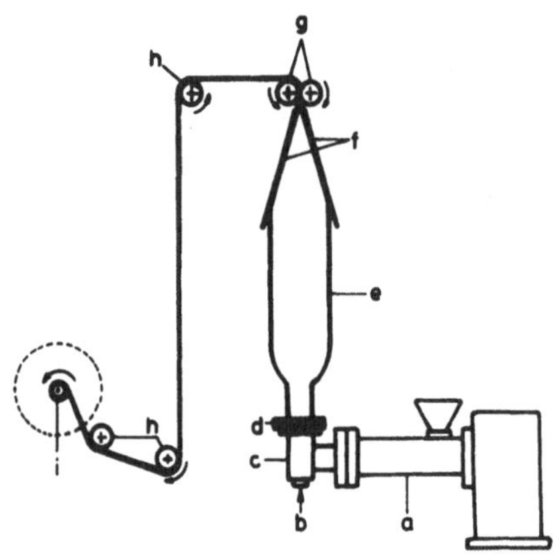

Bild 8.8: Folienblasanlage

8.1.2 Blasformen

Das Blasformen erfolgt in einem zweistufigen Prozeß. In der ersten Stufe
wird ein Rohr extrudiert, das in der zweiten Stufe in einem zweiteiligen
Werkzeug zum Hohlkörper aufgeblasen und abgekühlt wird (Bild 8.9). Mit
dem Verfahren lassen sich Behälter aller Art aus thermoplastischen Kunststoffen im Volumenbereich zwischen wenigen Millilitern und 10 000 l herstellen. Beispiele sind Flaschen, Kraftstoffbehälter für Fahrzeuge, Kanister
und Fässer. Da die Blasdrücke nicht über 10 bar hinausgehen und die Werkzeuge keinem Verschleiß unterliegen, können sie leicht (z.B. aus Aluminium-
guß) gebaut sein. Damit die Formlinge aufgeblasen werden können, müssen
die Werkzeuge mit zahlreichen Entlüftungsöffnungen versehen sein.

An die Blas- und Entformungsstation schließen sich Anlagenteile für die Butzenentfernung, Dichtigkeitsprüfung und ggf. für das Füllen, Verschließen, Bedrucken oder Etikettieren an. Der Fertigungsablauf erfolgt weitgehend automatisch.

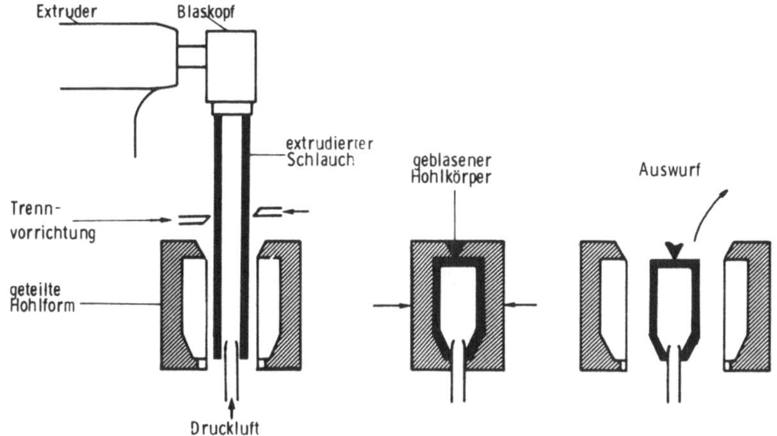

Bild 8.9: Verfahrensablauf beim Blasformen

8.1.3 Spritzgießen

Ähnlich dem Extrudieren wird beim Spritzgießen der zu verarbeitende Werkstoff durch eine Schnecke gefördert, homogenisiert und bei Thermoplasten durch Friktion und Zylinderbeheizung plastifiziert. Die Schnecke führt neben der rotatorischen auch eine translatorische Bewegung aus und übernimmt dadurch die Funktion eines Kolbens. Während des Fördervorgangs muß die Schnecke zurückweichen, um im vorderen Bereich des Zylinders genügend Raum für die Kunststoffmasse zu schaffen. Beim Spritzvorgang schiebt die nichtrotierende Schnecke die Kunststoffmasse in das Spritzgießwerkzeug; die Form wird gefüllt und das Formteil erstarrt. Die dabei entstehende Schwindung wird mit von der Schnecke nachgeschobener Kunststoffmasse kompensiert. Nach dem Abkühlen öffnet sich die Spritzgießform und das fertige Kunststoffteil fällt heraus. Währenddessen beginnt die Schnecke wieder zu rotieren und fördert unter gleichzeitigem Zurückweichen Kunststoffmasse vom Einfülltrichter nach vorn in den Sammel- bzw. Dosierraum; der Zyklus wiederholt sich (Bild 8.10).

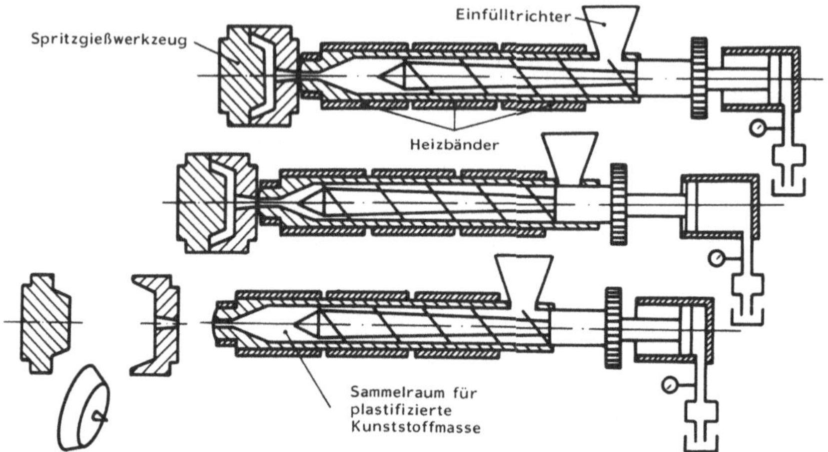

Bild 8.10: Verfahrensablauf beim Spritzgießen

Die Spritzgießmaschine besteht im wesentlichen aus zwei Teilen: aus der Spritz- und der Schließeinheit. Die Verbindung der beiden Teile wird mit einer beheizten Spritzdüse hergestellt. Der Arbeitszyklus der Maschinen (Fördern, Spritzen, Nachdrücken, Öffnen und Auswerfen) erfolgt werkstoffabhängig programmgesteuert. Die Schnecke wird elektrisch oder hydraulisch angetrieben. Die Form wird mechanisch mit Kniehebeln oder hydraulisch geschlossen. Die Schließkräfte bei großen Maschinen zur Herstellung von z.B. Bootskörpern, Automobilteilen und Müll-Großbehältern betragen bis zu 100 MN.

Die Art des Angußes (Einspritzöffnung des Werkzeuges) beeinflußt in hohem Maße nicht nur die Formfüllung, sondern auch die Eigenschaften des Produktes durch Entstehung von Orientierungen (Ausrichtung der Moleküle in Fließrichtung). Orientierungen bewirken eine unterschiedliche Schwindung und führen zu einer Anisotropie (Richtungsabhängigkeit) der mechanischen Eigenschaften der Kunststoffteile.

Durch Spritzgießen werden vorwiegend thermoplastische Kunststoffe verarbeitet. Bei Duroplasten und Elastomeren werden die Werkzeuge beheizt, damit die Aushärtung der Teile erfolgen kann [8.1, 0.2, 8.4].

8.1.4 Pressen

Pressen ist ein bedeutendes Verfahren der Duroplast- und der Elastomerver-
arbeitung. Die Preßmasse wird in Form von Pulver, Granulat, Tabletten, in
teigigem oder faserförmigem Zustand entsprechend dem Volumen des Fertig-
teils dosiert und dem Preßwerkzeug zugeführt. Durch langsames Schließen
des beheizten Stahlwerkzeuges wird der Rohstoff zu einem Werkstück geformt und härtet aus (Bild 8.11). Die Schließkräfte, die Temperaturen und die
Aushärtezeiten sind werkstoffabhängig. Die Formteile weisen im Gegensatz
zum Spritzgießen keine Orientierungen auf. Eine wichtige Anwendung des
Verfahrens ist die Herstellung von Fahrzeugreifen (Vulkanisieren).

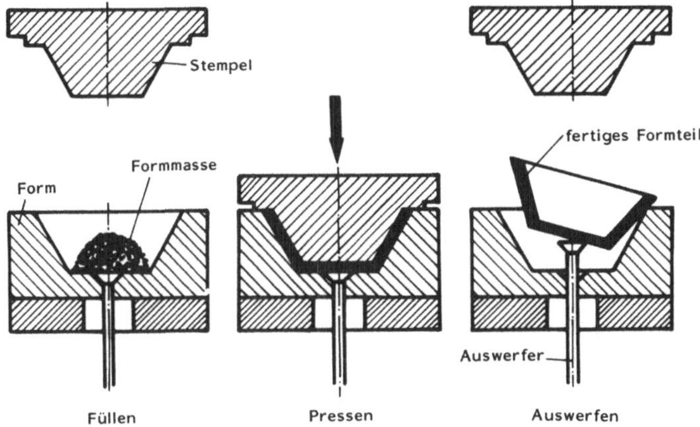

Bild 8.11: Verfahrensablauf beim Pressen

8.1.5 Schäumen

Beim Schäumen wird dem Rohstoff (Granulat, Pulver, duroplastische Formmassen) Treibmittel zugemischt. Bei der Formgebung im erwärmten Zustand
z.B. durch Extrudieren, Spritzgießen oder Pressen wird ein großes Gasvolu-
men frei, das die Kunststoffmasse im Formhohlraum aufschäumt. Beim **Ther-
moplastschaumguß** (TSG) wird der Formmasse ein Treibmittel zugemischt,
dessen Zersetzungstemperatur erst kurz vor Eintritt in den Dosierraum des
Spritzgießzylinders überschritten wird. Das sich bildende Treibgas bleibt jedoch infolge des hohen Druckes in der Formmasse gelöst. Erst beim Einströ-
men in das Formwerkzeug wird das Treibgas frei und schäumt die Kunststoffmasse auf. Deshalb darf das Werkzeug nicht vollständig gefüllt werden. Beim

Abkühlen der geschäumten Formmasse an der kalten Werkzeugwand bildet sich eine porenfreie, dichte Außenhaut. Die Kühlzeit von TSG-Teilen ist wesentlich länger als bei Kompakt-Spritzgußteilen. Bei zu frühen Entformen besteht die Gefahr des Nachtreibens mit deutlichen Maßveränderungen.
Große Werkstücke aus duroplastischen Reaktionsharzen werden meistens vergossen (**Reaktionsschaumguß**, RSG). Die Komponenten Harz, Härter und Treibmittel werden gemischt und in ein Werkzeug bzw. in eine Form eingebracht, wo das Aufschäumen erfolgt. Mit dem RSG-Verfahren werden u.a. Werkstücke mit Hohlräumen z.B. Kühlschränke ausgeschäumt [8.1, 0.2].

8.1.6 Urformen faserverstärkter Formteile

Beim **Naßpressen** werden faserverstärkte Teile aus EP- oder UP-Gießharzen hergestellt. Dazu werden die Fasern in Form von Gewebe, Matten oder Rovings (Faserbündel) in das Preßwerkzeug eingelegt und mit dem Harz getränkt. Die nachfolgende Aushärtung kann je nach Werkstoff kalt (durch Zugabe eines zusätzlichen Beschleunigers) oder warm erfolgen. Beim Warmpressen werden häufig Vorprodukte (bereits mit Harz getränkte Gewebe (Prepregs) oder Rovings) verarbeitet, bei denen die Harze erst im Werkzeug schmelzen.

Beim **Handlaminieren** wird die Faserverstärkung und das mit Beschleuniger und Härter angesetzte Gießharz auf einteilige Formwerkzeuge gleichmäßig verteilt. Auf diese Weise werden große Teile wie Bootsrümpfe in kleinen Stückzahlen hergestellt. Bei Verwendung eines Gegenwerkzeuges erhält man beidseitig glatte Oberflächen (Bau von Segelflugzeugen).

Beim **Faserspritzen** werden Rovings einer Schneidevorrichtung zugeführt, die im Umfeld einer Spritzdüse arbeitet. Die entstehenden Faserbruchstücke gelangen mit dem verspritzten Harz auf die Form und müssen dort verdichtet werden. Das Faserspritzen wird automatisiert z.B. zur Herstellung von Surfbrettern oder Karosserieteilen eingesetzt.

Mit dem **Wickelverfahren** werden harzgetränkte Fasern zur Herstellung von rotationssymmetrischen Hohlkörpern (Großrohre, Behälter, Flugzeugrümpfe; mögliche Abmessungen bis 10 m Durchmesser und 50 m Länge) auf Dorne gewickelt. Wickelroboter ermöglichen eine reproduzierbare Fadenführung in beliebiger Richtung, wodurch sich auch nicht rotationssymmetrische Teile herstellen lassen. In der Entwicklung befinden sich Teile für Kraftfahrzeuge

wie Kardanwellen, Querlenker, Blatt- und Torsionsfedern, Kolben und Pleuel
[8.1].

8.2 Umformen

Umformen ist nur bei thermoplastischen Kunststoffen möglich. Duroplaste
und Elastomere sind bleibend vernetzt und lassen sich deshalb nicht plastisch
verformen. Je nach Temperatur unterscheidet man beim Umformen das
Warmformen und das **Kaltformen**. Beim Warmformen werden amorphe
Thermoplaste auf Temperaturen oberhalb der Glastemperatur, teilkristalline
Thermoplaste auf Temperaturen im Bereich der Kristallisationstemperatur erwärmt (siehe Bild 1.16, Seite 28). Kaltformen erfolgt bei Raumtemperatur.

8.2.1 Warmformen

Beim Warmformen (Bild 8.12) wird eine fest eingespannte, gleichmäßig er-
wärmte Folie oder Tafel mit Hilfe von Druckluft, Vakuum oder durch das
kombinierte mechanisch-pneumatische Umformen geformt. Das Erwärmen
der Tafeln kann in Wärmeschränken, zwischen Heizplatten oder mit Infrarot-
strahlern erfolgen.

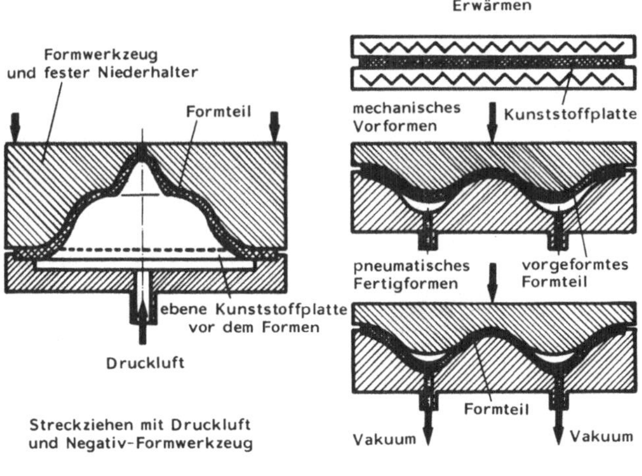

Bild 8.12: Prinzip des Warmformens

Nach der Umformung muß die Kraft solange weiter wirken, bis das Werkstück abgekühlt ist. Die beim Umformen eingefrorenen Spannungen und Orientierungen der Moleküle werden beim Wiedererwärmen frei, d.h. die Umformung wird teilweise rückgängig gemacht. Die Vorteile des Warmformens sind die niedrigen Umformkräfte und Werkzeugkosten, so daß das Verfahren auch für kleinere Stückzahlen geeignet ist. Durch das erforderliche Beschneiden der Teile ergibt sich jedoch ein hoher Abfallanteil. Mit dem Warmformen werden vorwiegend Verpackungen und Behälter, in der Automobilindustrie Innenverkleidungen hergestellt.

8.2.2 Kaltformen

Kaltformen ist mit dem Gesenkformen oder Tiefziehen zu vergleichen. Neben dem herkömmlichen Verfahren mit Stempel und Gesenk besteht die Möglichkeit, das Gesenk durch ein Gummikissen zu ersetzen, wenn der Stempel allein die abzubildende Form eindeutig festlegt (Bild 8.13). Der Umformgrad ist i.a. relativ gering; die Formteile haben bereits bei Raumtemperatur, erst recht aber bei erhöhter Temperatur das Bestreben sich zurückzuverformen. Diese Eigenschaft kann man sich bei Schrumpffolien und -schläuchen nutzbar machen. Einige teilkristalline Thermoplaste (PA, PE, PP) können in Längsrichtung um ein Vielfaches gestreckt werden, wobei ihre Festigkeit deutlich zunimmt. Diese Anwendung erfolgt bei Textilfasern, Seilen und Bändern.

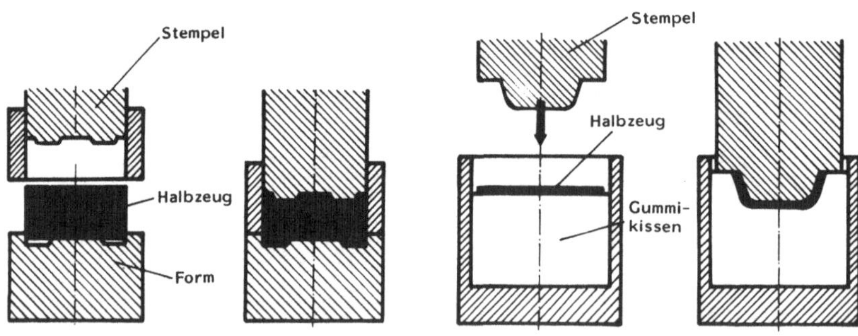

Bild 8.13: Prinzip des Kaltformens

8.3 Trennen

Gegenüber den Verfahren des Urformens und Umformens, die für eine Massenfertigung geeignet sind, hat das Trennen von Kunststoffen eine untergeordnete Bedeutung [0.2]. Das Trennen von Kunststoffen kommt in Betracht:

- beim Zerteilen von Halbzeug (z.B. Zuschneiden von Tafeln auf Schlagscheren, Ablängen von extrudierten Profilen),

- bei Nacharbeit von Spritzguß-, Preß- und umgeformten Teilen,

- bei der Herstellung von Einzelstücken, Prototypen, Ersatzteilen und

- zur Vorbereitung von Schweißnähten.

Bei Thermoplasten und Duroplasten sind alle Verfahren des Spanens mit geometrisch bestimmten Schneiden anwendbar. Zu beachten sind die im Vergleich zu Metallen grundsätzlich anderen Eigenschaften der Kunststoffe wie schlechte Wärmeleitung, große Wärmeausdehnung, niedrige Erweichungstemperatur, Rückdeformation, Staubentwicklung bei Duroplasten und mögliche Entstehung gasförmiger Zersetzungsprodukte.

Drehen

Es sind schnellaufende Drehmaschinen erforderlich mit Schnittgeschwindigkeiten bis zu 500 m/min. Kühlung mit Wasser oder Druckluft ist meistens notwendig. Als Werkzeuge werden Schnellarbeitsstähle oder hartmetallbestückte Werkzeuge eingesetzt. Der Spanwinkel liegt bei 0°. Bei Thermoplasten kann der entstehende Fließspan Probleme bei der Abfuhr bereiten.

Bohren

Die Bohrer sollten einen Spanwinkel um 0° aufweisen, damit eine schabende Wirkung erzielt wird. Sie sollten mindestens HSS-Qualität, bei gefüllten Duroplasten Hartmetallschneiden besitzen. In Kunststoff gebohrte Löcher sind meist kleiner als der Bohrerdurchmesser. Gewindeschneiden ist möglich, eingebettete Metallgewindebuchsen sind vorzuziehen. Auf gute Späneabfuhr ist besonders zu achten.

Fräsen

Fräsen im Gleich- und Gegenlauf ist möglich, die Maschinen sollten hohe Schnittgeschwindigkeiten ermöglichen. Fräser für Kunststoffe haben kleine

Zähnezahlen; der Spanwinkel beträgt auch hier 0°.

Strahlschneiden

Hier werden vor allem die Verfahren Hochdruckwasserstrahlschneiden und Laserstrahlschneiden (meist CO_2-Laser) eingesetzt [8.5, 8.6]. Beim Laserstrahlschneiden von Verbundwerkstoffen wird die Schnittqualität im wesentlichen durch die Faserart bestimmt. Aramidfaserverstärkte Laminate lassen sich im Vergleich zu konventionellen Verfahren besser trennen, während bei Glas- und Kunststoffasern die Schnittgüte deutlich abnimmt. Der Einfluß des Matrixwerkstoffes ist im Vergleich zur Faserart von untergeordneter Bedeutung.

Schleifen

Schleifen wird vorwiegend zur Schweißnahtvorbereitung auf Bandschleifmaschinen durchgeführt. Die Körnung des Schleifbandes richtet sich nach der Härte des Kunststoffes (je weicher der Kunststoff, um so gröber das Schleifband). Bei zu großen Normalkräften besteht die Gefahr des Aufschmelzens. Staubabsaugung ist erforderlich.

8.4 Fügen

Das Fügen von Kunststoffen kann durch Kleben, mechanisches Verbinden und bei Thermoplasten durch Schweißen erfolgen. Beim mechanischen Fügen haben sich sog. Schnappverbindungen durchgesetzt. Sie können direkt in die zu fügenden Kunststoffteile integriert werden. Beim Fügen von anderen Werkstoffen werden Schnappverbindungen als Hilfsteile eingesetzt.

8.4.1 Schweißen

Eine gute Verschweißung thermoplastischer Kunststoffe wird erst im plastischen Werkstoffzustand erreicht. Die obere Grenze für die Schweißtemperatur liegt in der thermischen Belastbarkeit des Werkstoffes. Bei den meisten Kunststoff-Schweißverfahren handelt es sich um Preßschweißverfahren.

Reibschweißen

Reibschweißen von Thermoplasten erfolgt in gleicher Weise wie bei Metallen. Die zu verbindenden Teile werden unter Druck relativ zueinander bewegt und in den plastischen Zustand überführt. Die Verbindung entsteht durch Abbremsen und Zusammenpressen der Teile.

Heizelementschweißen

Die Verbindungsflächen werden durch Heizelemente auf die zum Schweißen erforderliche Temperatur infolge Wärmeleitung gebracht und unter Druck zusammengefügt. Die Verbindungen sind spannungsarm und hoch belastbar.

Ultraschallschweißen

Das Ultraschallschweißen beruht auf der Erwärmung der Verbindungsflächen durch Molekularreibung infolge mechanischer Schwingungen im Ultraschallbereich. Die Ultraschallerzeugung erfolgt piezoelektrisch oder magnetostriktiv. Geschweißt wird mit einer Sonotrode unter Druck kontinuierlich oder taktweise (Bild 8.14). Beim Ultraschallschweißen unterscheidet man zwei Verfahren, das **Nahfeldschweißen** und das **Fernfeldschweißen**. Das Nahfeldschweißen wird bei stark dämpfenden Kunststoffen eingesetzt; die Schweißnaht entsteht in unmittelbarer Nähe der Sonotrode. Mit dem Fernfeldschweißen werden wenig dämpfende, harte Thermoplaste gefügt, wobei die Schweißnähte auch in größerer Entfernung von der Sonotrode liegen können.

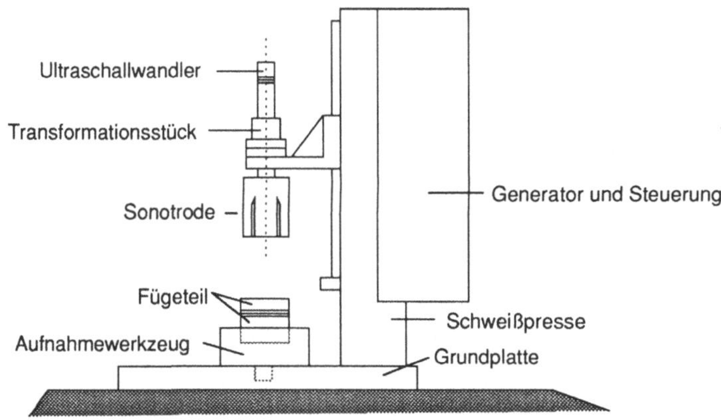

Bild 8.14: Ultraschallschweißen von Kunststoffen [5.2]

Hochfrequenzschweißen

Das Hochfrequenzschweißen nutzt die Eigenschaft polarer Kunststoffe (z.B. PVC), sich im hochfrequenten Wechselfeld eines Kondensators zu erwärmen.

Die übliche Schweiß-
frequenz liegt bei 27
MHz. Die Elektroden
bestehen aus Kupfer
oder Kupferlegierun-
gen und bleiben wäh-
rend des Schweißvor-
gangs kalt. Das Prin-
zip des Verfahrens mit
der Temperaturvertei-
lung im Werkstück ist
im Bild 8.15 darge-
stellt.

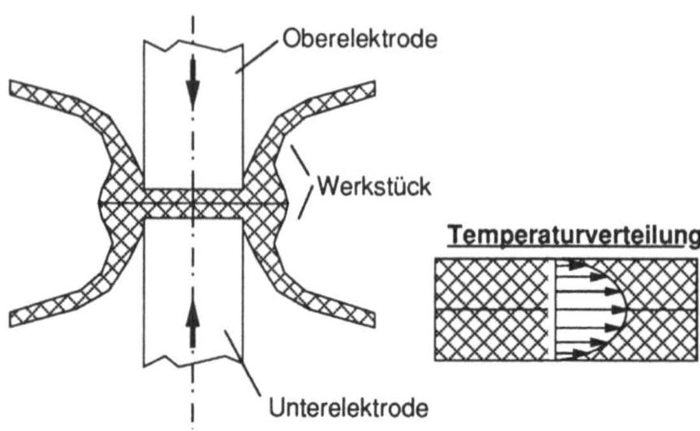

Bild 8.15: Hochfrequenzschweißen

Sowohl das Ultraschallschweißen als auch das Hochfrequenzschweißen findet
bei der Herstellung von Kunststoffteilen für die Automobilindustrie Anwendung. Geschweißt werden Armaturentafeln, Innenverkleidungen, Rückleuch-
ten und ähnliche Teile.

Warmgasschweißen

Beim Warmgasschweißen wird die Schweißstelle und ein Zusatzstab durch
einen Warmgasstrom in den plastischen Zustand überführt (Bild 8.16). Der
Zusatzstab besteht meist aus artgleichem Werkstoff.

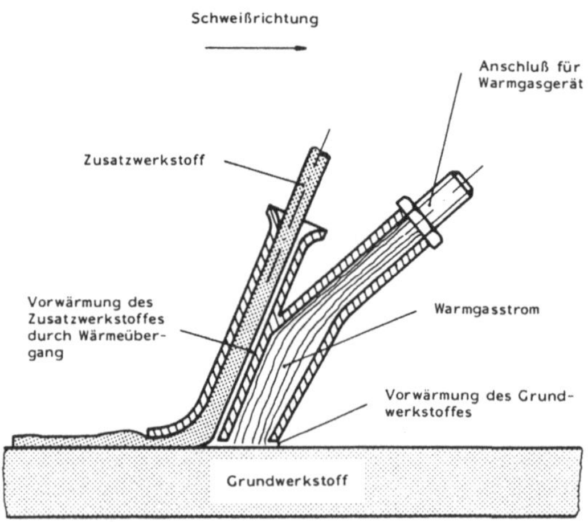

Bild 8.16: Warmgasschweißen

8.4.2 Kleben

Das Kleben von Duroplasten erfolgt wie bei Metallen. Auf die entfetteten und aufgerauhten Fügeflächen wird ein flüssiger oder plastischer Klebstoff aufgebracht, der durch chemische Reaktion oder physikalische Härtung die Teile miteinander verbindet. Thermoplaste können auch durch Anlösen der Klebeflächen mit einem geeigneten Lösemittel und nachfolgendem Zusammenpressen der zu verbindenden Teile geklebt werden.

8.5 Beschichten

Lackieren und Bedrucken

Das Lackieren von Kunststoffen kann bei entsprechender Vorbehandlung mit den üblichen Verfahren der Lackiertechnik erfolgen. Die Lackmaterialien müssen meist mit ihren Eigenschaften auf die Kunststoffe abgestimmt werden. Bei Verwendung von Lackmaterialien, die eine hohe Temperatur zur Filmbildung benötigen, ist die geringe Temperaturbeständigkeit der Kunststoffe zu berücksichtigen. Sollen Kunststoffteile elektrostatisch lackiert werden, sind geeignete Maßnahmen (z.B. vorherige Leitlackbeschichtung) zu ergreifen. Lackieren und Bedrucken setzt eine ausreichende Haftung des Lackes oder der Druckfarbe voraus. Die Haftung kann durch verschiedene Maßnahmen (z.B. Beflammen oder Korona- und Plasmabehandlung) erreicht oder verbessert werden.

Metallisieren

Das Aufbringen von Metallschichten auf Kunststoffe kann durch PVD-Verfahren oder elektrolytisch erfolgen. Die Verfahren sind in den entsprechenden Kapiteln behandelt.

Beflocken

Beflocken ist ein Beschichtungsverfahren, bei dem auf die zu beschichtende Oberfläche zunächst ein Klebstoff aufgetragen wird und dann kurzgeschnittene Fasern mit 0,3 bis 0,7 mm Länge. Das Verfahren findet bei schallisolierenden Wandverkleidungen, Verpackungen, Fensterführungen und Verkleidungen in Fahrzeugen sowie Textilbeschichtungen Anwendung.

8.6 Recycling

Recycling durch ein Zurückführen des Kunststoffes in den Fertigungsprozeß ist nur bei thermoplastischen Kunststoffen möglich. Duroplaste und Elastomere können nur in der ursprünglichen Form ggf. nach einer Erneuerung wiederverwendet werden (z.B. Runderneuerung von Fahrzeugreifen). Beim Recycling von Thermoplasten unterscheidet man zwei Kreisläufe, einen inneren (innerbetrieblichen) und einen äußeren Kreislauf (über den Verbraucher). Im inneren Kreislauf können sämtliche Abfälle, die bei der Produktion von thermoplastischen Kunststoffteilen anfallen (z.B. Angüsse, Verschnitt, Fehlchargen, Ausschuß usw.) regranuliert und wiederverwendet werden. Beim äußeren Kreislauf besteht vor allem das Problem des Sammelns und Trennens der Kunststoffabfälle.

Die Aufbereitung der thermoplastischen Kunststoffabfälle ist ein Problem der werkstoffgerechten und wirtschaftlichen Zerkleinerung (Regranulierung). Dabei findet je nach Verfahren ein mehr oder weniger starker Abbau der Makromoleküle statt. Die Regranulierung kann auf verschiedene Weise erfolgen. Gebräuchlich ist das Regranulieren nach Extrusion, das Zerkleinern in Schneidmühlen (vorteilhaft bei großen Teilen), das Kompaktieren mit mechanischem Preßdruck und das Regranulieren im Plast-Agglomerator infolge Sinterung. Die beiden letztgenannten Verfahren werden vorwiegend beim Regranulieren von Kunststoffpulver eingesetzt [8.7, 8.8].

9 Wirtschaftlichkeitsbetrachtungen bei der Auswahl von Fertigungsverfahren

Oft besteht die Möglichkeit, ein bestimmtes Werkstück mit unterschiedlichen Fertigungsverfahren herstellen zu können. Dadurch stellt sich die Aufgabe, ein Verfahren auszuwählen, mit dem eine größtmögliche Wirtschaftlichkeit (minimaler Aufwand, maximaler Nutzen) unter Beachtung zahlreicher Kriterien und gegebener Randbedingungen zu erreichen ist.

Bei der Verfahrensauswahl ist es wichtig, den ganzen Fertigungsprozeß bis zum fertigen Werkstück zu betrachten. Ein Fertigungsverfahren, das losgelöst vom Fertigungsprozeß als ungünstig (z.B. zu teuer) beurteilt wird, kann sich infolge einer geringeren Anzahl von Arbeitsgängen, vor allem bei hohen Stückzahlen, als wirtschaftlicher erweisen. Ein Beispiel für diesen Sachverhalt ist im Bild 9.1 dargestellt.

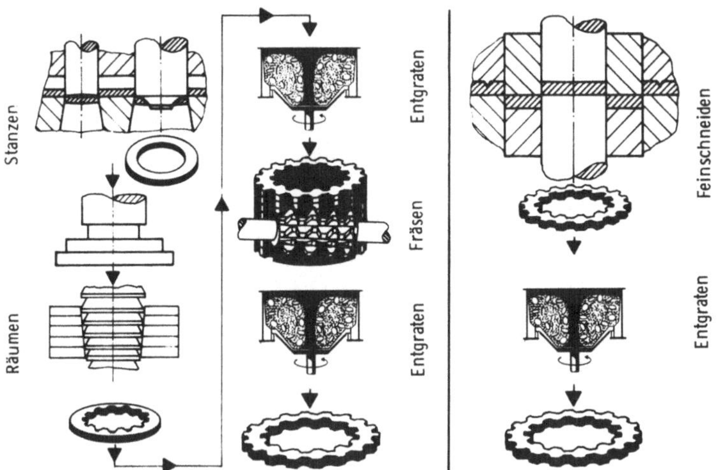

Bild 9.1: Verfahrensvergleich bei der Herstellung einer Kupplungslamelle (Quelle: Fa. Feintool)

Die Wirtschaftlichkeit eines Verfahrens wird in der Regel mit Methoden der **Kosten-** und **Wirtschaftlichkeitsrechnung** beurteilt. Nicht quantifizierbare Kriterien können durch eine **Nutzwertanalyse** berücksichtigt werden. Um den Einfluß der Unsicherheit bezüglich der angenommenen Randbedingungen (z.B. Rohstoffpreise, Verkaufspreis, Absatzsituation usw.) mit einzubeziehen, sollte eine **Risiko-** und **Sensitivitätsanalyse** durchgeführt werden.

In den folgenden Abschnitten soll die Vorgehensweise bei der Auswahl von Fertigungsverfahren und einige der zur Verfügung stehenden Bewertungsmethoden erläutert werden. Es handelt sich allerdings nur um einen Überblick, so daß auf die entsprechende Literatur verwiesen wird [9.1, 9.2, 9.4].

9.1 Technologischer Variantenvergleich

Der Variantenvergleich hat die Aufgabe, aus der Vielzahl der zur Herstellung eines Werkstückes einsetzbaren Verfahrensvarianten diejenige auszuwählen, die eine unter Berücksichtigung verschiedener Kriterien größte Wirtschaftlichkeit bzw. größte Rentabilität gewährleistet.

Der Variantenvergleich ist bei folgenden Entscheidungssituationen durchzuführen:

- Aufnahme neuer Produkte in das Produktionsprogramm,

- Anpassung des Fertigungsablaufs an konstruktive Änderungen des Werkstücks,

- Erweiterung der Kapazität aufgrund gestiegener Absatzerwartungen und

- Ersatz bestehender Verfahren aufgrund technischer Veralterung (Rationalisierung).

Der Variantenvergleich muß systematisch und möglichst frei von intuitiven Entscheidungen durchgeführt werden. Die in mehrere Schritte unterteilte Vorgehensweise ist im Bild 9.2 dargestellt.

Ausgehend von dem zu fertigenden Werkstück werden die für die Herstellung in Frage kommenden Fertigungsverfahren ausgewählt, zusammengestellt und erforderliche Verfahrensentwicklungen berücksichtigt. Die verschiedenen Verfahrensvarianten werden unter Beachtung des gesamten sich jeweils ergebenden Fertigungsablaufs bewertet. Die Bewertung erfolgt mit Hilfe unterschiedlicher Methoden anhand vorher festzulegender Bewertungskriterien (Bild 9.3) [9.10].

Die Bewertungskriterien sind teilweise quantifizierbar; teilweise jedoch nur qualitativ zu beantworten. Einige der Kriterien können sog. **Muß-Kriterien** sein. Während bei Nichterfüllung eines Muß-Kriteriums die betrachtete Verfahrensvariante gleich scheitert, muß die Erfüllung der Kriterien in einer abschließenden Bewertung gegeneinander abgewogen werden. Die Bewertung führt zur Auswahl eines unter den zugrundegelegten Randbedingungen optimalen Fertigungsverfahrens.

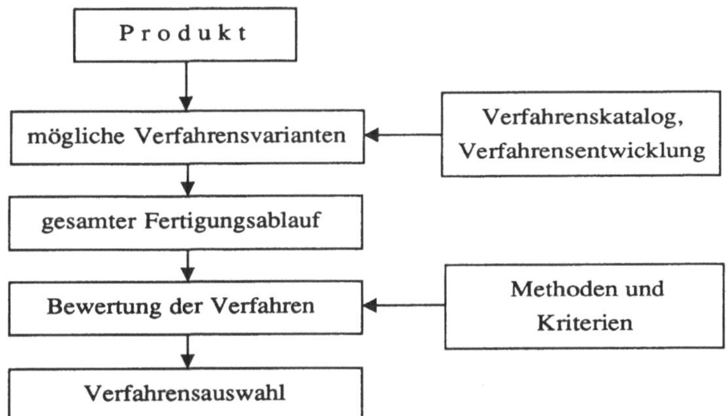

Bild 9.2: Vorgehensweise bei der Verfahrensauswahl

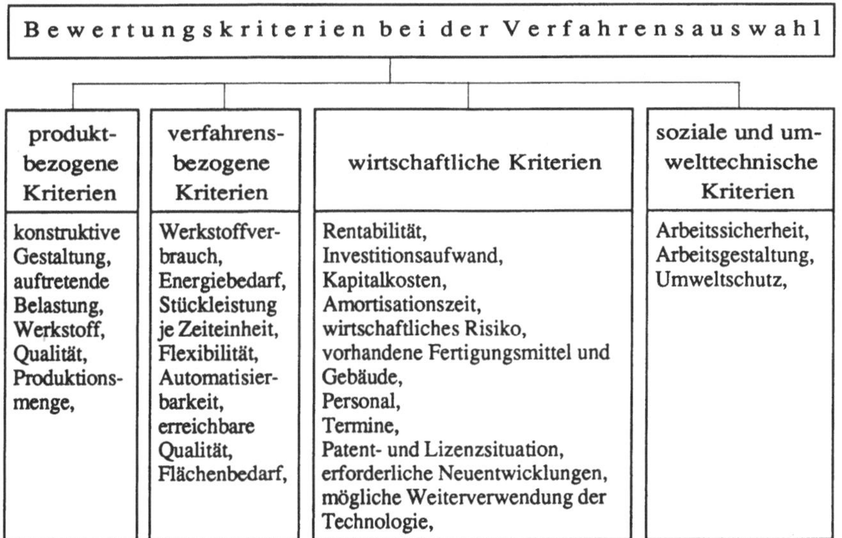

Bild 9.3: Einige Bewertungskriterien bei der Verfahrensauswahl

9.2 Bewertungsmethoden beim Variantenvergleich

9.2.1 Kostenrechnung und Kalkulation

Ein wesentlicher Bestandteil des Variantenvergleichs ist die Ermittlung der
Kosten als Basis für den Wirtschaftlichkeitsvergleich. Die Ermittlung der
Kosten erfolgt je nach betrieblicher Situation (Produktprogramm, Fertigungsart bzw. -prinzip) mit Hilfe verschiedener Kalkulationsverfahren und dient
neben der Verfahrensbeurteilung zur:

- Produktauswahl,
- Werkstoffauswahl und
- Preisfindung.

In einem Unternehmen, in dem unterschiedliche Produkte mit unterschiedlichen Stückzahlen gefertigt werden, müssen die Kosten verursachungsgerecht
verrechnet werden. In diesem Fall wird heute meist die **Zuschlagskalkulation** angewendet. Die Zuschlagskalkulation geht von einer getrennten Zurech-
nung der **Einzel-** und **Gemeinkosten** auf die Kostenträger aus. Einzelkosten
sind alle Kosten, die einem Kostenträger direkt zugerechnet werden können,
wie z.B. Werkstoff, Fertigungslohn und Verpackungsmaterial. Gemeinkosten
sind Kosten für Lagerhaltung, Verwaltung, Vertrieb usw., die indirekt mit
Gemeinkostenzuschlägen auf die Kostenträger verrechnet werden. Die geeignete Zuschlagsgrundlage bzw. Bezugsgröße für die Ermittlung der Gemeinkostenzuschläge ist sorgfältig zu wählen. Dabei sollten die Gemeinkosten pro-
portional zur gewählten Bezugsgröße sein. So werden z.B. die Materialgemeinkosten als ein bestimmter Prozentsatz vom Wert des Materials ermittelt;
der Wert des Materials bildet dabei die Zuschlagsgrundlage bzw. Basis für
diesen Gemeinkostenzuschlag.

In Abhängigkeit von der Anzahl der Bezugsgrößen unterscheidet man bei der
Gemeinkostenverrechnung die **summarische** und die **differenzierte** Zuschlagskalkulation. Bei der summarischen Zuschlagskalkulation wird als Basis für den Zuschlag der Gemeinkosten nur **eine** Bezugsgröße herangezogen.
Als Bezugsgröße werden hier meist der Fertigungslohn, das Fertigungsmate-
rial oder die Summe aus Fertigungslohn und -material verwendet. Die wesentlich genauere differenzierte Zuschlagskalkulation teilt die Gemeinkosten
entsprechend ihren Einflußgrößen in mehrere Gemeinkostenarten auf, z.B. in:

- Materialgemeinkosten,
- Fertigungsgemeinkosten,
- Verwaltungsgemeinkosten,
- Vertriebsgemeinkosten.

Als Bezugsgrößen für die Weiterverrechnung dieser Gemeinkosten auf die Kostenträger können i.a.:

- Wert des Fertigungsmaterials,
- Fertigungslöhne und
- Herstellkosten

verwendet werden. Die Selbstkosten lassen sich dann mit Hilfe des im Bild 9.4 dargestellten Schemas ermitteln.

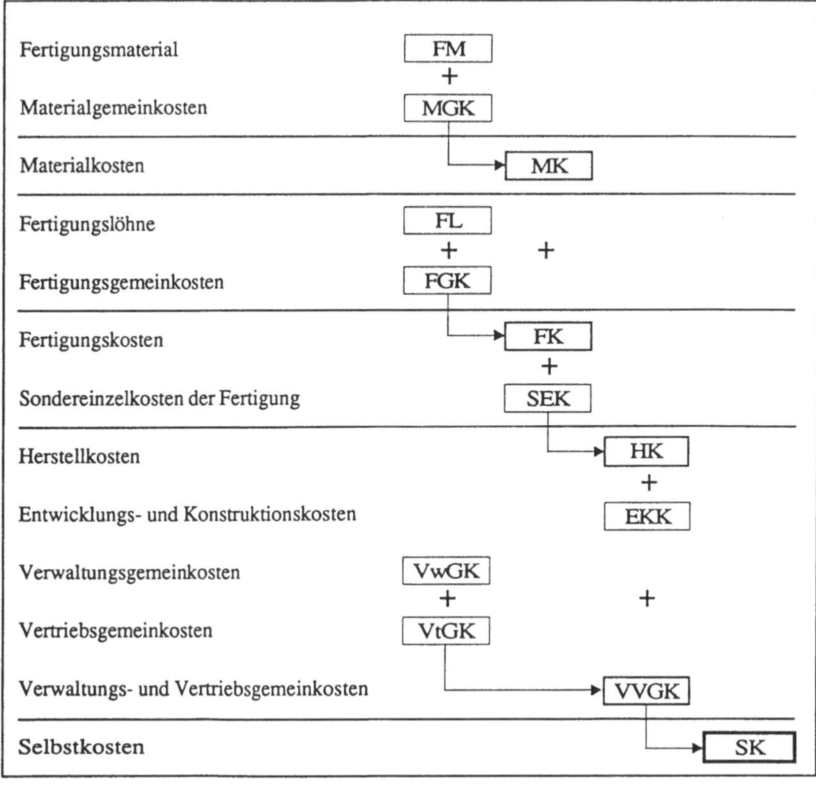

Bild 9.4: Schema der differenzierten Zuschlagskalkulation [9.1]

Die bei der differenzierten Zuschlagskalkulation verwendeten Bezugsgrößen eignen sich in Kostenstellen mit weitgehend automatisierter Fertigung (kapitalintensive Anlagen, verhältnismäßig niedrige Lohnkosten) nicht mehr als Basis für die Ermittlung der Fertigungsgemeinkosten, da zu hohe Gemeinkostenzuschläge verrechnet werden müßten und die Gemeinkosten nicht mehr verursachungsgerecht verteilt würden. In diesen Fällen werden die Fertigungsgemeinkosten mit Hilfe der **Maschinenstundensatz-Rechnung** aufgegliedert und als Einzelkosten dem Kostenträger zugerechnet.

Maschinenstundensatz-Rechnung

Bei der Maschinenstundensatz-Rechnung werden sämtliche durch den Einsatz einer Maschine oder Anlage in einem bestimmten Abrechnungszeitraum verursachten Kosten auf die entsprechende Nutzungszeit bezogen. Die Nutzungszeit (T_N) ergibt sich als ein Teil der gesamten Maschinenzeit (Bild 9.5).

		Lastlaufzeit T_{LA}
Gesamte Maschinenzeit T_G	Nutzungszeit T_N	Leerlaufzeit T_{LE}
		Hilfszeit T_{HZ}
	Instandhaltungszeit T_{IH}	
	Ruhezeit T_{RU}	

Bild 9.5: Aufteilung der gesamten Maschinenzeit [9.1]

Während der **Nutzungszeit** wird die Maschine für einen Kostenträger (Erzeugnis) genutzt. Die Maschine oder die Anlage ist während dieser Zeit an das Stromnetz angeschlossen. Die Nutzungszeit setzt sich aus der **Lastlaufzeit** (Maschine läuft und produziert), der **Leerlaufzeit** (Maschine läuft, produziert aber nicht) und der **Hilfszeit** (Maschine steht produktionsbedingt vorübergehend still) zusammen.

Die **Instandhaltungszeit** dient zur Wartung oder Instandhaltung der Maschine und kann nicht zur Produktion genutzt werden. Während der **Ruhezeit** ist die Maschine abgeschaltet.

Die Kosten, die einer Maschine oder Anlage direkt zugeordnet werden können, setzen sich aus folgenden Anteilen zusammen:

- Kalkulatorische Abschreibungen

Die kalkulatorischen Abschreibungen (K_1) werden unter Berücksichtigung des geltenden Wiederbeschaffungswertes (einschließlich Aufstellungs- und Anlaufkosten) und der voraussichtlichen Nutzungsdauer bestimmt.

- Kalkulatorische Zinsen

Die kalkulatorischen Zinsen (K_2) werden meist in Höhe der üblichen Zinssätze für langfristiges Fremdkapital angesetzt. Zur Vereinfachung der Rechnung und der Vergleichbarkeit verschiedener Perioden werden die Zinsen vom halben Wiederbeschaffungswert der Anlage berechnet.

- Raumkosten

Die Raumkosten (K_3) werden auf die von der Maschine beanspruchte Grundfläche einschließlich aller Nebenflächen bezogen. Sie enthalten Abschreibungen und Zinsen auf Gebäude und Werkanlagen, Instandhaltungskosten für Gebäude, Kosten für Licht, Heizung, Versicherung und Reinigung.

- Energiekosten

Die Energiekosten (K_4) für den Betrieb der Maschine oder Anlage enthalten Kosten für Strom, Gas, Wasser usw. und werden durch Erfassen des jeweiligen Bedarfs über einen längeren Zeitraum hinweg ermittelt.

- Instandhaltungskosten

Die Instandhaltungskosten (K_5) können als Jahresdurchschnittswerte über längere Zeiträume hinweg ermittelt und mit Hilfe geeigneter Kennzahl (z.B. Verhältnis der Instandhaltungskosten zu Abschreibungen) berücksichtigt werden.

Der **Maschinenstundensatz** (K_{MH}) berechnet sich aus der Summe der Kosten (K_n) und der Nutzungszeit (T_N) nach folgender Formel:

$$K_{MH} = \Sigma\, K_n / T_N \qquad [DM/h] \qquad \text{mit}\ \ n = 1\ldots5,$$

wobei die verschiedenen Kosten in DM und die Nutzungszeit in Stunden für denselben Zeitraum (z.B. ein Jahr) eingesetzt werden.

Bei zusammenhängenden Fertigungsanlagen bzw. Fertigungslinien werden die Kosten für die gesamte Anlage erfaßt und verrechnet.

9.2.2 Wirtschaftlichkeitsrechnung

Die Wirtschaftlichkeitsrechnung wird als eine Rechnung definiert, bei der anhand bestimmter Wirtschaftlichkeitskriterien einzelne Bereiche eines Betriebes untereinander oder mit anderen Betrieben verglichen werden.

Die Wirtschaftlichkeitsrechnung kommt in einem Unternehmen in vielen verschiedenen Formen zur Anwendung. Sie wird zur Beurteilung von vorgesehenen Investitionen (Investitionsrechnung), zur Beantwortung von Fragen wie Wahl der optimalen Losgröße bzw. optimalen Bestellmenge, Beurteilung von Einschicht- oder Mehrschichtbetrieb, Eigenfertigung oder Fremdbezug, Kauf oder Miete usw. herangezogen. In den Bereichen Planung, Entwicklung und Produktion wird sie zum Vergleich der Betriebsmittel und der Verfahren eingesetzt.

In diesem Zusammenhang sollen nur die **statischen Verfahren** der Wirtschaftlichkeitsrechnung erläutert werden, die:

- Kostenvergleichsrechnung,
- Gewinnvergleichsrechnung,
- Rentabilitätsrechnung und
- Amortisationsrechnung.

Als statische Verfahren werden Rechenmethoden bezeichnet, bei denen zeitliche Unterschiede beim Anfall der Kosten, Erträge und des Kapitaleinsatzes nicht berücksichtigt werden. Die Ergebnisse werden nur für einen bestimmten Bezugszeitraum berechnet und können von Zeitraum zu Zeitraum sehr unterschiedlich ausfallen. Die statischen Verfahren haben den Vorteil der einfachen Ermittlung und sind daher in der Praxis weit verbreitet, vor allem dort, wo:

- eine schnelle und einfache Wirtschaftlichkeitsrechnung durchgeführt werden soll,

- über Investitionen geringerer Bedeutung (z.B. einzelne Verfahrensvergleiche) entschieden wird,

- sehr unsichere Ausgangsdaten vorliegen.

Kostenvergleichsrechnung

Die Kostenvergleichsrechnung liefert keinen absoluten Maßstab für die Beurteilung der Wirtschaftlichkeit einer Investition. Sie kann lediglich zur Auswahl einer von mehreren Alternativen herangezogen werden. Bei der Anwendung sind zwei Problemstellungen zu unterscheiden:

- Wahlproblem

Beim Wahlproblem werden die Kosten mehrerer Alternativen miteinander verglichen, die im Hinblick auf andere Kriterien gleichwertig beurteilt werden.

- Ersatzproblem

Im Rahmen des Ersatzproblems soll entschieden werden, ob eine bereits vorhandene Anlage durch eine neue ersetzt werden soll (Rationalisierung). Dabei werden die gegenwärtigen Kosten, d.h. die Kosten vor der Investition mit den Kosten, die sich nach der Investition ergeben, verglichen.

In die Rechnung sind alle Kosten einzubeziehen, die während der Nutzungsdauer entstehen. Werden Investitionsobjekte mit gleicher mengenmäßiger Leistung verglichen, genügt die Betrachtung der Gesamtkosten pro Periode. Bei Alternativen mit unterschiedlicher Produktionsleistung müssen jeweils die Kosten je Leistungseinheit (z.B. Stück) verglichen werden. Als Beispiel wird im Bild 9.6 ein Stückkostenvergleich zweier Anlagen mit unterschiedlicher Produktionskapazität, jedoch gleicher Auslastung dargestellt.

Wie aus dem Bild 9.6 ersichtlich ist, bietet die kapitalintensive Anlage 1 gegenüber der lohnintensiven Anlage 2 eine höhere Produktionskapazität. Es stellt sich oft die Frage, ab welcher Stückzahl eine Alternative günstiger wird. Eine solche **Grenzmengenrechnung** kann sowohl rechnerisch als auch graphisch erfolgen. Da am kritischen Punkt Gleichheit der Gesamtkosten beider Alternativen verlangt wird, ergibt sich die Grenzstückzahl s_{grenz} nach:

$$s_{grenz} = (FK_2 - FK_1) / (VK_1 - VK_2)$$

mit: $FK_{1,2}$: fixe Kosten/Jahr der Anlage 1 bzw. 2
                $VK_{1,2}$: variable Kosten/Stück der Anlage 1 bzw. 2

Im Bild 9.7 ist der Verlauf der Produktionskosten beider Varianten aus Bild 9.6 mit der kritischen Produktionsmenge (Grenzstückzahl) graphisch dargestellt.

			Anlage I	Anlage II
1	Anschaffungswert	(DM)	100 000	50 000
2	Nutzungsdauer	(Jahre)	8	8
3	Kapazität	(LE/Jahr)	17 000	15 500
4	Auslastung	(LE/Jahr)	11 000	11 000
5	kalk. Abschreibung (linear)	(DM/Jahr)	12 500	6 250
6	kalk. Zinsen (p_k = 10 %)	(DM/Jahr)	5 000	2 500
7	sonst. fixe Kosten	(DM/Jahr)	1 000	600
8	Summe der fixen Kosten	(DM/Jahr)	18 500	9 350
9	fixe Kosten je Leistungseinheit	(DM/LE)	1,68	0,85
10	Löhne und Lohnnebenkosten	(DM/LE)	0,39	0,90
11	Materialkosten	(DM/LE)	0,10	0,10
12	Energiekosten	(DM/LE)	0;06	0,15
13	sonst. variable Kosten	(DM/LE)	0,10	0,20
14	Summe der variablen Kosten	(DM/LE)	0,65	1,35
15	Summe der Kosten je LE	(DM/LE)	2,33	2,20

Bild 9.6: Beispiel eines Stückkostenvergleichs [9.2]

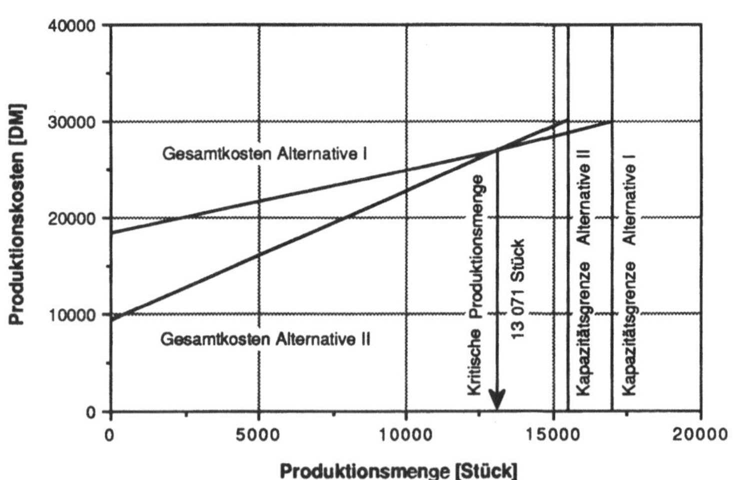

Bild 9.7: Ermittlung der kritischen Produktionsmenge [9.2]

Gewinnvergleichsrechnung

Bei der Gewinnvergleichsrechnung wird der jährliche Gewinn mehrerer Investitionen verglichen (Wahlproblem) oder bei einer Erweiterungs- oder Ersatzinvestition der Gewinn vor Durchführung einer Investition dem erwarteten Gewinn nach der Durchführung der Investition gegenübergestellt (Ersatzproblem). Allgemein erfolgt die Gewinnvergleichsrechnung als Gegenüberstellung von Ertrags- und Kostendifferenzen nach:

$$G \ = \ (E_1 - K_1) - (E_2 - K_2)$$

mit: G: Gewinn

              $E_{1,2}$: Erträge der Investitionen 1 bzw. 2

              $K_{1,2}$: Kosten der Investitionen 1 bzw. 2

Die Gewinnvergleichsrechnung ermöglicht keine Beurteilung des Kapitaleinsatzes. Sie kann nur den Überschuß einer Investition ermitteln.

Rentabilitätsrechnung

Die Rentabilitätsrechnung baut auf den Zahlen der Kostenvergleichs- oder Gewinnvergleichsrechnung auf und wird deshalb in der Praxis immer im Zusammenhang mit diesen beiden Rechnungen durchgeführt. Ziel der Rechnung ist die Bestimmung der Rentabilität einer Investition als Verhältnis aus durchschnittlichem Gewinn einer Investition und dem dafür durchschnittlich eingesetzten Kapital (mit Berücksichtigung der kalkulatorischen Zinsen). Die Rentabilitätsberechnung erfolgt nach:

$$R \ = \ (G/KE) \cdot 100 \qquad [\%/\text{Jahr}]$$

mit: R: Rentabilität

              G: durchschnittlicher Gewinn pro Jahr

              KE: durchschnittlicher Kapitaleinsatz

Bei der Rentabilität besteht die Möglichkeit, die Investitionsobjekte an einer innerbetrieblich festgelegten **Mindestrentabilität** (z.B. als Muß-Kriterium beim Variantenvergleich) zu messen.

Amortisationsrechnung

Ziel der Amortisationsrechnung ist die Ermittlung des Zeitraumes, in dem
das eingesetzte Kapital über die Erträge wiedergewonnen wird. Die Amortisationszeit bzw. -dauer ist definiert als das Verhältnis von Kapitaleinsatz für
eine Investition und dem durchschnittlichen jährlichen Rückfluß nach:

$$AZ = KE/RF \qquad [Jahre]$$

mit: AZ: Amortisationszeit
             KE: Kapitaleinsatz
             RF: jährlicher Rückfluß

Der jährliche Rückfluß setzt sich aus dem Gewinn, aus den durch die kalkulatorischen Abschreibungen freigesetzten Mitteln und aus den kalkulatorischen Zinsen für Eigenkapital zusammen.

Als Grundvoraussetzung jeder wirtschaftlich sinnvollen Investition muß die
Amortisationszeit kürzer als die Nutzungsdauer sein. Mit Hilfe der Amortisationszeit läßt sich das **wirtschaftliche Risiko** einer Investition beurteilen. Je
kürzer die Amortisationszeit, um so geringer ist das Risiko.

9.2.3 Beurteilung des wirtschaftlichen Risikos

Aus der Kosten- und Wirtschaftlichkeitsrechnung ergibt sich, ob unter den
angenommenen Bedingungen eine Investition wirtschaftlich und damit sinn-
voll ist. Zu beachten ist jedoch, wie genau die angenommenen Bedingungen
(z.B. Preise, Kosten, Mengen) später zutreffen.
Um den Einfluß dieser Unsicherheiten zu berücksichtigen, wird eine Risiko-
abschätzung durchgeführt. Eine Möglichkeit ist die bereits erläuterte Amortisationsrechnung. Zwei weitere quantitative Methoden sind die Sensitivitätsanalyse und die Break-Even-Analyse [9.9].

Sensitivitätsanalyse

Bei der Sensitivitätsanalyse werden nacheinander die verschiedenen Einflußgrößen (unter Konstanthalten aller übrigen) um einen bestimmten Anteil z.B.
± 10 % variiert und die Auswirkung auf den ursprünglichen Wert der Rentabilität ermittelt (Bild 9.8). Das Ergebnis zeigt, welche Einflußgrößen von besonderer Tragweite sind und daher genauer ermittelt werden sollten.

Break-Even-Analyse

Die Break-Even-Analyse quantifi-
ziert den Einfluß der Unsicherheit
bezüglich der Auslastung einer Anlage und kann mit den Ergebnissen der
Gewinnvergleichsrechnung durchgeführt werden.

Dabei werden die Kosten und der Er-
trag über der Auslastung aufgetragen
(Bild 9.9). Die Kosten sind in fixe
(von der Auslastung der Anlage un-
abhängige Kosten) und variable Kosten (von der produzierten Stückzahl
abhängige Kosten) aufgeteilt und er-

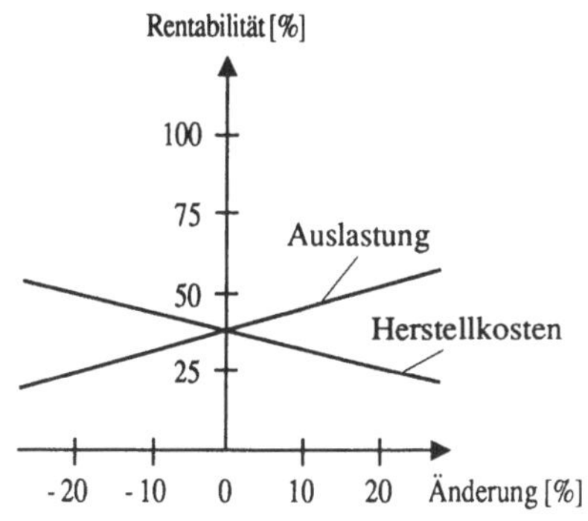

Bild 9.8: Sensitivitätsanalyse [9.9]

geben zusammen die Herstell- bzw. Selbstkosten. Die Ertragskurve beginnt
bei 0 und schneidet die Kostensummenkurve im sog. Break-Even-Punkt.
Oberhalb dieses Punktes wird ein Gewinn erwirtschaftet, unterhalb tritt ein
Verlust ein. Die Lage des Break-Even-Punktes hängt von der Höhe der Fixko-
sten und vom Einfluß der Anlagenauslastung auf die variablen Kosten ab.
Wird eine Anlage in der Nähe des Break-Even-Punktes (auf der Gewinnseite)
betrieben, ist das wirtschaftliche Risiko besonders hoch.

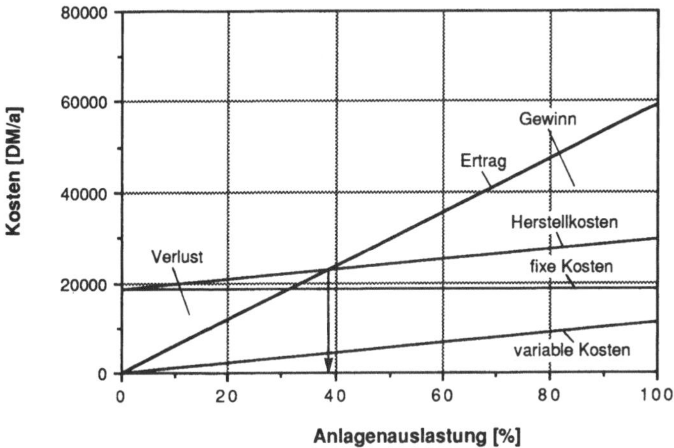

Bild 9.9: Break-Even-Analyse [9.9]

9.2.4 Nutzwertanalyse

Neben der Beurteilung der Wirtschaftlichkeit und des Risikos sind bei Investitionsentscheidungen häufig eine Anzahl von wesentlichen, jedoch nicht quantifizierbaren Entscheidungskriterien (z.B. Qualität, Umweltbelastung) zu berücksichtigen. Liegen mehrere nicht quantifizierbare Beurteilungskriterien vor, so besteht bei alternativen Investitionsvorhaben die Notwendigkeit, die Kriterien so zu gewichten und zu bewerten, daß sie sich durch einen Zahlenwert ausdrücken lassen.

Der Nutzwert ist also der zahlenmäßige Ausdruck für den subjektiven Wert einer Investition hinsichtlich des Erreichens vorgegebener Ziele.

Die Durchführung der Nutzwertanalyse erfolgt in mehreren Schritten:

- Bewertungskriterien formulieren,
- Gewichtungsfaktoren ermitteln,
- Alternativen bewerten,
- Gesamtnutzwert aus Teilnutzwerten ermitteln und
- Rangordnung der Alternativen ausweisen [9.3].

9.3 Qualitätsaspekte bei der Verfahrensauswahl

Die Auswahl eines Fertigungsverfahrens ist maßgeblich von der konstruktiven Gestaltung und den geforderten Qualitätsmerkmalen des Werkstückes, insbesondere den Toleranzen und der Oberflächengüte (Rauheit, Welligkeit usw.) abhängig. Da grundsätzlich gilt, daß eine höhere Qualität mit überproportional höheren Kosten verbunden ist, werden die Kosten eines Produktes zu einem wesentlichen Teil bereits bei der Konstruktion bestimmt.

Die erreichbaren Oberflächenrauheiten verschiedener Fertigungsverfahren sind im Bild 1.7 auf Seite 11 dargestellt. Bild 1.4 auf Seite 8 zeigt den qualitativen Zusammenhang zwischen verschiedenen Toleranzen und den jeweiligen Herstellkosten. Dieser Zusammenhang gilt analog auch für die Oberflächenbeschaffenheit.

9.4 Organisationsformen der Fertigung

Neben der Auswahl von Fertigungsverfahren ist die Festlegung der Organisationsform der Fertigung bzw. des Arbeitssystems von entscheidender Bedeutung für die wirtschaftliche Durchführung einer Produktionsaufgabe. Die Ar-

beitssysteme werden durch zwei grundsätzlich unterschiedliche Beschreibungsformen charakterisiert, die als **Fertigungsart** und als **Fertigungsprinzip** (Fertigungsform) bezeichnet werden [9.5, 9.6, 9.7].
Die Fertigungsart wird durch die zeitliche Struktur des Arbeitssystems bestimmt, während das Fertigungsprinzip durch räumliche und organisatorische Struktur des Arbeitssystems gekennzeichnet ist.

Bei der Fertigungsart unterscheidet man die Einzel-, Serien- und Massenfertigung; beim Fertigungsprinzip die Werkstatt-, Baustellen- und Fließfertigung sowie die flexiblen Fertigungszellen, -straßen und -systeme. Bild 9.10 zeigt eine Übersicht der Eignung der Fertigungsprinzipien für bestimmte Fertigungsarten.

Fertigungsprinzip	Fertigungsart				
	Einzel-fertigung	Klein-serien-fertigung	Mittel-serien-fertigung	Groß-serien-fertigung	Massen-fertigung
Werkstattfertigung	+	+	+/-		
Baustellenfertigung	+	+/-			
Fließfertigung				+/-	+
Flexible Fertigungszelle	+/-	+	+		
Flexible Fertigungsstraße			+	+/-	
Flexibles Fertigungssystem		+/-	+	+/-	

+ geeignet, +/- eingeschränkt geeignet

Bild 9.10: Eignung unterschiedlicher Fertigungsprinzipien für bestimmte Fertigungsarten [9.6]

Bei der **Einzelfertigung** wird jedes Produkt im Prinzip nur einmal hergestellt. Es gibt kein festes Produktionsprogramm, sondern es wird in der Regel auf Bestellung alles hergestellt, was mit den vorhandenen Betriebsmitteln und Arbeitskräften möglich ist. Die Einzelfertigung ist u.a. gekennzeichnet durch:

- hohen Aufwand für Entwicklung, Konstruktion und Arbeitsvorbereitung,
- teuere, komplizierte und wenig produktive Universalmaschinen,

- hohen Zeitaufwand für das Umrüsten der Maschinen,
- hochqualifizierte Arbeitskräfte, geringe Arbeitsproduktivität,
- geringe und ungleichmäßige Auslastung der vorhandenen Kapazitäten,
- lange Durchlaufzeiten.

Beispiele für die Einzelfertigung sind der Großmaschinen-, Schiffs- und Anlagenbau.

Bei der **Serienfertigung** werden neben- oder nacheinander eine begrenzte Anzahl (Los) verschiedenartiger aber hinsichtlich der Fertigungsverfahren ähnlicher Produkte hergestellt. Die Produkte sind i.a. in Einzelheiten (z.B. Leistung, Anschlußmaße) verschieden, können aber auch identisch sein. Im voraus werden nur die Grenzen des Produktionsprogrammes festgelegt, die Details innerhalb der Serie können z.B. nach Kundenwünschen bestimmt werden (Automobilbau). Nach der Zahl der zur Serie gehörenden Erzeugnisse unterscheidet man zwischen **Klein-, Mittel-** und **Großserie**. Die Kleinserienfertigung hat große Ähnlichkeiten mit der Einzelfertigung, während sich die Großserie mit der Massenfertigung überschneidet.

Im Vergleich zur Einzelfertigung ist die Serienfertigung gekennzeichnet durch:

- den geringeren Aufwand für Produktentwicklung und Arbeitsvorbereitung, er verteilt sich auf eine größere Anzahl Erzeugnisse,
- Einsatz leistungsfähiger Spezialmaschinen,
- hohen Automatisierungsgrad,
- Einsatz von Arbeitskräften entsprechend ihrer Qualifikation,
- weniger häufigere Umstellung der Maschinen, dadurch bessere Auslastung,
- geringere Durchlaufzeiten.

Beispiele für die Serienfertigung sind der Automobilbau, der allgemeine Maschinenbau, die Herstellung von Haushaltsgeräten, Unterhaltungselektronik usw..

Bei der **Massenfertigung** werden über eine lange Zeit ohne Unterbrechung die gleichen Produkte hergestellt, ohne daß ein Ende der Produktion festgelegt ist. Die Vorteile der Serienfertigung treten in noch stärkerem Maße hervor. Es können hochproduktive Spezialmaschinen (Einzweckmaschinen) eingesetzt werden. Die Fertigung kann weitgehend automatisiert werden.

Die Massenfertigung ist gekennzeichnet durch:

- sehr geringe Flexibilität und hohe Krisenempfindlichkeit,
- erforderliche exakte Vorbereitung, da sich Mängel besonders stark bemerkbar machen,
- Gefahr einer kompletten Produktionsstockung,
- erforderliche vorbeugende Instandhaltung.

Beispiele für die Massenfertigung sind die Herstellung von Schrauben, Muttern und anderen Normteilen, Herstellung von Halbzeug (z.B. Band, Rohre,
Profile).

Die **Werkstattfertigung** ist die älteste Organisationsform für industrielle
Fertigungsprozesse. Sie wird dann gewählt, wenn sich bei den Produkten keine generelle Reihenfolge der Bearbeitungsschritte ergibt und eignet sich nur
für Einzel- und Kleinserienfertigung. Nach dem Verrichtungsprinzip können
die Betriebsmittel zu abgegrenzten Einheiten (z.B. Dreherei, Fräserei, Gießerei) zusammengefaßt werden. Die Werkstattfertigung besitzt eine hohe Flexibilität bezüglich Änderungen des Produktionsprogrammes, ist jedoch personalintensiv und erfordert eine aufwendige Fertigungssteuerung.

Die **Baustellenfertigung** wird meist bei großen und schweren Erzeugnissen
angewandt, deren Transport während des Fertigungsprozesses nur mit hohem
technischen und kostenmäßigen Aufwand zu realisieren ist. Die Arbeitskräfte
und die Fertigungsmittel müssen beweglich sein. Diese Fertigungsform ist
für die Einzelfertigung geeignet. Wenn mehrere Erzeugnisse gleichen Typs
auf mehreren Baustellen gleichzeitig hergestellt werden (z.B. im Flugzeugbau), kann ein getaktetes Fertigungsprinzip realisiert werden.

Bei der **Fließfertigung** werden die Betriebsmittel in der durch den Arbeitsablauf vorgegebenen Reihenfolge aufgestellt. Das Erzeugnis durchläuft alle
Stationen, wobei die Fertigungsmittel und die Arbeitskräfte ortsgebunden
sind.Vielfach werden Spezialmaschinen, die auf das Produkt abgestimmt sind
verwendet. Die Fließfertigung kann kontinuierlich (z.B. Fließband) oder in
Zeitintervallen getaktet ablaufen. Die strenge Fließfertigung setzt die Bildung zeitgleicher Arbeitsfolgen bei starr verketteten Betriebsmitteln voraus.
Ein Nachteil dieser Fertigungsform ist die große Störempfindlichkeit. Beim
Ausfall einer Station ist die gesamte Linie blockiert. Diesem Nachteil kann
durch Einführung von **Pufferstrecken** zwischen den Stationen begegnet werden (aufwendige Fördertechnik). Weitere Vorteile der Fließfertigung sind die
kurzen Durchlaufzeiten (Eignung für Serien- und Massenfertigung), der über-

sichtliche Materialfluß und die einfache Fertigungssteuerung.

Flexible Fertigungsorganisation

Neben den traditionellen Fertigungsprinzipien kommen heute verstärkt sog.
flexible Fertigungsorganisationen zum Einsatz, die sich durch eine höhere
Flexibilität bezüglich Änderungen des Produktionsprogrammes nach Art und
Menge, Auslastungsschwankungen und maschinenbedingten Störungen aus-
zeichnen. Je nach Komplexität unterscheidet man drei flexible Fertigungsorganisationen: die flexible Fertigungszelle, die flexible Fertigungsstraße und
das flexible Fertigungssystem [9.5, 9.6, 9.7, 9.8].

Als **flexible Fertigungszelle** wird eine Fertigungseinrichtung definiert, die
automatisch unterschiedliche prismatische und/oder rotationssymmetrische
Werkstücke herstellen kann. Die ideale Konzeption ist dann erreicht, wenn
die Fertigungseinrichtung unbemannt arbeiten kann. Voraussetzung dafür
sind periphere Funktionen wie Werkstücktransport und -handhabung, Werkzeugwechsel sowie die Durchführung von Meß- und Prüfaufgaben.

Die **flexible Fertigungsstraße** ist für die mehrstufige Bearbeitung von
Großserien mit festgelegter Arbeitsgangfolge konzipiert. Gegenüber der herkömmlichen Fließfertigung, die bei Produktwechsel oft einen mehrtägigen
Umrüstaufwand zur Folge hat, können in einer flexiblen Fertigungsstraße
mehrere unterschiedliche Werkstücke mit ähnlicher Geometrie gefertigt werden. Die flexible Fertigungsstraße ist aus mehreren sich ergänzenden und untereinander durch ein Fördersystem verketteten Maschinen aufgebaut.

Im **flexiblen Fertigungssystem** verbinden sich die Vorteile der flexiblen Fertigungszelle und -straße. Unter einem flexiblen Fertigungssystem (FFS) ist
eine Reihe von Fertigungseinrichtungen zu verstehen, die über ein gemeinsames Steuer- und Transportsystem dergestalt miteinander verknüpft sind, daß
eine automatische Fertigung durchgeführt werden kann. Die Anlage verfügt
über ein gemeinsames Lager; die einzelnen Komponenten des Systems können während der Bearbeitung einer Serie bereits auf die nächste automatisch
umgerüstet werden. Die Steuerung der gesamten Anlage erfolgt durch einen
übergeordneten Rechner. Bei FFS handelt es sich oft nicht um eine feste Ma-
schinenkonfiguration, sondern um eine offene Konzeption für die automatische ungetaktete richtungsfreie und damit flexible Fertigung eines begrenzt
unterschiedlichen Werkstückspektrums. Ein Beispiel für ein flexibles Fertigungssystem zeigt Bild 9.11.

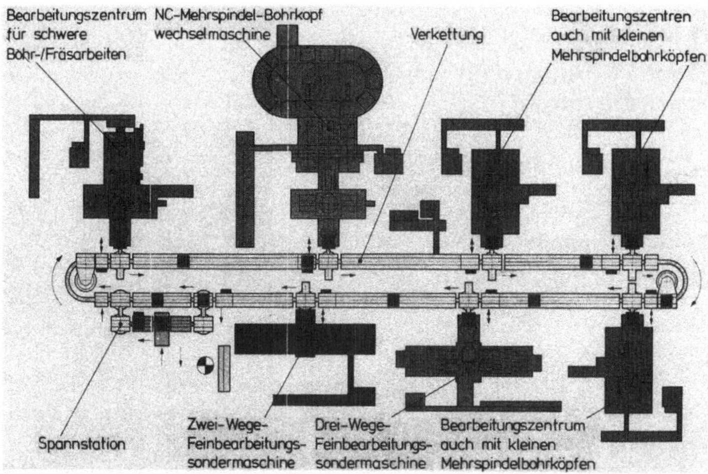

Bild 9.11: Grundriß eines flexiblen Fertigungssystems (Burkhardt & Weber)

Literaturverzeichnis

Allgemeine Literatur

0.1   Beitz, W., Küttner, K.-H.: Dubbel, Taschenbuch für den Maschinenbau. Springer-Verlag, Berlin, Heidelberg, New York, Tokyo 1990.

0.2   Meins, W.: Handbuch Fertigungs- und Betriebstechnik. Friedr. Vieweg & Sohn Verlagsgesellschaft, Braunschweig 1989.

0.3   Friedrich, W.: Tabellenbuch Metall- und Maschinentechnik. Dümmler Verlag, Bonn 1988.

0.4   Klein, M.: Einführung in die DIN-Normen. B. G. Teubner, Stuttgart und Beuth Verlag, Berlin und Köln 1989.

0.5   Bergmann, W.: Werkstofftechnik, Teil 2: Anwendung. Carl Hanser Verlag, München, Wien 1987.

Literatur zu Kapitel 1

1.1   Bergmann, W.: Werkstofftechnik, Teil 1: Grundlagen. Carl Hanser Verlag, München, Wien 1984.

1.2   Heyke, H.-E.: Grundlagen der Allgemeinen Chemie und Technischen Chemie. Dr. Alfred Hüthig Verlag, Heidelberg 1976.

1.3   Vogt, H.-H.: Chemie 1, Anorganisch. Südwest Verlag, München 1972.

1.4   Vogt, H.-H.: Chemie 1, Organisch. Südwest Verlag, München 1972.

1.5   Hellerich, W., Harsch, G., Haenle, S.: Werkstoff-Führer Kunststoffe. Carl Hanser Verlag, München, Wien 1979.

1.6   Saechtling, H.: Kunststoff Taschenbuch. Carl Hanser Verlag, München, Wien 1986.

1.7   Troitzsch, U., Weber W.: Die Technik: von den Anfängen bis zur Gegenwart. Georg Westermann Verlag, Braunschweig 1982.

1.8   Liesner, Ch.: Konstruieren von Feingußteilen aus Aluminium-, Magnesium- und Titanlegierungen. Ingenieur-Werkstoffe 1 (1989) Nr. 1/2, S. 53-57.

1.9   Pyper, M.: Keramik: Werkstoff der Zukunft. Ingenieur-Werkstoffe 1 (1989) Nr. 11/12, S. 12-19.

1.10   Tautzenberger, P.: Legierungen mit Formgedächtnis. Ingenieur-Werkstoffe 1 (1989) Nr. 9/10, S. 61-64.

1.11   Tuffentsammer, K.: Zur Normung der Begriffe der Fertigungsverfahren. wt - Z. ind. Fertig. 76 (1986), S. 517-520.

1.12   Dutschke, W.: Fertigungsmeßtechnik. B.G. Teubner, Stuttgart 1993.

1.13   Warnecke, H.-J.: Die Fraktale Fabrik. Springer-Verlag, Berlin, Heidelberg 1992.

Literatur zu Kapitel 2

2.1   Spur, G., Stöferle, Th.: Handbuch der Fertigungstechnik, Band 1: Urformen. Carl Hanser Verlag, München, Wien 1981.

2.2   Guss-Produkte 87, Jahreshandbuch für Gußanwender. Verlag Hoppenstedt, Darmstadt.

2.3   Riester, H.: Eine neue Generation der Impuls-Formtechnologie. Giesserei 76, 1989, Nr. 10/11, S. 342-349.

2.4   Boenisch, D., Detering, K.: Das Coldbox-plus-Verfahren - Grundlagen und Perspektiven einer modernen Kernfertigung, Teil 1: Der Hartschalenkern. Giesserei 76, 1989, Nr. 2, S. 35-41.

2.5   Speckenheuer, G. P., Deisenroth, W.: Einsatz von Wärmeleitrohren in Druckgießformen. Giesserei 76, 1989, Nr. 10/11, S. 366-370.

2.6   Huppmann, W. J.: Die Schlüsselrolle des Konstrukteurs beim Einsatz neuer Sinterwerkstoffe. Ingenieur-Werkstoffe 1 (1989) Nr. 5/6, S. 38-42.

Literatur zu Kapitel 3

3.1   DIN-Taschenbuch 109: Fertigungsverfahren 1, Umformen, Fügen. Beuth Verlag, Berlin, Köln 1986.

3.2   Spur, G., Stöferle, Th.: Handbuch der Fertigungstechnik, Band 2/1: Umformen. Carl Hanser Verlag, München, Wien 1983.

3.3 Spur, G., Stöferle, Th.: Handbuch der Fertigungstechnik, Band 2/2: Umformen. Carl Hanser Verlag, München, Wien 1984.

3.4 Spur, G., Stöferle, Th.: Handbuch der Fertigungstechnik, Band 2/3: Umformen und Zerteilen. Carl Hanser Verlag, München, Wien 1985.

3.5 König, W.: Fertigungsverfahren, Band 4: Massivumformung. VDI-Verlag, Düsseldorf 1983.

3.6 Tschätsch, H.: Handbuch Umformtechnik. Hoppenstedt Technik Tabellen Verlag, Darmstadt 1987.

3.7 Glatt- und Festwalzen. Firmenschrift der Hegenscheidt GmbH, Erkelenz.

3.8 Drücken. Firmenschrift der Leifeld GmbH u. Co., Ahlen/Westf..

3.9 Krapfenbauer, H.: Neue Einsatzmöglichkeiten des Kaltwalzens dank CNC-Technik. Präzisions-Fertigungstechnik aus der Schweiz, Sonderteil in Hanser-Fachzeitschriften, August 1989. Carl Hanser Verlag, München 1989.

3.10 Lange, K., Körner, E.: Neue Wege für Konstruktion und Fertigung von Umformwerkzeugen durch CAD/CAM. wt - Z. ind. Fertig. 76 (1986), S. 79-84.

3.11 Ruge, J., Schulz, M.: Gesenkschmieden und seine Auswirkung auf die Werkzeuge. wt - Z. ind. Fertig. 76 (1986), S. 613-617.

Literatur zu Kapitel 4

4.1 DIN-Taschenbuch 220: Fertigungsverfahren 2, Trennen. Beuth Verlag, Berlin, Köln 1986.

4.2 Spur, G., Stöferle, Th.: Handbuch der Fertigungstechnik, Band 2/3: Umformen und Zerteilen. Carl Hanser Verlag, München, Wien 1985.

4.3 Spur, G., Stöferle, Th.: Handbuch der Fertigungstechnik, Band 3/1: Spanen. Carl Hanser Verlag, München, Wien 1979.

4.4 Spur, G., Stöferle, Th.: Handbuch der Fertigungstechnik, Band 3/2: Spanen. Carl Hanser Verlag, München, Wien 1980.

4.5 Spur, G., Stöferle, Th.: Handbuch der Fertigungstechnik, Band 4/1: Abtragen, Beschichten. Carl Hanser Verlag, München, Wien 1987.

4.6   Schlatter, M.: Entgraten durch Hochdruckwasserstrahlen. Diss., Universität Stuttgart. Springer-Verlag Berlin, Heidelberg, New York, Tokyo 1986.

4.7   Haack, J.: Feinschneiden und Umformen kombinieren. Präzisions-Fertigungstechnik aus der Schweiz, Sonderteil in Hanser-Fachzeitschriften, August 1989. Carl Hanser Verlag, München 1989.

4.8   Feinstanztechnik. Firmenschrift der Feintool AG, Lyss, Schweiz.

4.9   Lauffer, H.-J., Zbinden, B.: Räumen gehärteter Innenverzahnungen mit diamantbelegten Räumwerkzeugen. wt Werkstattstechnik 77 (1987), S. 498-500.

4.10   Felgentreu, G.: Drehräumen. wt Werkstattstechnik 80 (1990), S. 196-198.

4.11   Klink, K.: Räumen. Firmenschrift der Karl Klink GmbH & Co. KG, Niefern-Öschelbronn.

4.12   Saljé, E., Paulmann, R.: Grundlegender Vergleich abrasiver Verfahren, Teil 1: Belastungen der Schneidkörner. wt Werkstattstechnik 79 (1989), S. 313-315.

4.13   Schütz, W.: Spitzenlosschleifen. wt - Z. ind. Fertig. 76 (1986), Nr. 5, S. 25-30.

4.14   Emmelmann, C.: Laserschneiden von Keramik. Laser und Optoelektronik 21(3)/1989, S. 116-123.

4.15   Nuss, R., Geiger, M.: Laserstrahlschneiden von Feinblechen. wt Werkstattstechnik 78 (1988), S. 565-568.

4.16   Meier, J., Meyer, B. E.: Praxis der mehrachsigen Laserbearbeitung. Präzisions-Fertigungstechnik aus der Schweiz, Sonderteil in Hanser-Fachzeitschriften, August 1989. Carl Hanser Verlag, München 1989.

4.17   Dopatka, J., Obst, M., Siegfried, F.: Vermeidung von Abfällen durch abfallarme Produktionsverfahren · Kühlschmierstoffe in Großbetrieben. Abfallberatungsagentur (ABAG), Baden Württemberg 1992.

4.18   Hügel, H.: Strahlwerkzeug Laser. B.G. Teubner, Stuttgart 1992.

Literatur zu Kapitel 5

5.1   DIN-Taschenbuch 109: Fertigungsverfahren 1, Umformen, Fügen. Beuth Verlag, Berlin, Köln 1986.

5.2   Spur, G., Stöferle, Th.: Handbuch der Fertigungstechnik, Band 5: Fügen, Handhaben und Montieren. Carl Hanser Verlag, München, Wien 1986.

5.3   Grünauer, H.: Reibschweißen von Metallen. Technische Rundschau Nr. 26, 28. Juni 1983, S. 22-23.

5.4   Stenke, V.: MAG-Schweissen 1983. Technica 13/1983, S. 1121-1128.

5.5   Petzold, W.: Wirtschaftlich Schweißen mit Kohlendioxid-Lasern. KEM Juni 1986, S. 63.

5.6   Behnisch, H.: Neuerungen aus der Entwicklung und Anwendung von Laserstrahlen in der Materialbearbeitung. Laser und Optoelektronik 21(3)/1989, S. 86-97.

5.7   Anderl, P.: Vergleich von Laser- mit Elektronenstrahlschweißen. Chem.-Ing.-Tech. 61 (1989) Nr. 10, S. 767-774.

5.8   N.N.: Laser schweißt Bandstahl. Laser, September 1989, S.52.

5.9   Elektronen-Strahl-Schweißen. Firmenschrift der Leybold-Heraeus GmbH, Hanau.

5.10   Fügen mit Loctite. Firmenschrift der Loctite Deutschland GmbH, München.

Literatur zu Kapitel 6

6.1   Spur, G., Stöferle, Th.: Handbuch der Fertigungstechnik, Band 4/1: Abtragen, Beschichten. Carl Hanser Verlag, München, Wien 1987.

6.2   Goldschmidt, A., Hantschke, B., Knappe, E., Vock, G.-F.: Glasurit Handbuch, Lacke und Farben. Curt R. Vincentz Verlag, Hannover 1984.

6.3   Warnecke, H.J., Mertz, K.: Lexikon der Oberflächentechnik. Verlag Moderne Industrie, Landsberg/Lech 1989.

6.4   Baumgärtner, O.: Rechnersimulation des Beschichtungsprozesses beim Elektrotauchlackieren - Anwendung zum Berechnen des Umgriffs. Diss., Universität Stuttgart. Springer-Verlag, Berlin, Heidelberg, New York, Tokyo 1986.

6.5   Obst, M.: Die Lackbestandteile und ihre Aufgaben. In: Ondratschek, D., Ortlieb, K.: Taschenbuch für Lackierbetriebe 1990. Curt R. Vincentz Verlag, Hannover.

6.6   Obst, M., Siegfried, F., Weinmann, R.: Vorbehandlung von metallischen Beschich-
        tungsuntergründen. In: Ondratschek, D., Ortlieb, K.: Taschenbuch für Lackierbetrie-
        be 1990. Curt R. Vincentz Verlag, Hannover.

6.7   Baumgärtner, O.: Tauchen. In: Ondratschek, D., Ortlieb, K.: Taschenbuch für
        Lackierbetriebe 1987. Curt R. Vincentz Verlag, Hannover.

6.8   Ondratschek, D.: Spritzlackieren ohne elektrostatische Lackaufladung. In: Ondrat-
        schek, D., Ortlieb, K.: Taschenbuch für Lackierbetriebe 1990. Curt R. Vincentz
        Verlag, Hannover.

6.9   Strohbeck, U.: Sprühen mit Elektrostatik. In: Ondratschek, D., Ortlieb, K.: Taschen-
        buch für Lackierbetriebe 1990. Curt R. Vincentz Verlag, Hannover.

6.10   Strohbeck, U.: Pulverbeschichten. In: Ondratschek, D., Ortlieb, K.: Taschenbuch für
        Lackierbetriebe 1990. Curt R. Vincentz Verlag, Hannover.

6.11   Ortlieb, K.: Lösemittelemissionen und -minderung bei Lackieranlagen. Jahresbericht
        1989 der Arbeitsgruppe Luftreinhaltung der Universität Stuttgart.

6.12   Menz, W.: Oberflächen- und Dünnschichttechniken in der Industrie. Chem.-Ing.-
        Tech. 60 (1988) Nr. 2, S. 108-112.

6.13   Benninghoff, H.: Moderne Oberflächen in der industriellen Praxis. Ingenieur-Werk-
        stoffe 1 (1989) Nr. 7/8, S. 12-20.

6.14   Bauernschmitt, D., Weeke, R.: Hochvakuum-Metallisierung von Kunststoffen. I-
        Lack 8/88, 56. Jahrgang, S. 259-263.

6.15   Peters, J., Thietke, J.: CVD: Chemische Abscheidung aus der Gasphase. Ingenieur-
        Werkstoffe 1 (1989) Nr. 11/12, S. 60-61.

6.16   Meuthen, B.: Elektrolytisches Verzinken von Stahlbreitband. Bänder Bleche Rohre
        1-1990, S. 48-50.

Literatur zu Kapitel 7

7.1   DIN-Taschenbuch 218: Wärmebehandlung metallischer Werkstoffe. Beuth Verlag,
        Berlin, Köln 1989.

7.2   Spur, G., Stöferle, Th.: Handbuch der Fertigungstechnik, Band 4/2: Wärmebehan-
        deln. Carl Hanser Verlag, München, Wien 1987.

244

7.3   Joerg, H.: Härten mit Induktionshärtezentrum. wt - Z. ind. Fertig. 76 (1986), S. 339-341.

7.4   Induktionshärten. Firmenschrift der AEG-Elotherm GmbH, Remscheid.

7.5   Meyer, C.: Härten mit CO_2- und Festkörperlaser. Laser und Optoelektronik 21(3)/1989, S. 62-66.

Literatur zu Kapitel 8

8.1   Saechtling, H.: Kunststoff Taschenbuch. Carl Hanser Verlag, München, Wien 1986.

8.2   Reitemeyer, P.: Coextrusionswerkzeuge zum Herstellen von Flachfolien für den Verpackungsbereich. Kunststoffe 78 (1988) 5, S. 395-397.

8.3   Hessenbruch, R.: Neuentwicklungen bei Blasfolienanlagen. Kunststoffe 78 (1988) 7, S. 584-588.

8.4   Bürkle, E., Hörl, H.: Spritzgießen großflächiger Automobilaußenteile. Kunststoffe 78 (1988) 11, S. 1041-1048.

8.5   König, W., Trasser Fr.-J.: Laserstrahlschneiden von Verbundwerkstoffen mit duro- und thermoplastischer Matrix. Laser und Optoelektronik 21(3)/1989, S. 98-104.

8.6   Decker, B., Haferkamp, H., Louis, H.: Schneiden mit Hochdruckwasserstrahlen. Kunststoffe 78 (1988) 1, S. 34-41.

8.7   Hess, V: Zerkleinern von Großformteilen und Hohlkörpern. Kunststoffe 79 (1989) 5, S. 403-406.

8.8   Matthes, G.: Regranulieren von Kunststoffen und Kunststoffabfällen. Kunststoffe 79 (1989) 5, S. 407-410.

Literatur zu Kapitel 9

9.1   Warnecke, H. J., Bullinger, H.-J., Hichert, R.: Kostenrechnung für Ingenieure. Carl Hanser Verlag, München, Wien 1990.

9.2   Warnecke, H. J., Bullinger, H.-J., Hichert, R.: Wirtschaftlichkeitsrechnung für Ingenieure. Carl Hanser Verlag, München, Wien 1990.

9.3   REFA: Methodenlehre der Planung und Steuerung, Teil 1 Grundlagen, Teil 2 Planung, Teil 3 Steuerung. Carl Hanser Verlag, München, Wien 1974.

9.4   Deutscher Stahlbau-Verband (DSTV): Kostenrechnung, Kalkulation, Kostenkontrolle. Stahlbau-Verlagsgesellschaft, Köln 1983.

9.5   Warnecke, H. J.: Der Produktionsbetrieb. Band 1: Organisation, Produkt, Planung. Band 2: Produktion und Produktionssicherung. Band 3: Betriebswirtschaft, Vertrieb, Recycling. Springer-Verlag, Berlin, Heidelberg, New York, Tokyo 1993.

9.6   Kettner, H., Schmidt, J., Greim, H.-R.: Leitfaden der systematischen Fabrikplanung. Carl Hanser Verlag, München, Wien 1984.

9.7   Eversheim, W.: Organisation in der Produktionstechnik, Band 4: Fertigung und Montage. VDI-Verlag, Düsseldorf 1981.

9.8   Tuffentsammer, K., Storr, A., Lange, K., Pritschow, G., Warnecke, H. J.: Flexibles Fertigungssystem. VCH Verlagsgesellschaft, Weinheim 1988.

9.9   Frey, W., Heimann, F., Maier, S.: Wirtschaftliche und technologische Bewertung von Verfahren. Chem.-Ing.-Tech. 62 (1990) Nr. 1, S. 1-8.

9.10   Bauer, C.-O.: Umformen - Spanen, ein Verfahrensvergleich nach Kriterien der Qualitätssicherung. wt Werkstattstechnik 77 (1987) S. 625-628.

Stichwortverzeichnis

Köhler/Rögnitz
Maschinenteile

Herausgegeben von
Prof. Dr.-Ing. **Joachim Pokorny**

Teil 1

Bearbeitet von Prof. Dipl.-Ing. L. Hägele, Prof. Dr.-Ing. J. Pokorny
und Prof. Dipl.-Ing. U. Zelder

8., neubearbeitete und erweiterte Auflage. 1992.
396 Seiten mit 352 Bildern und 11 Tafeln mit weiteren 287 Bildern.
Beilage: 128 Seiten Arbeitsblätter mit 27 Bildern und
162 Tafeln mit weiteren 430 Bildern. 16,2 x 22,9 cm.
Geb. DM 69,– / ÖS 538,– / SFr 69,–
ISBN 3-519-06341-7

Aus dem Inhalt

Einführung in das Konstruieren und Gestalten von Maschinenteilen
– Grundlagen der Festigkeitsberechnung – Normen – Nietverbindungen – Stoffschlüssige Verbindungen – Reib- und formschlüssige Verbindungen – Schraubenverbindungen – Federn (Metall-,
Gummi-, Gasfedern) – Rohrleitungen und Armaturen – Dichtungen

Teil 2

Bearbeitet von Prof. Dipl.-Ing. K.-H. Küttner, Prof. Dr.-Ing. E. Lemke,
Prof. Dr.-Ing. J. Pokorny und Prof. Dipl.-Ing. G. Schreiner

8., neubearbeitete und erweiterte Auflage. 1992. 496 Seiten mit
341 Bildern und 8 Tafeln mit weiteren 65 Bildern.
Beilage: 116 Seiten Arbeitsblätter mit 48 Bildern und
109 Tafeln mit weiteren 53 Bildern. 16,2 x 22,9 cm.
Geb. DM 69,– / ÖS 538,– / SFr 69,–
ISBN 3-519-06342-5

Aus dem Inhalt

Achsen und Wellen – Gleitlager – Wälzlager – Kupplungen und
Bremsen – Kurbeltrieb – Kurvengetriebe – Zugmittelgetriebe –
Zahnrädergetriebe

Preisänderungen vorbehalten.

B. G. Teubner Stuttgart

Dutschke
Fertigungs-meßtechnik

Knapp drei Jahre nach Erscheinen der
1. Auflage wurde bereits eine Neuauflage
erforderlich. Der Verfasser nimmt das zum
Anlaß, auf neue Meßgeräte und überarbeitete Normen hinzuweisen. 185 Bilder
lassen sich direkt als Folienvorlagen für
Vorträge und Vorlesungen nutzen. Sie
erlauben es, den Text sehr knapp zu halten.

Das Buch gibt einen Querschnitt über die
Fertigungsmeßtechnik, wendet sich an die
Praktiker in der Industrie und an die angehenden Ingenieure an den Hoch- und Fachhochschulen.

Aus dem Inhalt

Grundlagen und Grundbegriffe – Maßver-
körperungen für geometrische Größen –
Meßabweichung, Meßunsicherheit, Meß-
gerätefähigkeit – Prüfmittel – Meßvorrichtun-
gen – Längenregelung (Meßsteuerung) –
Sichtprüfung – Komparatoren – Laserinter-
ferometer – Meßmikroskop und Profilpro-
jektor – Koordinatenmeßgerät (KMG) – Form
und Lage – Oberfläche – Meßraum – Prüf-
datenverarbeitung und CAQ. Prüfplanung,
Prüfmittelüberwachung, Kalibrierung und
Statistical Process Control (SPC) werden als
mögliche CAQ-Module behandelt

Von Akad. Dir. Dr.-Ing.
Wolfgang Dutschke
Institut für Industrielle
Fertigung (IFF) Universität
Stuttgart, Fraunhofer-Institut
für Produktionstechnik und
Automatisierung (IPA)
Stuttgart

2., vollständig überarbeitete
und erweiterte Auflage.
1993. VIII, 215 Seiten mit
185 Bildern.
16,2 x 22,9 cm.
Kart. DM 29,80
ÖS 233,– / SFr 29,80
ISBN 3-519-16322-5

Preisänderungen vorbehalten.

B. G. Teubner Stuttgart

TEUBNER-TASCHENBUCH der Mathematik

**Bronstein/Semendjajew
Taschenbuch der Mathematik**

Im Vorwort zur ersten deutschen Auflage, die 1958 im Verlag B. G. Teubner Leipzig erschien, heißt es zur Zielsetzung des Werkes:

Mit der Herausgabe der deutschen Übersetzung des Taschenbuches der Mathematik von Bronstein und Semendjajew hofft der Verlag, den angehenden und in der Praxis stehenden Ingenieuren und darüber hinaus auch Physikern und Mathematikern ein wirklich brauchbares Nachschlagewerk in die Hand zu geben und damit eine empfindliche Lücke in der deutschen mathematischen Literatur zu schließen. Auch als Repetitorium der Mathematik dürfte das Buch gute Dienste leisten.

Seine Vorzüge hat das Werk wohl am besten dadurch unter Beweis gestellt, daß seither 25 Auflagen mit über 800.000 Exemplaren erschienen sind.

Aus dem Inhalt:

Tabellen und graphische Darstellungen – Elementarmathematik – Analysis – Mengen, Relationen, Funktionen, Vektorrechnung, Differentialgeometrie, Fourierreihen, Fourierintegrale, Laplacetransformation – Wahrscheinlichkeitsrechnung und mathematische Statistik – Lineare Optimierung – Numerik

Von **Ilja N. Bronstein** und **Konstantin A. Semendjajew**
Moskau

Herausgegeben von
Günter Grosche, Leipzig,
Viktor Ziegler und Dorothea
Ziegler, Leipzig

25. Auflage. 1991.
XII, 840 Seiten mit 390 Bildern.
14,5 x 20 cm.
Gebunden DM 48,–
ÖS 375,–/SFr 48,–
ISBN 3-8154-2000-8

Preisänderungen vorbehalten.

Alleinauslieferung:
B. G. Teubner Stuttgart

B. G. Teubner Stuttgart · Leipzig

Teubner Studienbücher zum Maschinenbau

Becker, E.: **Technische Strömungslehre**

Becker, E.: **Technische Thermodynamik**

Becker, E. u. W. Bürger: **Kontinuumsmechanik**

Becker, E. u. E. Piltz: **Übungen zur Technischen Strömungslehre**

Bishop, R. E. D.: **Schwingungen in Natur und Technik**

Böhme, G.: **Strömungsmechanik nicht-newtonscher Fluide**

Bremer, H.: **Dynamik und Regelung mechanischer Systeme**

Bremer, H. u. F. Pfeiffer: **Elastische Mehrkörpersysteme**

Carlsson, L. A. u. R. B. Pipes: **Hochleistungsfaserverbundwerkstoffe**

Goetzberger, A. u. V. Wittwer: **Sonnenenergie**

Hagedorn, P.: **Aufgabensammlung Technische Mechanik**

Hahn, H. G.: **Bruchmechanik**

Heinloth, K.: **Energie**

Hügel, H.: **Strahlwerkzeug Laser**

Kneubühl, F. K.: **Repetitorium der Physik**

Kneubühl, F. K. u. M. W. Sigrist: **Laser**

Leonhard, W.: **Digitale Signalverarbeitung in der Meß- und Regelungstechnik**

Magnus, K.: **Schwingungen**

Magnus, K. u. H. H. Müller: **Grundlagen der Technischen Mechanik**

Matthies, H. J.: **Einführung in die Ölhydraulik**

Müller, H. H. u. K. Magnus: **Übungen zur Technischen Mechanik**

Pfeiffer, F.: **Einführung in die Dynamik**

Pfeiffer, F. u. E. Reithmeier: **Roboterdynamik**

Profos, P.: **Einführung in die Systemdynamik**

Schiehlen, W.: **Technische Dynamik**

Schwarz, H. R.: **Methode der finiten Elemente**

Schwarz, H. R.: **FORTRAN-Programme zur Methode der finiten Elemente**

Unger, J.: **Konvektionsströmungen**

Walcher, W.: **Praktikum der Physik**

Warnecke, H.-J.: **Einführung in die Fertigungstechnik**

B. G. Teubner Stuttgart